建筑职业技能培训教材

架 子 工

（技 师）

建设部人事教育司组织编写

中国建筑工业出版社

图书在版编目（CIP）数据

架子工（技师）/建设部人事教育司组织编写．—北京：中国建筑工业出版社，2005
（建筑职业技能培训教材）
ISBN 7-112-07651-X

Ⅰ．架… Ⅱ．建… Ⅲ．脚手架-工程施工-技术培训-教材 Ⅳ．TU731．2

中国版本图书馆 CIP 数据核字（2005）第 131530 号

建筑职业技能培训教材
架 子 工
（技 师）
建设部人事教育司组织编写
*
中国建筑工业出版社出版、发行（北京西郊百万庄）
新 华 书 店 经 销
霸州市振兴制版公司制版
北京市安泰印刷厂印刷
*
开本：850×1168 毫米 1/32 印张：10¼ 字数：274 千字
2005 年 12 月第一版 2006 年 7 月第二次印刷
印数：3001—5500 册 定价：**19.00** 元
ISBN 7-112-07651-X
（13605）

（邮政编码 100037）
本社网址：http：//www.cabp.com.cn
网上书店：http：//www.china-building.com.cn

本书根据建设部最新颁布的《职业技能标准、职业技能鉴定规范和职业技能鉴定试题库》，由建设部人事教育司组织编写。本书主要内容包括：建筑识图、房屋构造基本知识、建筑力学与建筑结构基础知识、建筑脚手架技术管理知识以及落地扣件式钢管外脚手架、落地碗扣式钢管外脚手架、落地门式钢管外脚手架、悬挑式外脚手架、吊篮脚手架、挂脚手架、附着升降脚手架、其他脚手架、模板支撑架、脚手架工程施工管理、质量管理、安全管理等方面的知识。

本书可作为架子工技师的培训教材，也可作为相关专业工程技术人员参考书。

* * *

责任编辑：朱首明　牛　松
责任设计：董建平
责任校对：王雪竹　张　虹

建设职业技能培训教材
编审委员会

出版说明

为贯彻落实《中共中央、国务院关于进一步加强人才工作的决定》精神，加快培养建设行业高技能人才，提高我国建筑施工技术水平和工程质量，我司在总结各地职业技能培训与鉴定工作经验的基础上，根据建设部颁发的木工等16个工种技师和6个工种高级技师的《职业技能标准、职业技能鉴定规范和职业技能鉴定试题库》组织编写了这套建筑职业技能培训教材。

本套教材包括《木工》（技师　高级技师）、《砌筑工》（技师　高级技师）、《抹灰工》（技师）、《钢筋工》（技师）、《架子工》（技师）、《防水工》（技师）、《通风工》（技师）、《工程电气设备安装调试工》（技师　高级技师）、《工程安装钳工》（技师）、《电焊工》（技师　高级技师）、《管道工》（技师　高级技师）、《安装起重工》（技师）、《工程机械修理工》（技师　高级技师）、《挖掘机驾驶员》（技师）、《推土铲运机驾驶员》（技师）、《塔式起重机驾驶员》（技师）共16册，并附有相应的培训计划和大纲与之配套。

本套教材的组织编写本着优化整体结构、精选核心内容、体现时代特征的原则，内容和体系力求反映建筑业的技术和发展水平，注重科学性、实用性、人文性，符合相应工种职业技能标准和职业技能鉴定规范的要求，符合现行规范、标准、新工艺和新技术的推广要求，是技术工人钻研业务、提高技能水平的实用读本，是培养建筑业高技能人才的必备教材。

本套教材既可作为建设职业技能岗位培训的教学用书，也可供高、中等职业院校实践教学使用。在使用过程中如有问题和建议，请及时函告我们。

建设部人事教育司

2005年9月7日

前　言

本书是建设部人事教育司推荐的“建筑职业技能培训教材”之一，是根据建设部颁布的《架子工技师职业技能标准》、《架子工技师职业技能鉴定规范》、《架子工技师培训计划与培训大纲》以及有关的安全技术规范、规则、规定等的要求进行编写的。

本教材主要是为适应及配合建设行业全面实行建设职业资格制度的需要而编写，重点介绍我国目前应用广泛以及正大力推广的脚手架形式，对建设部建议逐步淘汰的或工程实践中较少用到的一些脚手架只作概要介绍。本教材对脚手架的现行安全技术规范、标准、以及安全检查标准的内容，都作了较全面的介绍，体现了使用方便与实用的编写原则，具有很强的针对性、实用性和先进性。

本教材由张晓艳、王立增、袁渊编写。全书由张晓艳统稿主编，四川华西集团高级工程师王其贵主审。教材编写时参考了已出版的多种相关资料，对其编作者，一并表示谢意。

在本书的编写过程中，虽经推敲核证，但限于编者的专业水平和实践经验，仍难免有疏漏或不妥之处，恳请各位同行提出宝贵意见，在此表示感谢。

目　录

一、建 筑 识 图

建造任何建筑工程，都要先有一套设计好的施工图纸以及有关的标准图集和文字说明，这些图纸和文字把拟建建筑物的构造、规模、尺寸、标高及选用的材料、设备、构配件等表述得清清楚楚。然后，由建筑工人将图纸上的设计内容通过精心组织、正确操作，建造成实际的建筑物，这个过程就是施工。会施工首先必须会识图，识图也叫看图或读图。

（一）识图基本知识

建筑工程的图纸，大多是采用投影原理绘制的。用几个图综合起来表示一个建筑物，能够准确地反映建筑物的真实形状、内部构造和具体尺寸。所以，要读懂建筑工程图，就要学习投影原理，具备必要的投影知识，这是识图的基础。

1. 投影原理与正投影

日常生活中，光线照射到物体上，在墙上或地面上就会产生影子，当光线的形式和方位改变时，影子的形状、位置和大小也随之改变。如图 1-1（a）所示，灯的位置在桌面正中上方，当灯光离桌面较近时，地面上产生的影子比桌面还大。灯与桌面距离越远，影子就越接近桌面的实际大小。如把灯移到无限远，如图 1-1（b）所示，当光线从无限远处相互平行并与桌面、地面垂直时，这时在地面上出现的影子的大小就和桌面一样。

由于物体不透光，所以影子只能反映物体某个方向的外轮廓，并不能反映物体的内部情况。假设从光源发出的光线，能够

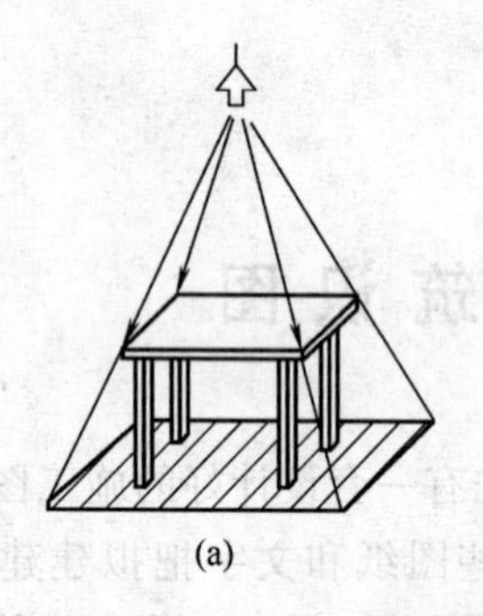

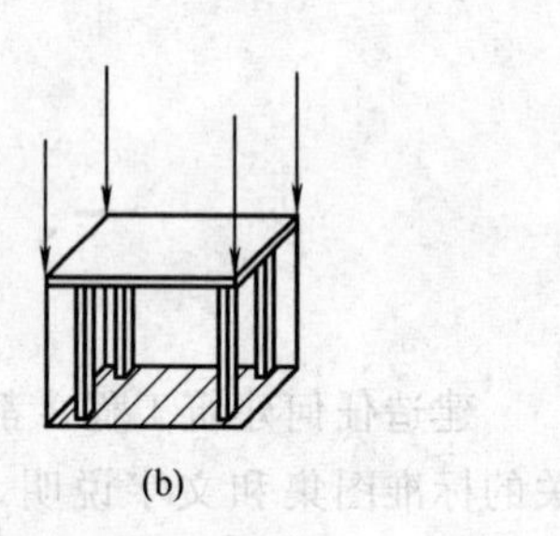

图 1-1 物体的投影

(a) 点光源照射物体的投影；

(b) 平行光垂直照射物体的投影

透过物体，将其各顶点和各棱线都在一个平面上投出影来，组成能够反映出物体形状的图形。这样影子不但能反映物体的外轮廓，同时也能反映物体上部和内部的情况。这样形成的物体的影子就称为投影。我们把光源称为投影中心，光线称为投射线，把地面等出现影子的平面称为投影面，把所产生的影子称为投影图，作出物体的投影的方法，称为投影法。

投影法分为中心投影和平行投影两类。由一点放射光源所产生的空间物体的投影称为中心投影（图 1-1a）；利用相互平行的投射线所产生的空间物体的投影称为平行投影（图 1-1b）。平行投影又分为斜投影和正投影。投影线倾斜于投影面时，所形成的平行投影，称为斜投影，适用于绘斜轴测图。投影线垂直于投影面，物体在投影面上所得到的投影称为正投影。正投影也就是人们口头说的“正面对着物体去看”的投影方法。建筑工程图基本上都是用正投影的方法绘制的。

(1) 点的正投影基本规律

无论从哪一个方向对一个点进行投影，所得到的投影仍然是一个点。

(2) 直线的正投影基本规律（图 1-2）

直线平行于投影面时，其投影仍为直线，且与实长相等（图

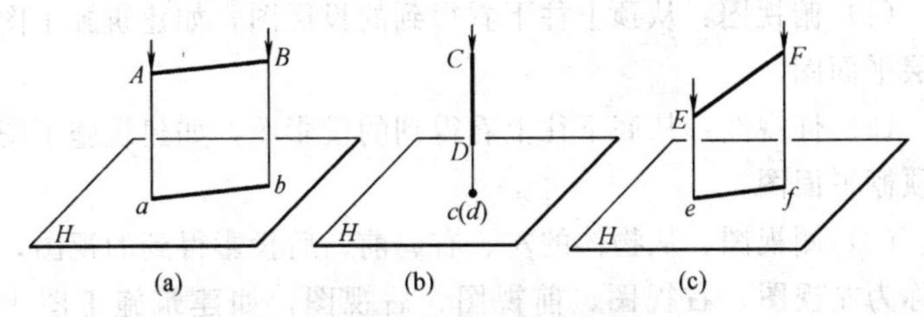

图 1-2　直线的投影特性

(a) 平行线；(b) 垂直线；(c) 倾斜线

1-2a)；

直线垂直于投影面时，其投影积聚为一个点（图 1-2b)；

直线倾斜于投影面时，其投影仍为直线，但长度缩短（图 1-2c)。

(3) 平面的正投影基本规律（图 1-3)

平面平行于投影面时，其投影反映平面的真实形状和大小(图 1-3a)；

平面垂直于投影面时，其投影积聚成一条直线（图 1-3b)；

平面倾斜于投影面时，其投影是缩小了的平面（图 1-3c)。

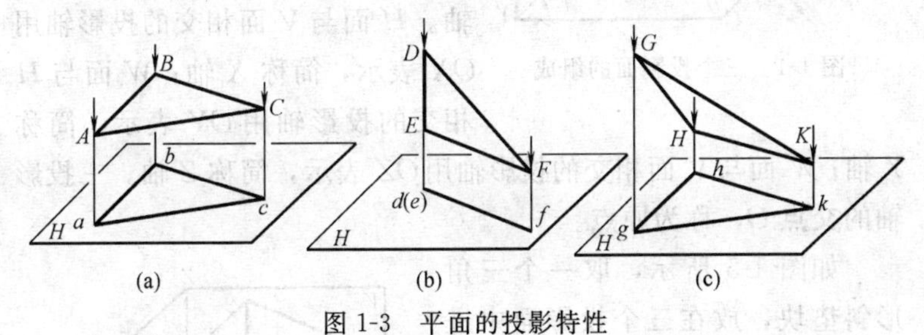

图 1-3　平面的投影特性

(a) 平行面；(b) 垂直面；(c) 倾斜面

2. 视图

物体在投影面上的正投影图叫视图。一个物体都有前、后、左、右、上、下六个面，以投影的方向不同，视图可分为以下几种。

（1）俯视图：从顶上往下看得到的投影图，如建筑施工图中楼层平面图。

（2）仰视图：从底下往上看得到的投影图，如建筑施工图中的顶棚平面图。

（3）侧视图：从物体的左、右、前、后投影得到的视图，分别称为左视图、右视图、前视图、后视图，如建筑施工图中的东、南、西、北立面图。

大多数物体均需至少三个视图才能正确表现出物体的真实形状和大小。

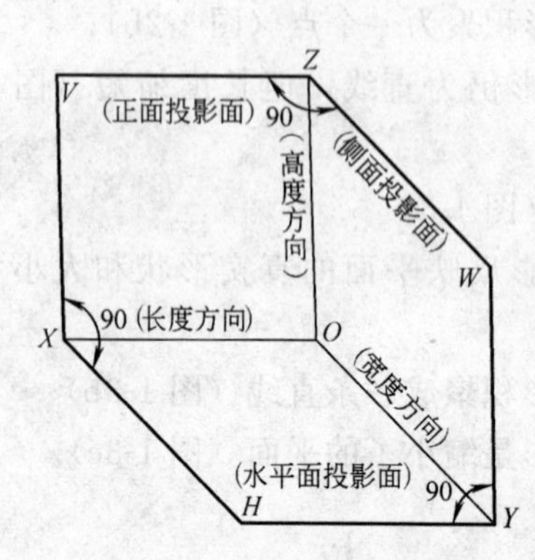

图 1-4　三个投影面的组成

如图 1-4 所示，物体的三个投影面，平行于物体底面的水平投影面，简称平面，记为 H 面；平行于物体正面的正立投影面，简称立面，记为 V 面；平行于物体侧面的侧立投影面，简称侧面，记为 W 面。三个投影面相互垂直又都相交，交线称为投影轴。H 面与 V 面相交的投影轴用 OX 表示，简称 X 轴；W 面与 H 相交的投影轴用 OY 表示，简称 Y 轴；W 面与 V 面相交的投影轴用 OZ 表示，简称 Z 轴。三投影轴的交点 O，称为原点。

如图 1-5 所示，取一个三角形斜垫块，放在三个投影面中进行投影，按照前面所讲的规律，即可得到三个不同的视图。

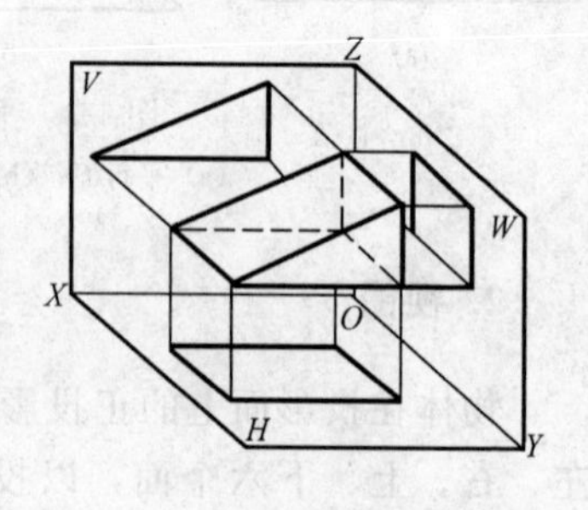

图 1-5　三角形斜垫块三视图

立面 V 上的投影是一个直角三角形，它反映了斜垫块前后立面的实际形状，即长和高。

平面 H 上的投影是一个矩

形，由于垫块的顶面倾斜于水平面，所以水平面上的矩形反映的是缩小了的顶面的实形，即长和宽，同时也是底面的实形。

侧立面 W 上的投影也是一个矩形，它同时反映了缩小的斜面实形和垫块侧立面的，即高和宽。

在正立面上的投影称为主视图，建筑工程图中称为立面图；在水平面上的投影称为俯视图，建筑工程图中称为平面图；在侧立面上的投影称为左视图（有时还需要右视图），建筑工程图中称为侧面图。三个视图中，每个视图都可以反映物体两个方面的尺寸。三个视图之间存在以下投影关系，如图 1-6 所示。

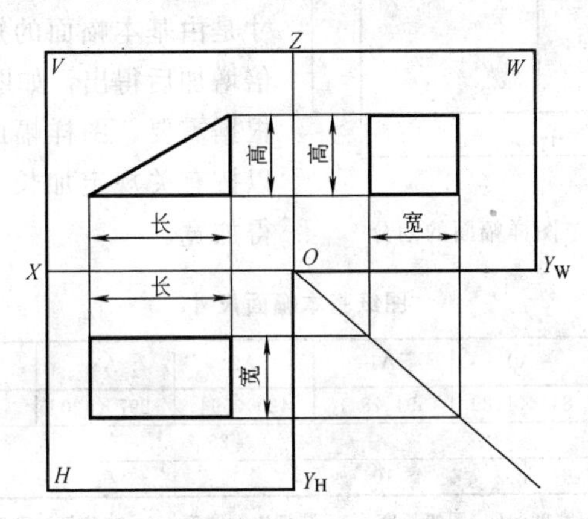

图 1-6　三角形斜垫块三面投影图

主视图与俯视图：长对正；

主视图与左视图：高平齐；

俯视图与左视图：宽相等。

总之，三面视图具有等长、等高、等宽的三等关系，这是绘制和识读工程图的基本规律。

（二）建筑识图的基本知识

为了使工程图样达到统一，符合设计、施工和存档要求，便于交流技术和提高制图效率，国家颁布了《房屋建筑制图统一标准》(GB/T 50001—2001)，自 2002 年 3 月 1 日起实施。现将一些主要规定介绍如下。

1. 图幅、图框、标题栏及会签栏

(1) 图幅

图幅是指工程制图所用图纸的幅面大小尺寸，它应符合表 1-1 的规定。这些图幅的尺寸是由基本幅面的短边成整数倍增加后得出，如图 1-7 所示。根据需要，图样幅面的长边可以按有关规定加长，而短边不得加宽。

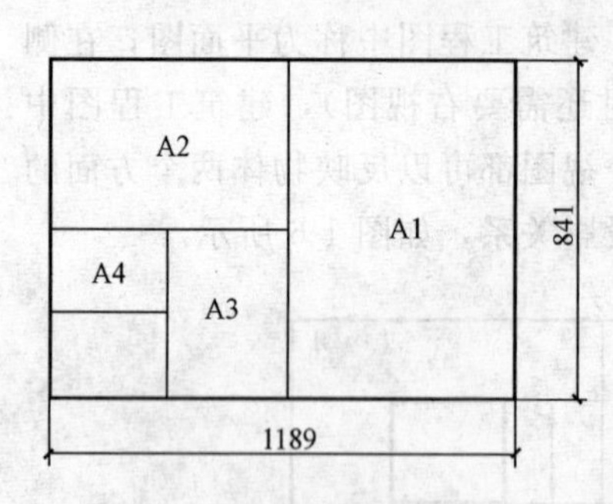

图 1-7　图样幅面的划分

图纸基本幅面尺寸　　**表 1-1**

幅面代号	A0	A1	A2	A3	A4
$B\times L$(mm)	841×1189	594×841	420×594	297×420	210×297
a	25				
c	10			5	

注：B—图幅宽度；L—图幅长度；a—装订边的宽度；c—非装订边宽度。

(2) 图框

在图纸上必须用粗实线画出图框。留有装订边的图纸，其图框格式如图 1-8 所示，尺寸按表 1-1 的规定。

为了使图样复制和缩微摄影时定位方便，对表 1-1 所列各号图纸，均应在图纸各边长的中点处分别画出对中符号。对中符号用粗实线绘制，线宽 0.35mm。长度从纸边界开始至伸入图框内约 5mm。

(3) 标题栏

每张图纸上都必须画出标题栏。标题栏必须放置在图框的右下角。看图的方向与看标题栏的方向一致。图纸标题栏的格式与

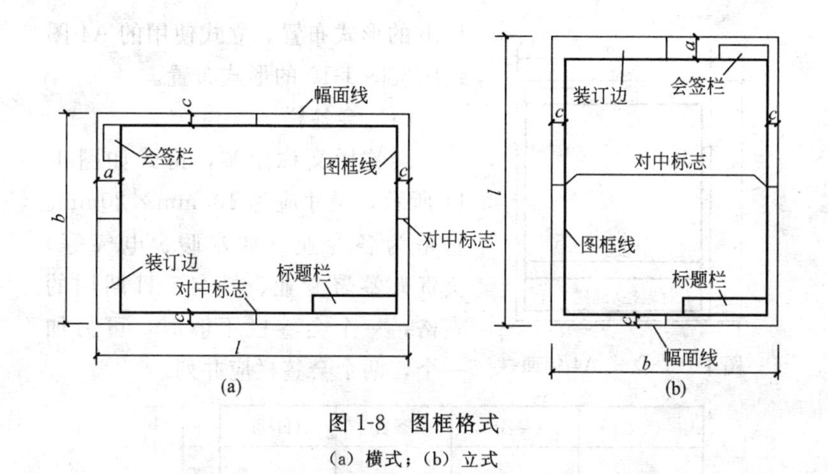

图 1-8 图框格式

(a) 横式；(b) 立式

尺寸如图 1-9，根据工程需要选择确定其尺寸、格式及分区。签字区应包含实名列和签名列。涉外工程的标题栏内，各项主要内容的中文下方应附有译文，设计单位的上方或左方，应加“中华人民共和国”字样。

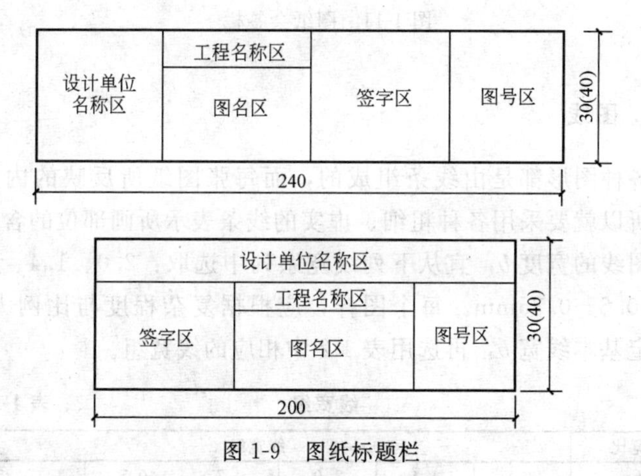

图 1-9 图纸标题栏

标题栏应填写设计单位（设计人、绘图人、审批人）的签名和日期、工程名称、图名、图纸编号等内容。横式使用的图纸，应按图 1-8（a）的形式布置。立式使用的图纸，A0～A3 应按图

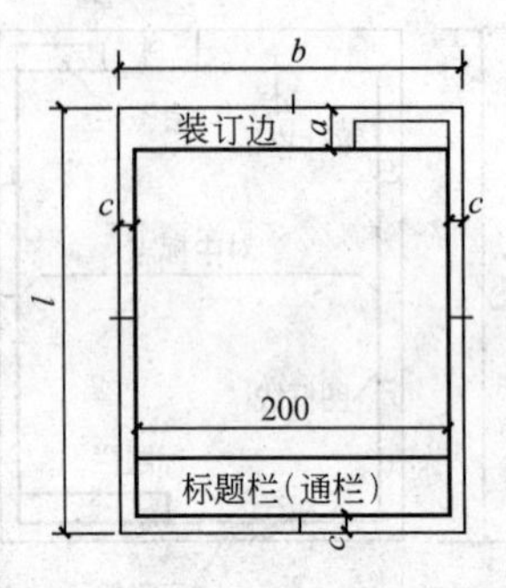

图 1-10　立式 A4 幅面

1-8b 的形式布置。立式使用的 A4 图纸应按图 1-10 的形式布置。

（4）会签栏

会签栏又称图签，格式如图 1-11 所示，尺寸应为 100mm×20mm。它是为各专业（如水暖、电气等）负责人签署专业、姓名、日期用的表格，一个会签栏不够时，可另加一个，两个会签栏应并列。

(专业)	(实名)	(签名)	(日期)

5　5　5　5　20
25　25　25　25
100

图 1-11　图纸会签栏

2. 图线

各种图形都是由线条组成的，而每张图纸所反映的内容不同，所以就要采用各种粗细、虚实的线条表示所画部位的含义。

图线的宽度 b，宜从下列线宽系列中选取：2.0、1.4、1.0、0.7、0.5、0.35mm。每个图样，应根据复杂程度与比例大小，先选定基本线宽 b，再选用表 1-2 中相应的线宽组。

线宽组　　**表 1-2**

线宽比	线宽组					
b	2.0	1.4	1.0	0.7	0.5	0.35
$0.5b$	1.0	0.7	0.5	0.35	0.25	0.18
$0.25b$	0.5	0.35	0.25	0.18	—	—

注：1. 需要微缩的图纸，不宜采用 0.18mm 及更细的线宽；

2. 同一张图纸内，各不同线宽中的细线，可统一采用较细的线宽组的细线。

线条的粗细、形状和断续叫线形。建筑工程施工图常用的线形及其用途见表 1-3。

施工图常用线形及用途　　　　表 1-3

名称		线形	线宽	一般用途
实线	粗	————	b	主要可见轮廓线
	中	————	$0.5b$	可见轮廓线
	细	————	$0.25b$	可见轮廓线，图例线
虚线	粗	- - - - - -	b	见各有关专业制图标准
	中	- - - - - -	$0.5b$	不可见轮廓线
	细	- - - - - -	$0.25b$	不可见轮廓线、图例线
单点长画线	粗	—·—·—	b	见各有关专业制图标准
	中	—·—·—	$0.5b$	见各有关专业制图标准
	细	—·—·—	$0.25b$	中心线、对称线等
双点长画线	粗	—··—··—	b	见各有关专业制图标准
	中	—··—··—	$0.5b$	见各有关专业制图标准
	细	—··—··—	$0.25b$	假想轮廓线、成型的原始轮廓线
折断线		——∿——	$0.25b$	断开界线
波滚线		∿∿∿	$0.25b$	断开界线

图纸的图框和标题栏线，可采用表 1-4 的线宽。

图框线和标题栏线的宽度（mm）　　　　表 1-4

幅面代号	图框线	标题栏外框线	标题栏分格线、会签栏线
A0、A1	1.4	0.7	0.35
A2、A3、A4	1.0	0.7	0.35

（1）粗实线表示建筑施工图中的可见轮廓线，如剖面图中外形轮廓线，平面图中的墙体、柱子的断面轮廓等。

（2）中实线表示可见轮廓线；细实线表示可见次要轮廓线、引出线、尺寸线和图例线等。

（3）虚线表示建筑物的不可见轮廓线、图例线等；折断线用细实线绘制，用于省略不必要的部分。

(4) 点划线可以表示定位轴线，作为尺寸的界限，也可以表示中心线、对称线等。

(5) 波浪线用细实线绘制，主要用于表示构件等局部构造的内部结构。

3. 字体

图纸上所需书写的文字、数字或符号等，均应笔画清晰、字体端正、排列整齐；标点符号应清楚正确。

图纸及说明中的汉字，宜采用长仿宋体。书写长仿宋体的基本要领：横平竖直、起落有锋、布局均匀、填满方格。长仿宋体字宽度与高度的关系应符合表 1-5 的规定。大标题、图册封面、地形图等的汉字，也可书写成其他字体，但应易于辨认。如需书写更大的字，其高度应按 2 的比值递增。

长仿宋体高宽关系 (mm) **表 1-5**

字高(字号)	20	14	10	7	5	3.5
字宽	14	10	7	5	3.5	2.5

4. 比例

工程图纸都是按照一定的比例，将建筑物缩小，在图纸上画出。我们看到的施工图都是经过缩小（或放大）后绘制成。所绘制的图形与实物相对应的线性尺寸之比称为比例。

比例的符号为"："，比例用阿拉伯数字表示，如 1：20、1：50、1：100 等。比例的大小，是指其比值的大小，如 1：50 大于 1：100。

一张图纸上只用一个比例的，可写在标题栏内或图名区里，也可写在图名右侧。一张图纸上同时使用几个比例，则每个图名右侧均应标注比例。此时字的基准线应取平，比例的字高宜比图名的字高小一号或二号，如图 1-12 所示。无论图的比例大小如何，在图中都必须标注物体的实际尺寸。

平面图 1:100 ⑥ 1:20

图 1-12 比例的注写

建筑工程图图纸的比例见表1-6，应优先用表中常用比例。

图纸比例表 **表1-6**

图 名	常用比例	必要时可增加的比例
总平面图	1∶500、1∶1000、1∶2000	1∶5000、1∶10000、1∶20000、1∶50000、1∶100000、1∶200000
总图专业的断面图	1∶100、1∶200、1∶1000、1∶2000	1∶500、1∶5000
平面图、立面图、剖面图	1∶50、1∶100、1∶200	1∶150、1∶250、1∶300、1∶400
次要平面图	1∶300、1∶400	1∶500、1∶600
详图	1∶1、1∶2、1∶5、1∶10、1∶20、1∶50	1∶3、1∶4、1∶6、1∶15、1∶25、1∶30、1∶40、1∶60、1∶80

5. 尺寸标注

尺寸是图纸的重要内容，因为图样仅仅表示出了物体的形状，而物体的真实大小由图样上所标注的实际尺寸来确定的，尺寸是施工的依据。所以标注尺寸必须认真细致、书写清楚、正确无误。

(1) 尺寸的组成

在建筑工程图中，图样上标注的尺寸由尺寸界线、尺寸线、尺寸起止符号和尺寸数字组成，如图1-13所示。

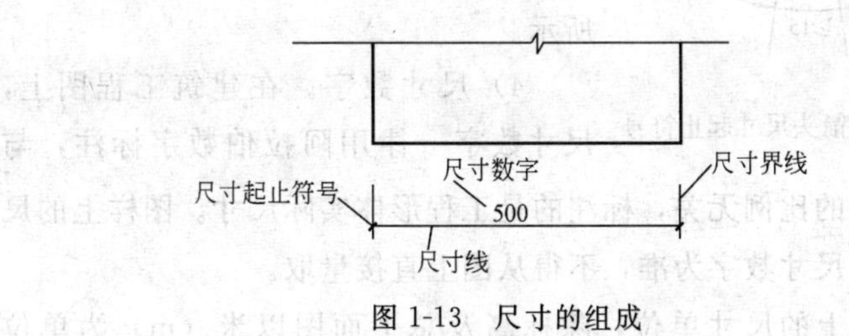

图1-13 尺寸的组成

1) 尺寸界线。尺寸界线应用细实线绘制，一般应与被注长度垂直，其一端应离开图样轮廓线不小于2mm，另一端宜超出尺寸线2～3mm。必要时，图样轮廓线、中心线及轴线都允许用作尺寸界线，如图1-14所示。

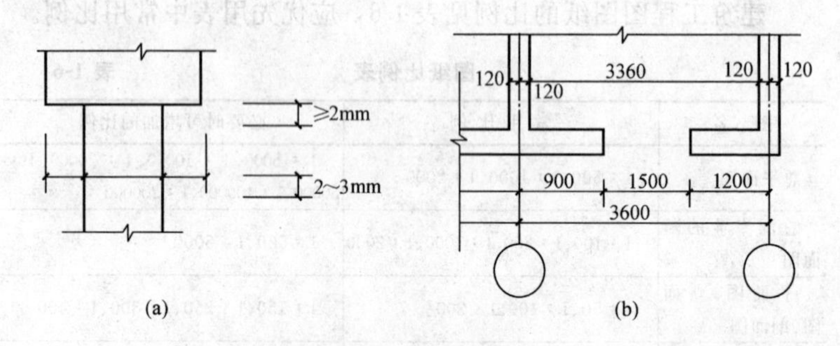

图 1-14　尺寸界线

2）尺寸线。尺寸线应用细实线绘制，并应与被标注的长度平行，且不宜超出尺寸界线，如图 1-13 所示。图样本身的任何图线均不得用作尺寸线。

3）尺寸起止符号。尺寸线与尺寸界线的相交点是尺寸的起止点。在起止点处画出表示尺寸起止的中粗斜短线，称为尺寸的起止符号。中粗斜短线的倾斜方向应与尺寸界线呈顺时针 45°角，长度宜为 2～3mm，如图 1-13 所示。

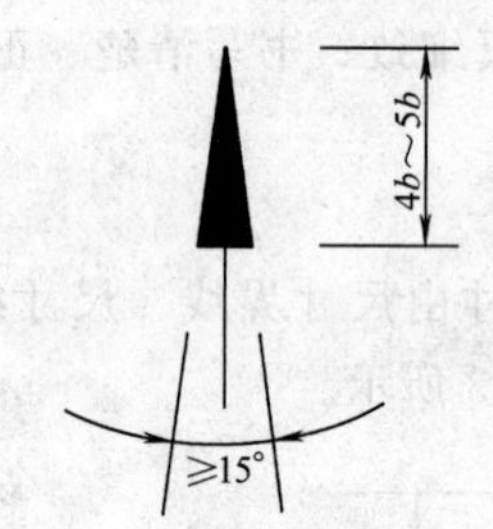

图 1-15　箭头尺寸起止符号

半径、直径、角度与弧长的尺寸起止符号宜用箭头表示，如图 1-15 所示。

4）尺寸数字。在建筑工程图上，尺寸数字一律用阿拉伯数字标注，与绘图所用的比例无关，标注的是工程形体实际尺寸。图样上的尺寸，应以尺寸数字为准，不得从图上直接量取。

图样上的尺寸单位，除标高及总平面图以米（m）为单位外，其余均必须以毫米（mm）为单位。因此，图样上的尺寸数字无需注写单位。

尺寸数字的方向，应按图 1-16（a）的规定注写。若尺寸数字在 30°斜线区内，宜按图 1-16（b）的形式注写。

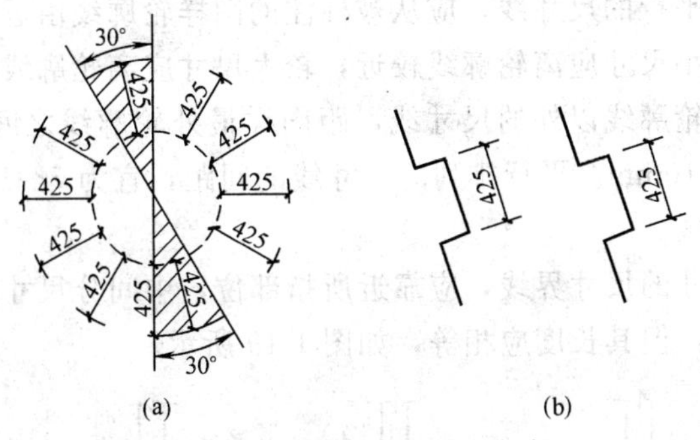

图 1-16　尺寸数字的注写方向

尺寸数字一般应依据其读数方向注写在靠近尺寸线的上方中部，如没有足够的注写位置，最外边的尺寸数字可注写在尺寸界线的外侧，中间相邻的尺寸数字可错开注写，也可以引出注写，如图 1-17 所示。

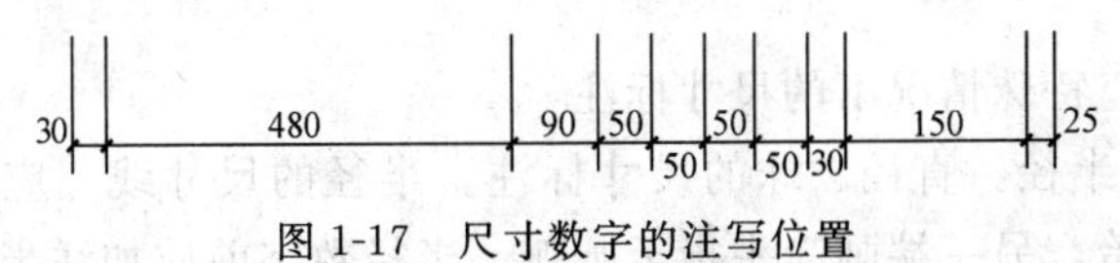

图 1-17　尺寸数字的注写位置

（2）尺寸标注时应注意事项

尺寸宜标注在图样轮廓线以外，不宜与图线、文字及符号等相交。图线不得穿过尺寸数字，不可避免时，应将尺寸数字处的图线断开，如图 1-18 所示。

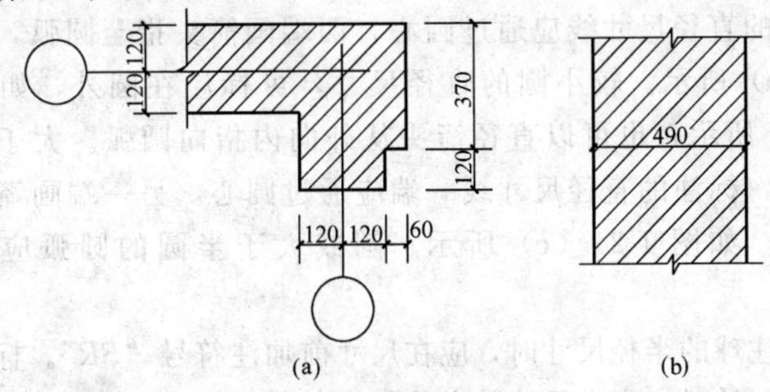

图 1-18　尺寸的标注

（a）尺寸不宜与图线相交；（b）尺寸数字处图线应断开

互相平行的尺寸线，应从被标注的图样轮廓线由近向远整齐排列，较小尺寸应离轮廓线较近，较大尺寸应离轮廓线较远。

图样轮廓线以外的尺寸线，距图样最外轮廓线之间的距离，不宜小于 10mm。平行排列的尺寸线的间距，宜为 7～10mm，并应保持一致。

总尺寸的尺寸界线，应靠近所指部位，中间分尺寸的尺寸界线可稍短，但其长度应相等，如图 1-19 所示。

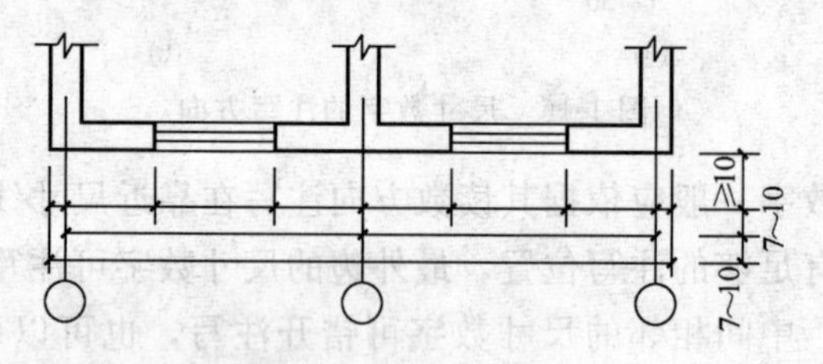

图 1-19 尺寸的排列

(3) 特殊情况下的尺寸标注

1) 半径、直径、球的尺寸标注。半径的尺寸线，应一端从圆心开始，另一端画箭头指至圆弧。半径数字前应加注半径符号“*R*”，如图 1-20 (a) 所示。较小圆弧的半径标注形式所示如图 1-20 (b) 所示。较大圆弧的半径标注形式如图 1-20 (c) 所示。半圆或小于半圆的圆弧应标注半径。

标注圆的直径尺寸时，直径数字前，应加符号“*ϕ*”。在圆内标注的直径尺寸线应通过圆心，两端画箭头指至圆弧，如图 1-21 (a) 所示。较小圆的直径尺寸，可标注在圆外，如图 1-21 (b) 所示，也可以直径箭头从外向内指向圆弧。大于半圆的圆弧，标注的直径尺寸线一端应通过圆心，另一端画箭头指至圆弧，如图 1-21 (c) 所示。圆或大于半圆的圆弧应标注直径。

标注球的半径尺寸时，应在尺寸前加注符号“*SR*”。标注球的直径尺寸时，应在尺寸数字前加注符号“*Sϕ*”。注写方法与圆弧半径和圆直径的尺寸标注方法相同。

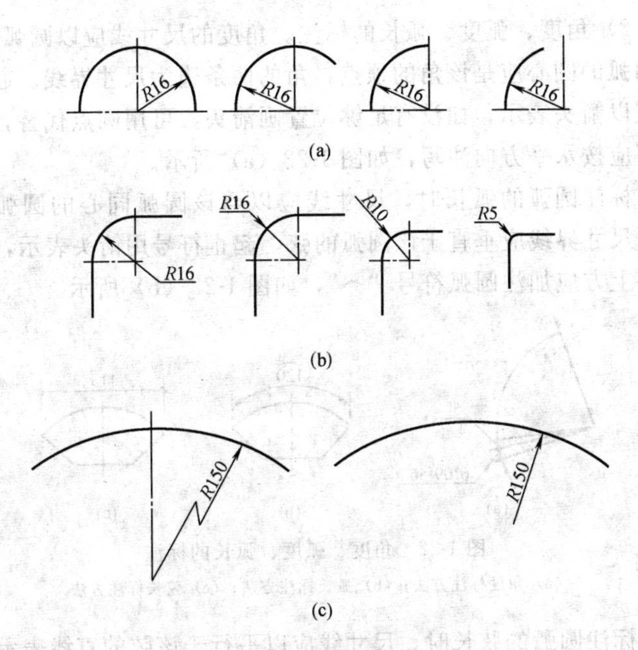

图 1-20　半径尺寸标注方法

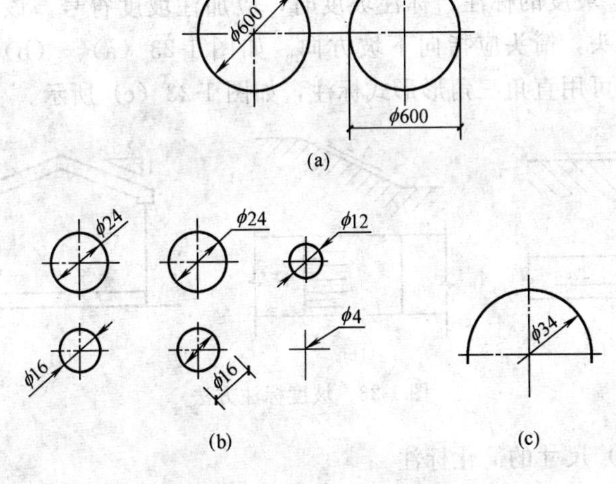

图 1-21　直径尺寸标注方法

2）角度、弧度、弧长的标注。角度的尺寸线应以圆弧表示。该圆弧的圆心应是该角的顶点，角的两条边为尺寸界线。起止符号应以箭头表示，如没有足够位置画箭头，可用圆点代替，角度数字应按水平方向注写，如图 1-22（a）所示。

标注圆弧的弧长时，尺寸线应以与该圆弧同心的圆弧线表示，尺寸界线应垂直于该圆弧的弦，起止符号用箭头表示，弧长数字上方应加注圆弧符号“⌒”，如图 1-22（b）所示。

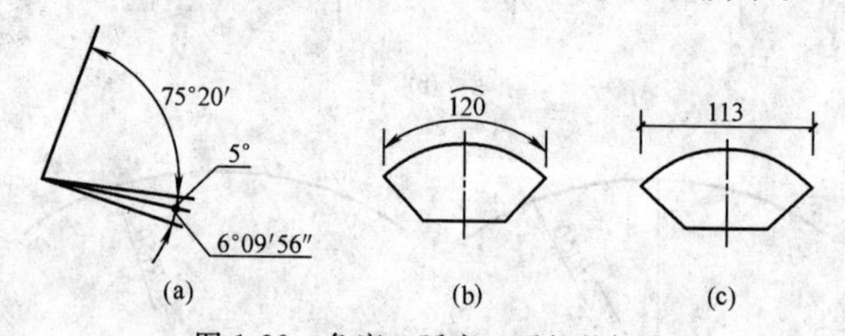

图 1-22　角度、弧度、弧长的标注

（a）角度标注方法；（b）弧长标注方法；（c）弦长标注方法

标注圆弧的弦长时，尺寸线应以平行于该弦的直线表示，尺寸界线应垂直于该弦，起止符号用中粗斜短线表示，如图 1-22（c）所示。

3）坡度的标注。标注坡度时，应加注坡度符号。该符号为单面箭头，箭头应指向下坡方向。如图 1-23（a）、（b）所示。坡度也可用直角三角形形式标注，如图 1-23（c）所示。

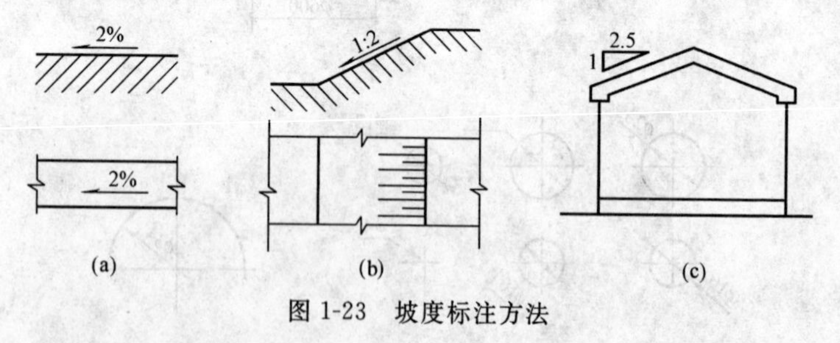

图 1-23　坡度标注方法

（4）尺寸的简化标注

杆件或管线的长度，在单线图（桁架简图、钢筋简图、管线简图）上，可直接将尺寸数字沿杆件或管线的一侧注写，如图1-24所示。

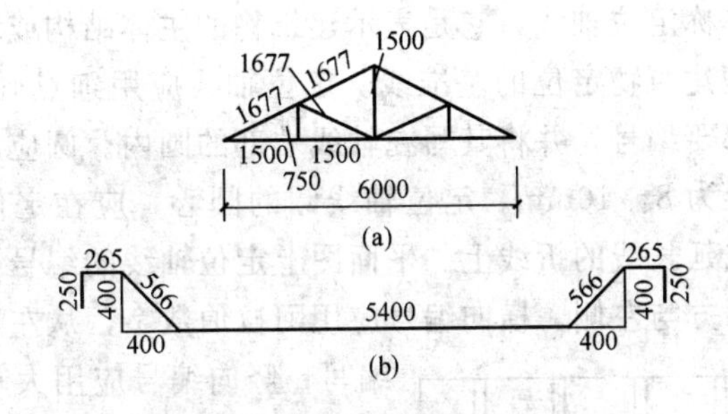

图1-24　单线图尺寸标注方法

连续排列的等长尺寸，可用“个数×等长尺寸=总长”的形式标注，如图1-25所示。

另外，构配件内的构造因素（如孔、槽等）如相同，可仅标注其中一个要素的尺寸。

对称构配件采用对称省略画法时，该对称构配件的尺寸线应略超过对称符号，仅在尺寸线的一端画尺寸起止符号，尺寸数字应按整体全尺寸注写，其注写位置宜与对称符号对齐。

两个构配件，如个别尺寸数字不同，可在同一图样中将其中一个构配件的不同尺寸数字注写在括号内，该构配件的名称也应注写在相应的括号内，如图1-26所示。

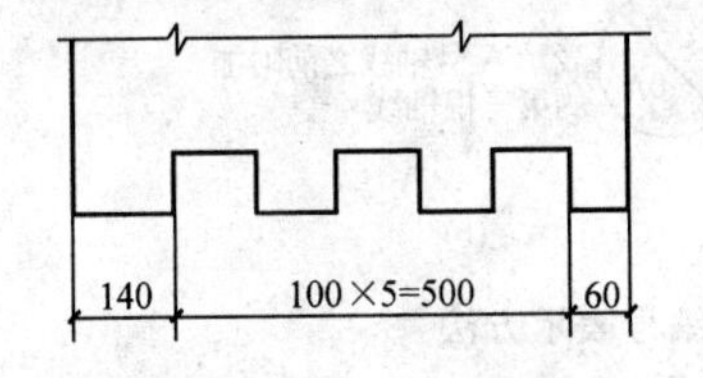

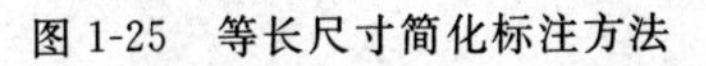

图1-25　等长尺寸简化标注方法

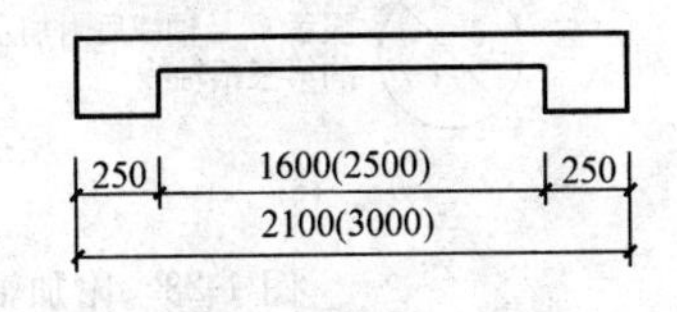

图1-26　相似构件尺寸标注方法

数个构配件，如仅某些尺寸不同，这些有变化的尺寸数字，可用拉丁字母注写在同一图样中，另列表格写明其具体尺寸。

6. 定位轴线

轴线亦称定位轴线，它是表示建筑物的主体结构或墙体位置的线，也是建筑物定位的基准线。定位轴线应用细点画线绘制。每条轴线都要编号，并将其写在轴线端部的圆内。圆应用细实线绘制，直径为 8～10mm。定位轴线圆的圆心，应在定位轴线的延长线上或延长线的折线上。平面图上定位轴线的编号，宜标注在图样的下方与左侧。横向编号应用阿拉伯数字，从左至右顺序编写；竖向编号应用大写拉丁字母，从下至上顺序编写，编号如图 1-27 所示。拉丁字母的 I、O、Z 不得用做轴线编号。

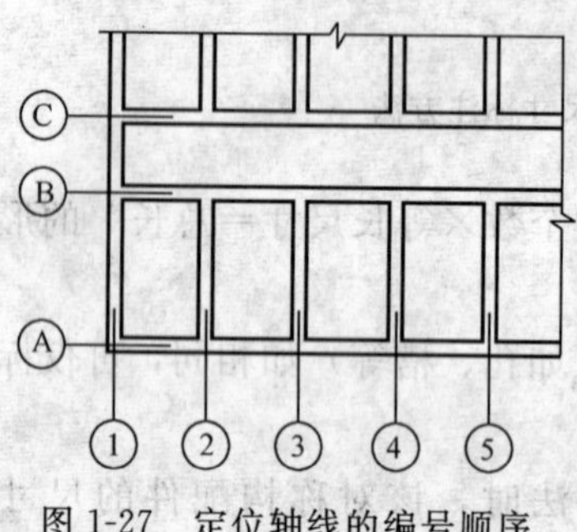

图 1-27　定位轴线的编号顺序

当有附加轴线时，即在两根轴线之间需要增加一根轴时，则编号以分数形式表示，分母表示前一轴线的编号，分子表示附加轴线的编号，编号宜用阿拉伯数字顺序编写，如图 1-28（a）所示。1 号轴线或 A 号轴线之前的附加轴线的分母应以 01 或 0A 表示，如图 1-28（b）所示。

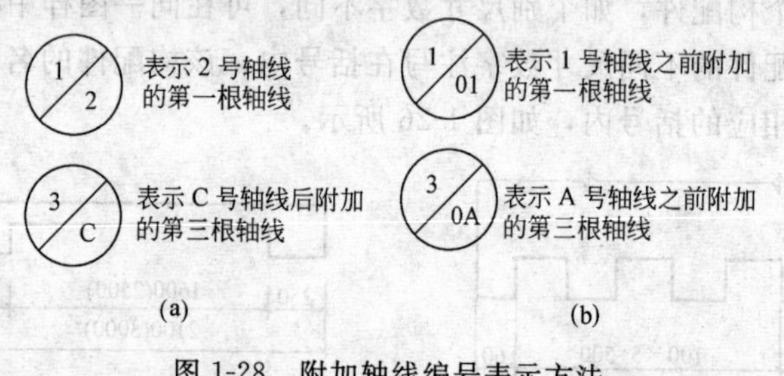

图 1-28　附加轴线编号表示方法

7. 标高

标高是表示建筑物某一部位以某点为基准的相对高度，以米

（m）为单位，精确到小数点后三位数，在总平面图上可精确到小数点后两位。标高分为绝对标高和相对标高两种。

绝对标高：以平均海平面（我国以青岛黄海海平面为基准）作为大地水准面，将其高程作为标高零点，地面地物与基准点的高度差就称为绝对标高。

相对标高：也称为建筑标高，其标高基准面根据工程需要可自行选定。通常是以所建房屋的首层室内地面的高度作为零点（±0.000），计算该房屋与之的相对高差，其高差称为标高。

标高符号应以直角等腰三角形表示，用细实线绘制。标高符号的具体画法如图 1-29 所示。其中图 1-29（b）为标注位置不够时可表示的方法。总平面图室外地坪标高符号，宜用涂黑的三角形表示，如 1-29（c）所示。

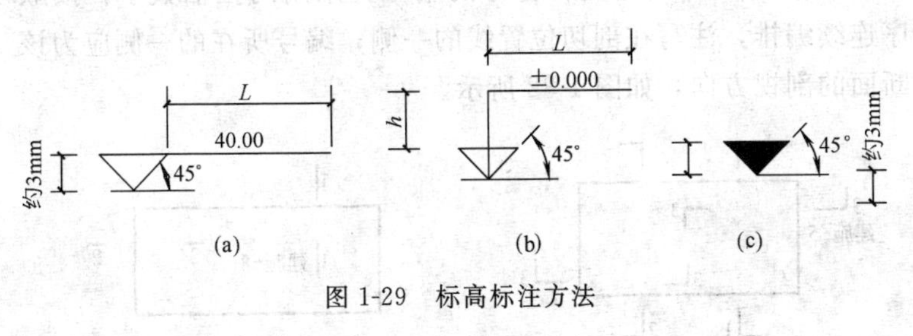

图 1-29　标高标注方法

标高符号的尖端应指至被注高度的位置。尖端一般应向下，也可向上。标高数字应注写在标高符号的左侧或右侧。

零点标高应注写成±0.000，正数标高不注“+”，负数标高应注“−”，例如 5.000、−0.600。

在图样的同一位置需表示几个不同标高时，标高数字可按图 1-30 的形式注写。

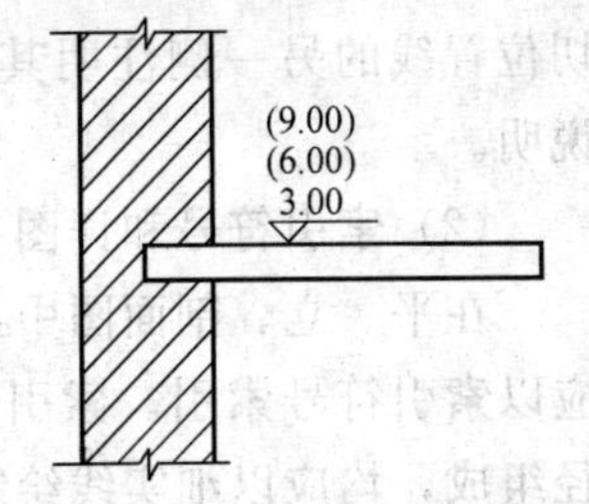

图 1-30　一张详图有几个不同标高

8. 各种常见符号、代号、图例

图样是用各种含义不同的符号表示的，图纸符号包括图例、构件代号、剖切符号、索引符号、指北针、风玫瑰图等。

（1）剖切符号

假想用一个面将物体切开，在反映物体被剖切的位置处用剖切符号表示。

剖视的剖切符号由剖切位置线及投射方向线组成，均用粗实线绘制。剖切位置线的长度宜为 6～10mm；投射方向线应垂直于剖切位置线，长度应短于剖切位置线，宜为 4～6mm。剖视的剖切符号不应与其他图线相接触。剖切符号的编号宜采用阿拉伯数字，按顺序由左至右、由下至上连续编排，编号注写在剖视方向线的端部，如图 1-31 所示。

断面的剖切符号只用剖切位置线表示，用粗实线绘制，长度宜为 6～10mm。断面剖切符号的编号宜采用阿拉伯数字，按顺序连续编排，注写在剖切位置线的一侧；编号所在的一侧应为该断面的剖视方向，如图 1-32 所示。

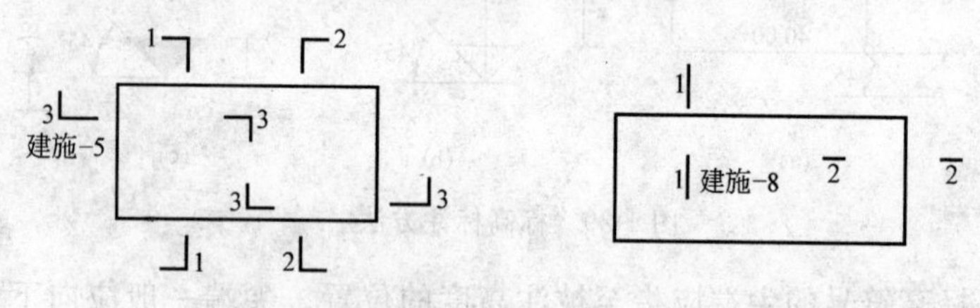

图 1-31　剖视的剖切符号　　图 1-32　断面的剖切符号

剖面图或断面图，如与被剖切图样不在同一张图内，可在剖切位置线的另一侧注明其所在图纸的编号，也可以在图上集中说明。

（2）索引符号和详图符号

在平、立、剖面图中某一局部或构件，需要另绘出详图时，应以索引符号索引。索引符号是由直径为 10mm 的圆和水平直径组成，均应以细实线绘制。索引符号按规定编写，索引出的详图的表示方法如图 1-33 所示。

索引符号如用于索引剖视详图，应在被剖切的部位绘制剖切

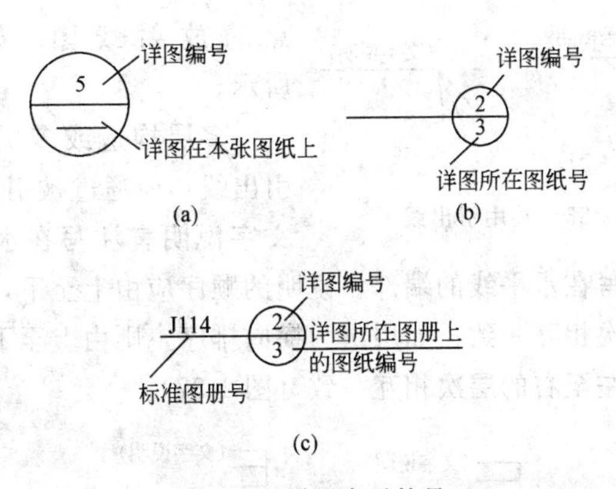

图 1-33　详图索引符号

位置线，并以引出线引出索引符号，引出线所在的一侧应为投射方向，如图 1-34 所示。

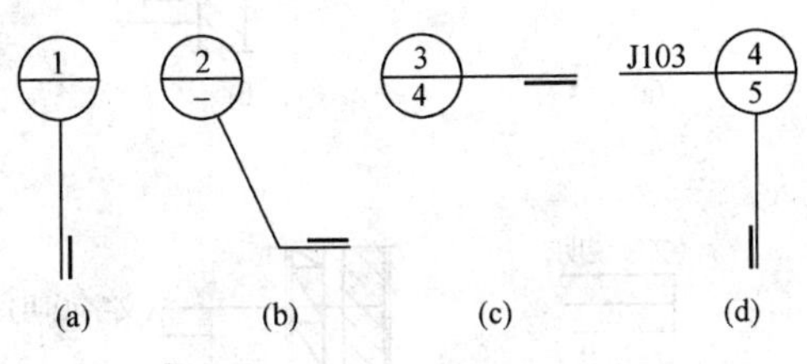

图 1-34　剖切详图索引符号

（3）引出线

引出线应以细实线绘制，宜采用水平方向的直线、与水平方向呈 30°、45°、60°、90°的直线，或经上述角度再折为水平线。文字说明宜注写在水平线的上方，也可注写在水平线的端部。索引详图的引出线，应与水平直径线相连接，如图 1-35 所示。同时引出几个相同部分的引出线，宜互相平行，也可画成集中于一

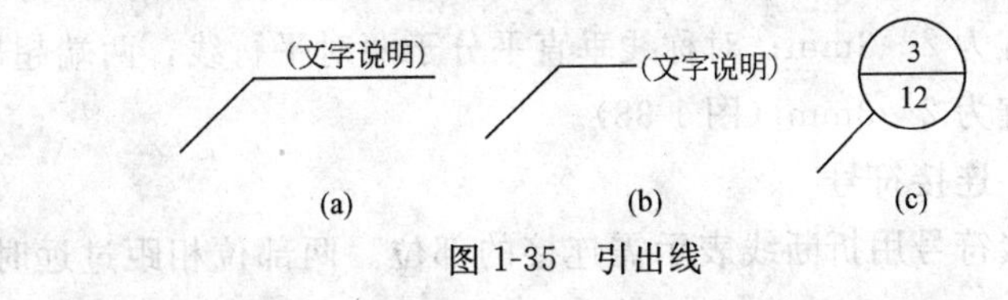

图 1-35　引出线

点的放射线图。如图 1-36 所示。

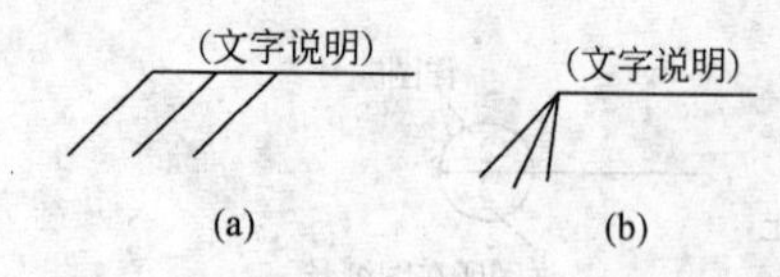

图 1-36　共用引出线

多层构造或多层管道共用引出线，应通过被引出的各层。文字说明宜注写在水平线的上方，或注写在水平线的端部，说明的顺序应由上至下，并应与被说明的层次相互一致；如层次为横向排序，则由上至下的说明顺序应与从左至右的层次相互一致（图 1-37）。

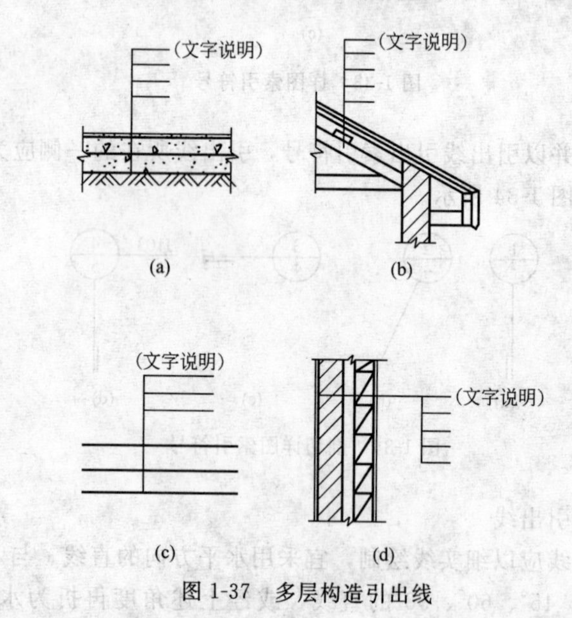

图 1-37　多层构造引出线

（4）对称符号

对称符号由对称线和两端的两对平行线组成。对称线用细点划线绘制；平行线用细实线绘制，其长度宜为 6～10mm，每对的间距宜为 2～3mm；对称线垂直平分于两对平行线，两端超出平行线宜为 2～3mm（图 1-38）。

（5）连接符号

连接符号用折断线表示需连接的部位。两部位相距过远时，折断线两端靠图样一侧应标注大写拉丁字母表示连接编号。两个被连接的图样必须用相同的字母编号（图 1-39）。

（6）指北针

指北针形状宜如图 1-40 所示，其圆的直径宜为 24mm，用细实线绘制；指针尾部的宽度宜为 3mm，指针头部应注“北”或“N”字。需用较大直径绘制指北针时，指针尾部宽度宜为直径的 1/8。

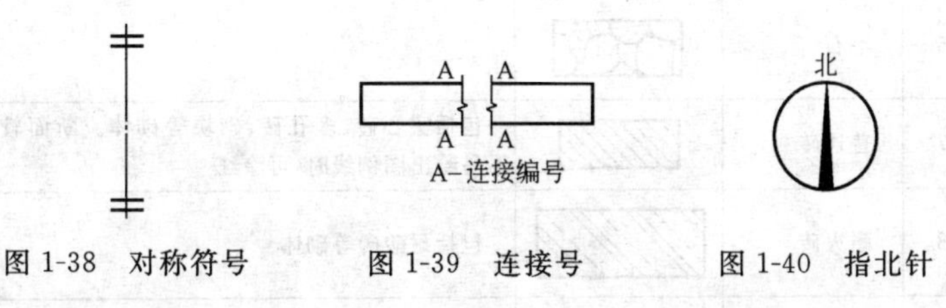

图 1-38 对称符号　　图 1-39 连接号　　图 1-40 指北针

（7）风向频率玫瑰图

风向频率玫瑰图是用来表示该地每年风向频率的图形，它以坐标及斜线定出 16 个方向，根据该地区多年平均统计的各方向刮风次数的百分值绘制呈折线图形，好像花朵，建筑上称它为风频率玫瑰图，简称风玫瑰，如图 1-41 所示。

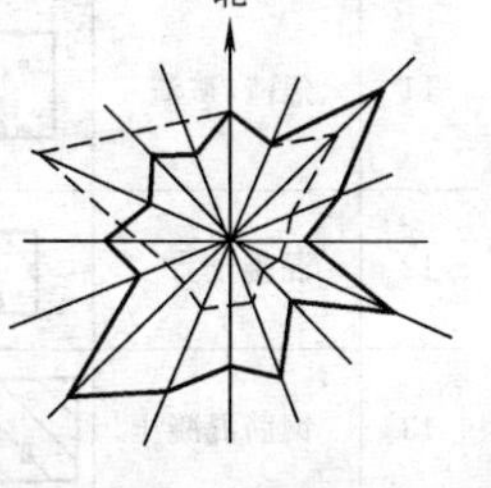

图 1-41 风玫瑰

（8）图例和构件代号

图例是建筑工程施工图上用图形表示一定含义的符号。它是表示图样内容和含义的标志。材料图例是按照“国标”要求表示材料或构件的图形，见表 1-7。常用建筑构件及配件图例和说明见表 1-8。

常用建筑材料图例　　**表 1-7**

序号	名称	图　例	备　　注
1	自然土		包括各种自然土
2	夯实土		

续表

序号	名称	图 例	备 注
3	砂、灰土		靠近轮廓线绘较密的点
4	砂砾石、碎砖三合土		
5	石材		
6	毛石		
7	普通砖		包括实心砖、多孔砖、砌块等砌体。断面较窄不易绘出图例线时，可涂红
8	耐火砖		包括耐酸砖等砌体
9	空心砖		指非承重砖砌体
10	饰面砖		包括铺地砖、马赛克、陶瓷锦砖、人造大理石等
11	焦渣、矿渣		包括与水泥、石灰等混合而成的材料
12	混凝土		1. 本图例指能承重的混凝土及钢筋混凝土； 2. 包括各种强度等级、骨料、添加剂的混凝土； 3. 在剖面图上画出钢筋时，不画图例线； 4. 断面图形小，不易画出图例线时，可涂黑
13	钢筋混凝土		
14	多孔材料		包括水泥珍珠岩、沥青珍珠岩、泡沫混凝土、非承重加气混凝土、软木、蛭石制品等
15	纤维材料		包括矿棉、岩棉、玻璃棉、麻丝、木丝板、纤维板等
16	泡沫塑料材料		包括聚苯乙烯、聚乙烯、聚氨酯等多孔聚合物类材料
17	木材		1. 上图为横断面，上左图为垫木、木砖或木龙骨； 2. 下图为纵断面

续表

序号	名称	图 例	备 注
18	胶合板		应注明为×层胶合板
19	石膏板		包括圆孔、方孔石膏板、防水石膏板等
20	金属		1. 包括各种金属； 2. 圆形小时，可涂黑
21	网状材料		1. 包括金属、塑料网状材料； 2. 应注明具体材料名称
22	液体		应注明具体液体名称
23	玻璃		包括平板玻璃、磨砂玻璃、夹丝玻璃、钢化玻璃、中空玻璃、加层玻璃、镀膜玻璃等
24	橡胶		
25	塑料		包括各种软、硬塑料及有机玻璃
26	防水材料		构造层次多或比例大时，采用上面图例
27	粉刷		本图例采用较稀的点

常用建筑构件及配件图例和说明　　　表 1-8

序号	名称	图 例	说 明
1	墙体		应加注文字或填充图例表示墙体材料，在项目设计图纸说明中列材料图例给予说明
2	隔断		1. 包括板条抹灰、木制、石膏板、金属材料隔断； 2. 适用于到顶与不到顶隔断
3	栏杆		

续表

序号	名称	图 例	说 明
4	楼梯	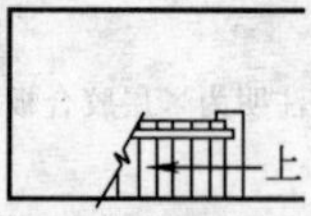 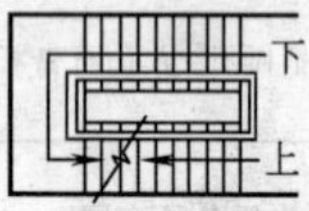 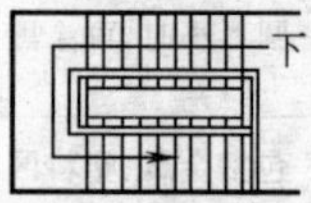 上 下 上 下	1. 上图为底层楼梯平面，中图为中间层楼梯平面，下图为顶层楼梯平面； 2. 楼梯及栏杆扶手的形式和梯段踏步数应按实际情况绘制
5	封闭式电梯		
6	坡道	 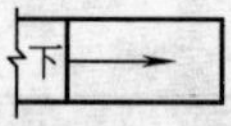 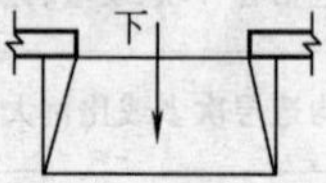 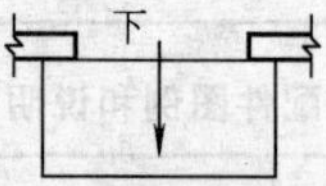 下 下 下	上图为长坡道，下图为门口坡道
7	平面高差	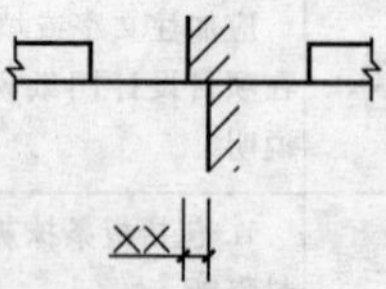 XX	适用于高差小于100的两个地面或楼面相接处
8	通风道		

续表

序号	名称	图 例	说 明
9	检查孔		左图为可见检查孔，右图为不可见检查孔
10	孔洞		阴影部分可以涂色代替
11	坑槽		
12	空门洞		
13	单扇门		1. 门的名称代号用M表示； 2. 剖面图上左为外、右为内，平面图上下为外、上为内； 3. 立面图上开启方向线交角的一侧为安装合页的一侧，实线为外开，虚线为内开； 4. 平面图上的开启弧线及立面图上的开启方向线在一般设计图上不需表示，仅在制图上表示； 5. 立面形式应按实际情况绘制
14	双扇门	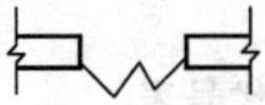	
15	单扇双面弹簧门	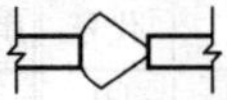	
16	双扇双面弹簧门	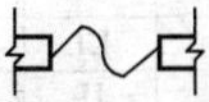	
17	推拉门	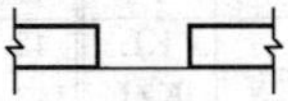	
18	转门		
19	单层固定窗	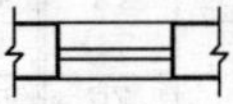	1. 窗的名称代号用C表示； 2. 立面图中的斜线表示窗的开启方向，实线为外开，虚线为内开；开启方向线交角的一侧为安装合页的一侧，一般设计图上可不表示； 3. 剖面图上左为外、右为内，平面图上下为外、上为内； 4. 平、剖面图上的虚线仅说明开关方式，在设计图中不需表示； 5. 窗的立面形式应按实际情况绘制
20	单层外开平开窗	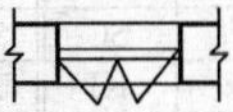	
21	百叶窗	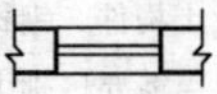	
22	高窗		

续表

序号	名称	图 例	说 明
23	污水池、地漏		
24	澡盆		
25	洗手盆		
26	消防栓		
27	配电盘		

注：表内各图例中的斜线、短斜线、交叉斜线等一律为45°。

构件代号是为书写简便，在图纸上一般用汉语拼音字母代替构件名称。常用构件代号见表1-9。

常用构件代号表 **表 1-9**

序号	名称	代号	序号	名称	代号	序号	名称	代号
1	板	B	19	圈梁	QL	37	支架	ZJ
2	屋面板	WB	20	过梁	GL	38	柱	Z
3	空心板	KB	21	连系梁	LL	39	框架柱	KZ
4	槽形板	CB	22	基础梁	JL	40	构造柱	GZ
5	折板	ZB	23	楼梯梁	TL	41	暗柱	AZ
6	密肋板	MB	24	框架梁	KL	42	基础	J
7	楼梯板	TB	25	框支梁	KZL	43	设备基础	SJ
8	盖板或沟盖板	GB	26	屋面框架梁	WKL	44	桩	ZH
9	挡雨板或檐口板	YB	27	檩条	LT	45	承台	CT
10	吊车安装走道板	DB	28	屋架	WJ	46	挡土墙	DQ
11	墙板	QB	29	托架	TJ	47	地沟	DG
12	天沟板	TGB	30	天窗架	CJ	48	梯	T
13	梁	L	31	天窗端壁	TD	49	雨篷	YP
14	屋面梁	WL	32	柱间支撑	ZC	50	阳台	YT
15	吊车梁	DL	33	垂直支撑	CC	51	梁垫	LD
16	单轨吊车梁	DDL	34	水平支撑	SC	52	预埋件	M
17	轨道连接	DGL	35	框架	KJ	53	钢筋网	W
18	车挡	CD	36	刚架	GJ	54	钢筋骨架	G

注：1. 预制钢筋混凝土构件、现浇钢筋混凝土构件、钢构件和木构件，一般可直接采用本附录中的构件代号。在绘图中，当需要区别上述构件的材料种类时，可在构件代号前加注材料代号，并在图纸中加以说明。

2. 预应力钢筋混凝土构件的代号，应在构件代号前加注“Y”，如YDL表示预应力钢筋混凝土吊车梁。

（三）建筑工程施工图的分类

在建筑工程中，无论是建造住宅、学校等民用建筑，还是工厂等工业建筑，都必须依据施工图纸施工。一套完整的图纸可以借助一系列的图，将建筑物各个方面的形状大小、内部布置、细部构造、结构、材料、布局，以及其他施工要求，按照制图国家标准，准确而详尽地在图纸上表达出来。因此，图纸是各项建筑工程不可缺少的重要技术资料。另外，在工程技术界，图纸还经常用来表达设计构思，进行技术交流，相互交换意见，所以，被称为工程界的共同语言。从事工程建设的施工技术人员的首要任务是要掌握这门“语言”，具备看懂工程图纸的能力。

架子工在搭设脚手架前，首先要了解建筑物的轮廓，看懂脚手架方案图，因此必须先学会看建筑工程的施工图。施工图是建造房屋的主要依据，具有法律效力。施工人员必须按照图纸要求施工，不得任意更改。

1. 建筑工程施工图的种类

建筑工程施工图是组织、指导施工，编制施工预算，进行各项经济、技术管理的主要依据。因此，一套建筑工程施工图纸根据内容和作用的不同一般分为：建筑总平面图、建筑施工图（简称“建施”）、结构施工图（简称“结施”）和设备施工图（简称“设施”）。设备施工图通常又包括给水排水、采暖通风、电气照明等三大类专业施工图。各专业图纸又分为基本图和详图两部分。基本图纸表明全局性的内容；详图表明某一构件或某一局部的详细尺寸和材料、作法等。

除此之外，一套完整的施工图还有图纸目录、设计总说明、门窗表等。

2. 施工图的编排顺序

一套施工图是由几个专业的几张、几十张，甚至几百张图纸组成。为了方便识读，应按统一的顺序装订。一般按图纸目录、总说明、材料做法表、总平面图、建筑施工图、结构施工图、给排水施工图、采暖通风施工图、电气施工图的顺序来编排。各专业施工图应按图纸内容的主次关系来排列。全局性的图纸在前，局部性的图纸在后，如基础图在前，详图在后；主要部分在前，次要部分在后；先施工的图在前，后施工的图在后等。

（1）图纸目录：主要说明该工程由哪些专业图纸组成，各类图的名称、内容、图号。

（2）总说明：主要说明工程的概况和总要求。内容包括设计依据、设计标准、施工要求等。具体包括建筑物的位置、坐标和周围环境；建筑物的层数、层高、相对标高与绝对标高；建筑物的长度和宽度；主出入口与次出入口；建筑物占地面积、建筑面积、平面系数；地基概况、地耐力强度；使用功能和特殊要求简述等。一般门窗汇总表也列在总说明页中。

（3）总平面图：简称"总施"，是表明新建建（构）筑物所在的地理位置和周围环境的总体平面布置图。其主要内容有：建筑物的外形，建筑物周围的地物或旧建筑，建成后的道路、绿化、水源、电源、下水干线的位置，有的还包括标高、排水坡度等，以及水准点、指北针和"风玫瑰"，如在山区还标有等高线。

（4）建筑施工图：主要表示新建建筑物的外部造型、内部各层平面布置以及细部构造、屋顶平面、内外装修和施工要求等。包括建筑总平面图、建筑物的平面图、立面图、剖面图和详图。

（5）结构施工图：主要说明建筑的结构设计内容。包括结构构造类型、承重结构的布置、各构件的规格和材料作法及施工要求等。其图纸主要有基础平面图、各楼层和屋面结构平面布置图、柱、梁详图和楼梯、阳台、雨篷等构件详图等。

（6）给水排水施工图：表示给水和排水系统的各层平面布置，管道走向及系统图，卫生设备和洁具安装详图。

（7）暖通空调施工图：表示室内管道走向、构造和安装要求，各层供暖和通风的平面布置和竖向系统图，以及必要的详图。

(8) 电气施工图：表示动力与照明电气布置、线路走向和安装要求及灯具位置。包括平面图和系统图，以及必要的电气设备、配电设备详图。

(9) 设备施工图：设备施工图表示设备位置、走向和设备基础及设备安装图。

3. 施工图的识图方法

识读图纸时，不能盲目地东看一张图，西看一张图，不分先后和主次，这样往往花了很长的时间也看不懂施工图。因此，必须掌握看图的方法。一般看图的方法是：由外向里看，由大到小看，由粗至细看，图样与说明互相看，建筑图与结构图对照看。重点看轴线及各种尺寸关系。采取这种看图的方法就能收到较好的看图效果。归纳起来，识读整套图纸时，应按照“总体了解、顺序识读、前后对照、重点细读”的方法读图。

(1) 总体了解

在拿到建筑施工图后，不用着急，一般是先看目录、总平面图和施工总说明，以了解是什么建筑物，建筑面积有多少。大致了解工程的概况：如工程设计单位、建设单位、新建房屋的位置、周围环境、施工技术要求等，共有多少张图纸。对照图纸目录检查各类图纸是否齐全，图纸编号与图名是否符合，采用了哪些标准图并备齐这些标准图，将其准备在手边以便随时查阅。然后看建筑平、立、剖面图，大体上想像一下建筑物的立体形象及内部布置。待图纸查阅齐全了就可以开始按顺序看图。

(2) 顺序识读

在总体了解建筑物的情况以后，根据施工的先后顺序，先看设计总说明，了解建筑概况和技术、材料要求等，然后按图纸目录顺序往下看。先看总平面图，了解建筑物的地理位置、高程、朝向以及相关建筑的情况等；在看完总平面图后，再看建筑平面图，了解房屋的总长度、总宽度、轴线尺寸、开间大小，一般布局等；然后再看立面图和剖面图。从而达到对这栋建筑物有一个总体的了解。最好通过看这三种施工图，能在自己的头脑中形成这栋房屋的立体形象，能想象出它的规模和轮廓。

看图时，可以从基础图开始一步步地深入下去。如从基础的类型、挖土的深度、基础的尺寸、构造、轴线位置等开始仔细地阅读。可以按基础→结构→建筑（包括详图）→装修这样的施工顺序仔细阅读有关图纸。

（3）前后对照

读图时，要注意平面图、剖面图对照着读，建筑施工图与设备施工图对照着读，做到对整个工程施工情况及技术要求心中有数。

（4）重点细读

根据工种的不同，将有关专业施工图的重点部分再仔细读一遍，将遇到的问题记录下来，及时向技术部门反映。

图纸全部看完后，可按与不同工种有关的施工部分再将图纸细看，以详细了解所要施工的部分。在必要时可以边看图边做笔记，记下关键的内容，以供备查。这些关键的问题是：轴线尺寸、开间尺寸、层高、楼高、主要梁和柱的截面尺寸、长度、高度，混凝土强度等级、砂浆强度等级等。还要结合每个工序仔细看与施工有关部分的图纸。

（四）建筑施工图的识读

建筑施工图是设计师根据技术条件和标准绘制的，能够准确地表示出建筑物的外形模样、尺寸大小、结构构造和材料作法的图样。在建筑物的全套施工图中，建筑施工图是最主要的，其他施工图如结构、给水排水等均以建筑施工图为依据进行配套设计。建筑施工图决定建筑物的位置、外观、内部布置，以及装饰装修、防水作法和施工需用的材料、施工要求的详图，主要用来作为放线、装饰装修等的施工依据。

1. 图纸目录和总说明的识读

(1) 图纸目录

识图先看目录，图纸目录具有组织编排图纸、便于查阅的作用。图纸目录有两种：一种是列出建筑、结构、水暖、电气等全部图纸的目录，另一种是按专业列目录。目录列出了图别（建施、结施、水施……)、图号、图名和备注。图名应和该页图上的图名一致。在目录中，新设计的图纸在前，选用的标准图或重复使用的图纸在后。所以从图纸目录可以看到该工程是由哪些专业图纸组成，每张图纸的图别编号和页数。

(2) 总说明

总说明包括下列内容：施工图的设计依据；建筑物的建筑面积、设计规模和应有的技术经济指标，如平面系数、防水等级、建筑标准等；相对标高与绝对标高的关系；地基与水文地质情况，地基承载力等。

(3) 用料及作法表

用料及作法是总说明的重要组成部分，该表将建筑物的室内外各处构造、用料和作法进行了汇总说明。除局部构造在详图上表明外，通用作法都包括在作法说明中。如混凝土和砂浆强度等级，墙身防潮层、屋面、外墙、散水、台阶等的作法，各种房间、走廊、盥洗室、厕所等装饰装修作法，特殊要求（如防火）作法，采用新技术新材料的作法说明。

(4) 门窗表

对新建建筑物所设计的门窗材质、代号、数量等统一列表说明。

2. 建筑总平面图的阅读

建筑总平面图反映新建、拟建工程的总体布局，表示原有的和新建房屋的位置、标高、道路、构筑物、地形地貌、当地风向和建筑物的朝向等情况。根据总平面图可以进行房屋定位、施工放线、土方施工和施工总平面布置。

阅读总平面图时，要了解新建建筑物的性质、所在的地形、周围环境、道路布置、绿化、水源、电源情况。依照参考坐标确定新建筑工程或扩建工程的具体位置，按图样比例，确定建筑物的总长度及总宽度，了解地坪绝对标高及室内外高差。如图1-42所示。

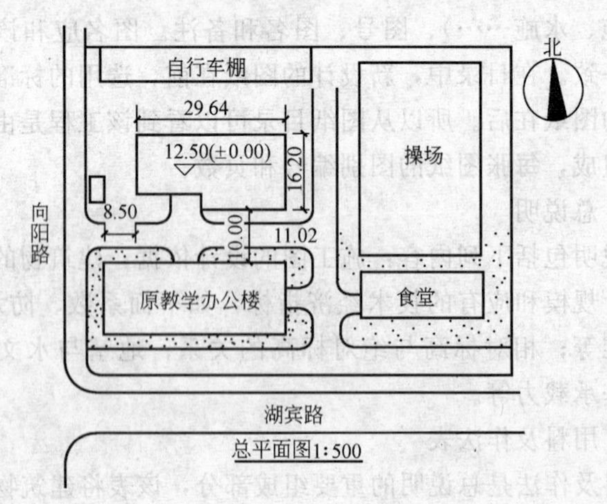

图 1-42　总平面图示例

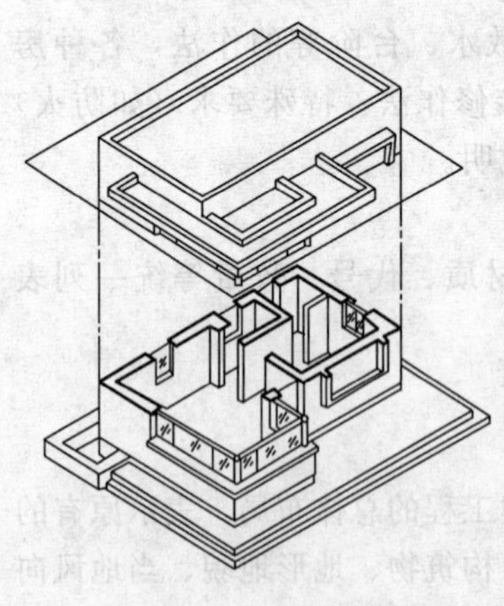

图 1-43　平面图的形成

3. 建筑施工平面图的识读

为了解建筑物内部的有关情况，假想用一个水平的剖切平面沿略高于窗台的位置将房屋剖切开，移走剖切平面以上部分，从上往下看到的切面以下部分的水平投影图，称为建筑平面图，简称平面图。如图 1-43 所示。

建筑平面图反映出房屋的形状、大小及房间的布置，墙、柱的位置和厚度，门窗的类型和位置等。因此它是施工过程中放线、砌墙、安装门窗、室内装修等的依据；也是编制施工预算，进行施工备料，作施工准备等工作的重要依据。

(1) 建筑平面图基本内容

1) 建筑物的尺寸：建筑物外形尺寸、建筑面积、房屋开间及进深的尺寸、门窗洞口及墙体的尺寸、墙厚及柱子的平面尺寸，另外还有台阶、散水、阳台、雨篷等尺寸。

2) 建筑物的形状，朝向以及各种房间、走廊、出入口、楼(电)梯、阳台等平面布置情况和相互关系。

3) 建筑物地面标高：例如首层室内地面标高±0.000，楼梯间休息平台、高窗、预留孔洞及埋件等则分别标出各自标高或中心标高。

4) 门窗的种类：门窗洞口的位置，开启方向、门窗编号，过梁及其他构配件编号等。

5) 剖切线位置：局部详图和标准配件的索引号和位置。

6) 其他专业（水、暖、电工等）对土建要求设置的坑、台、槽、水池、电闸箱、消火栓、雨水管等以及在墙上或楼板上预留孔洞的位置和尺寸。

7) 除一般简单的装修用文字注明外，较复杂的工程，还标明室内装修做法，包括地面、墙面、顶棚等的用料和做法。

8) 其他内容：如施工要求，砖、混凝土及砂浆强度等。

(2) 阅读平面图的方法

识读平面图一般是由外向里、由大到小、由粗到细，先看说明、再看图形。如图 1-44 所示，阅读平面图时的顺序和应注意了解的内容有如下几项。

1) 先看标题栏，了解图名、图号、比例、设计人员、设计日期。

2) 看建筑物的形状、朝向、房间布置、名称、长、宽及相对位置。

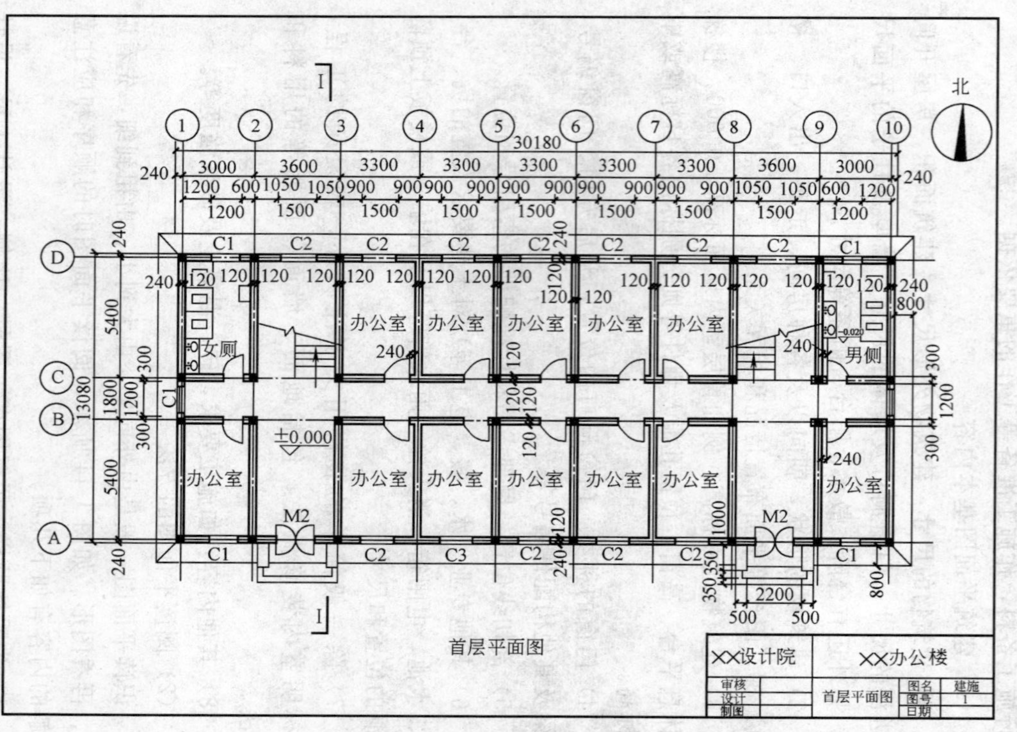

图 1-44 首层平面图示例

3）看定位轴线编号及轴线间的距离。

4）了解内外墙厚度及作法，与定位轴线的关系，窗间墙宽度，以及构造柱的位置、类型等。

5）了解室内外门、窗洞口位置、代号及门的开启方向，以及门窗的尺寸及型号、数量、洞口、过梁的型号等。

6）了解楼梯间的布置、楼梯段的踏步数和上下楼梯的走向；了解卫生间的位置、尺寸和布置。

7）了解室外的台阶、散水的做法，屋面排水方式及防水做法，水落管位置与数量，及阳台、变形缝等的位置和做法。

8）了解标注的尺寸，首先了解室内外地面、各层楼面的标高，以及高度有变化部位的标高，还要了解门窗洞口的定位尺寸和定形尺寸，房屋的开间和进深尺寸以及房屋的总长、总宽尺寸。

9）看剖切线的位置，以便结合剖面图看懂其构造和作法。了解剖切符号和编号，各详图的索引符号以及采用标准构件的编号及文字说明等。

10）看与安装工程有关的部位和内容，如各种穿墙（板）管道、预埋件、室内排水及卫生洁具的安装等。了解水、暖、电、煤气等工种对土建工程要求的水池、地沟、配电箱、消火栓、预埋件、墙或楼板上预留洞在平面图上的位置和尺寸。

11）结合总说明了解施工要求，砖、砂浆及混凝土的强度要求等。并附有详图及文字说明等。

建筑平面图对楼房来讲原则上一层一张平面图，如果两层或更多层的平面布置完全相同，可以合用一张平面图，称为标准层。因此一般建筑平面图都有一层平面图、其他层或标准层平面图、设备层平面图、屋面平面图等。

屋面平面图与一般的建筑平面图不同，它主要表示屋面建筑物的位置、构造、屋面的坡度、排水方法、屋面结构剖面、各层做法以及女儿墙、变形缝、挑檐的构造做法等，屋面平面图如图1-45所示。注意屋顶平面图表示的屋顶形状、挑檐、坡度、分水线、排水方向、落水口及突出屋面的电梯间、水箱间、烟囱、检查孔、屋顶变形缝、索引符号、文字说明等。

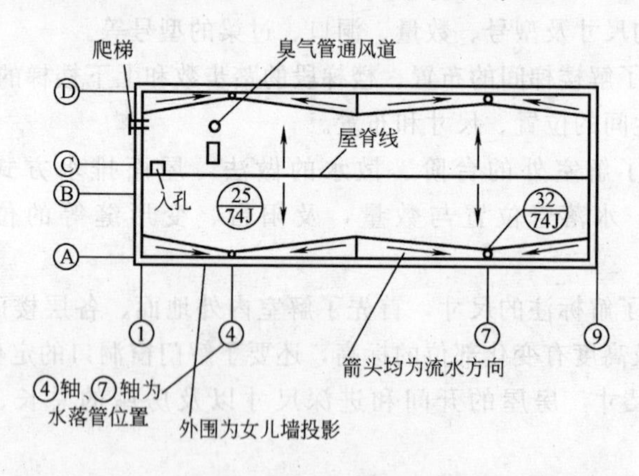

图1-45 屋面平面图示例

4. 建筑立面图的识读

立面图是建筑物的侧视图，主要表示房屋的外貌特征和立面处理要求。主要有正立面、背立面和侧立面（也有按朝向分东、西、南、北立面图）。立面图的名称宜根据两端定位轴线号编注。建筑立面图主要为室外装修所用。

阅读立面图应注意以下内容：

1）首先看清图标和比例，即看清是哪个立面，比例是多少。

2）了解建筑物的总高和各层的标高及室内外高差。

3）与平面图对照，了解房屋的外形、屋顶形式以及具体细部构造，如卫生间、门、窗、台阶、雨篷、阳台、挑檐、窗台、水落管等的位置及构造。

4）了解立面各部位的外部装修做法和用料，某些局部构造做法或详图等。如图1-46所示。

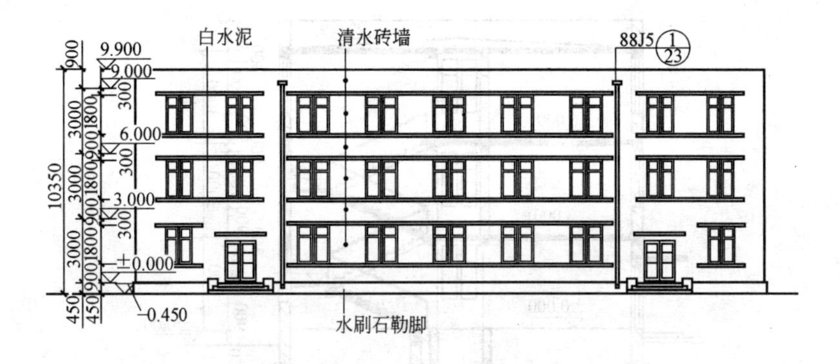

图 1-46　建筑立面图示例

5. 建筑施工剖面图的识读

假想用一个（必要时多个）剖切平面沿着房屋的横向或纵向，将房屋垂直剖切后，移开一部分，所观察得到的切面一侧部分的投影图，称为建筑剖面图，如图 1-47 所示。

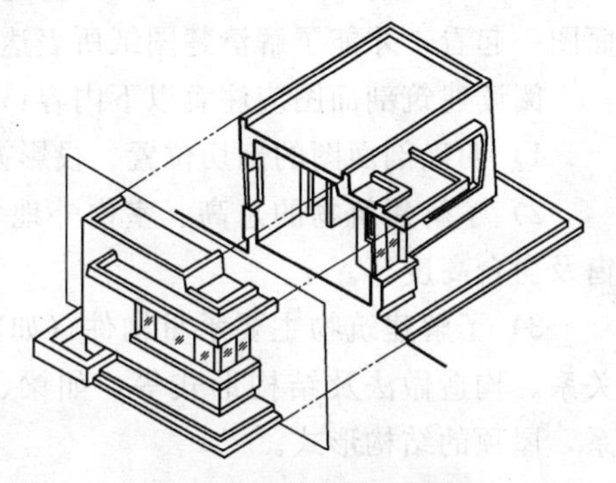

图 1-47　剖面图的形成

建筑剖面图主要表示建筑物内部在高度方向的结构形式、高度尺寸、内部分层情况和各部位的联系，是与平面图、立面图配套的三大图样之一。根据剖切位置的不同，剖面图分为横剖和纵剖，有的还可以转折剖切。剖切位置要选在室内复杂的部位，通过门、窗洞口及主要出入口处、楼梯间或高度有变化的部位，如图 1-48 所示。

看剖面图首先应看清是哪个剖面的剖面图，剖切线位置不同，剖面图的图形也不同。一般情况下，一套图纸有 1～3 张剖

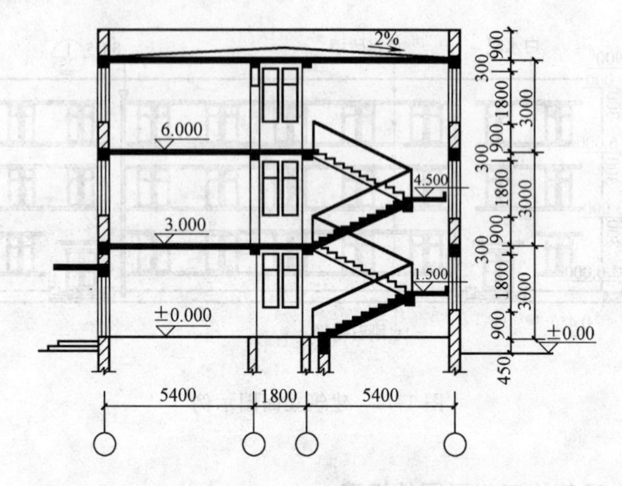

图 1-48　建筑剖面图示例

面图就能表达清楚房屋建筑的内部构造。看剖面图时必须对照平面图一起看，才能了解清楚图纸所表达的内容。

阅读建筑剖面图应注意以下内容：

1）明确剖面图的剖切位置、投影方向。

2）了解建筑物的总高、室内外地坪标高、各楼层标高、门窗及窗台高度等。

3）了解建筑物主要承重构件（如梁、板与墙、柱）的相互关系、构造做法及结构形式等，如梁、板的位置与墙、柱的关系，屋顶的结构形式。

4）注意图中索引及文字说明，了解详细的位置、内容等。

5）了解楼地面、顶棚、屋面的构造及做法，窗台、沿口、雨篷、台阶等的尺寸及做法。

6. 建筑施工详图的识读

一般民用建筑除了建筑平面图、立面图和剖面图外，为了能详细说明某部位的结构构造和做法，常把这些部位绘制成施工详图。所谓详图是将平、立、剖面图中的某些部位需详细表述用较大比例而绘制的图样。

详图的内容广泛，凡是在平、立、剖面图中表述不清楚的局部构造和节点，都可以用详图表述。常见的施工详图有：外墙详图，楼梯间详图，台阶详图，厨房、浴室、厕所、卫生间详图，地下室底板、侧墙详图，屋面女儿墙构造详图。另外，如门、窗、楼梯扶手的构造，卫生设备的安装等，一般都有设计好的标准图册。

其内容主要有以下几个方面：

1）细部或部件的尺寸、标高。

2）细部或部件的构造、材料及做法。

3）部件之间的构造关系。

4）各部位标准做法的索引符号。

外墙详图是建筑剖面图中某一外墙的局部放大图（一般比例为1∶20），也可以是外墙某一部分的剖面图。这里以外墙详图（图1-49）为例加以说明。

外墙详图表示墙身由地面到屋顶各部位的构造、材料、施工要求及墙身部位的联系，所以外墙详图是砌墙、立门、窗口、室内外装修等施工和工程预算编制的重要依据。

阅读墙身详图应注意了解以下内容：

1）看勒角节点，了解勒脚和散水的做法以及室内地面的做法，防潮层的位置和做法。

2）看中间节点，了解墙体与圈梁、楼板的搭接关系，窗顶过梁的形式及组合方式，窗台、踢脚板的做法等。

3）看檐口节点，可了解挑檐板、女儿墙及屋面的做法。

4）通过多层结构的外墙详图还可以了解到楼地面及顶棚的做法。

5）可以了解到室内外地面、各层楼面、各层窗台、门、窗顶及屋面各部位的标高，以及外墙高度方向和细部详尽的尺寸。

6）了解立面装修的做法，索引号引出的做法、详图等。

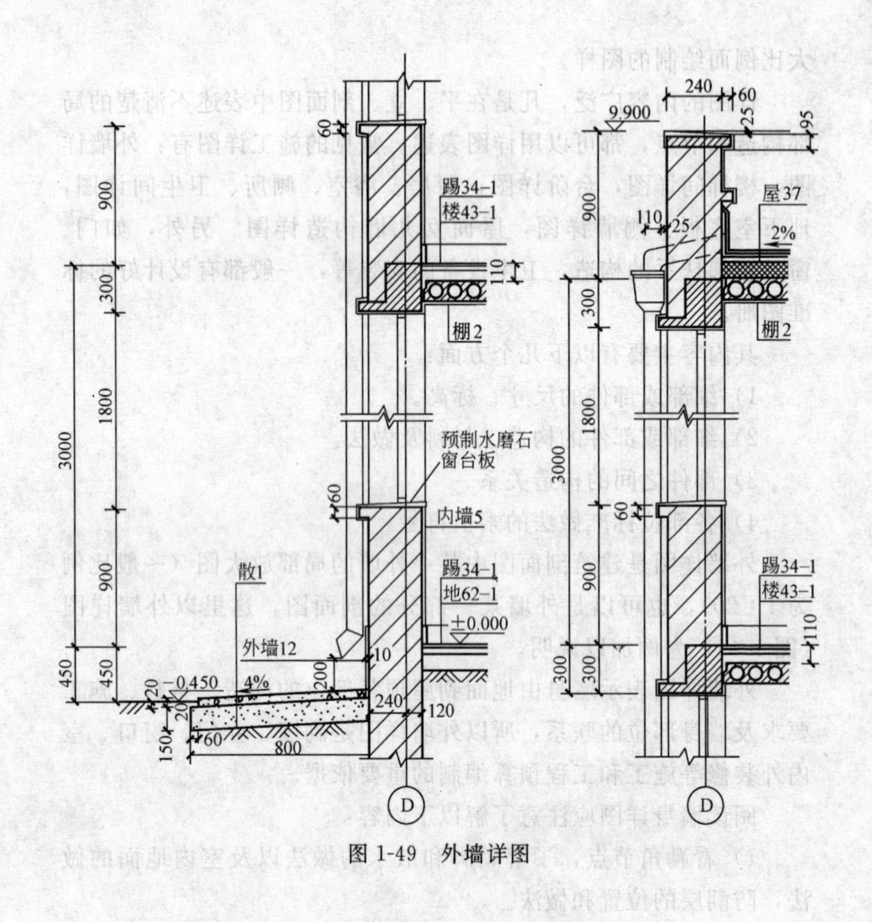

图 1-49　外墙详图

（五）结构施工图的识读

结构施工图是表示建筑物的各承重构件（如基础、承重墙、梁、板、柱等）的布置、形状、大小、材料做法、构造及其相互关系和结构形式的图纸。结构施工图是建筑施工的技术依据。

1. 结构施工图的主要内容

（1）结构设计说明

（2）结构平面布置图

包括基础平面图、楼层结构平面布置图、屋顶结构平面布置图。

（3）构件详图

包括基础详图，梁、板、柱结构详图，楼梯结构详图，屋架结构详图和其他结构详图等。

（4）其他

文字说明、构件数量表和材料用量表。

2. 基础图的识读

基础图包括基础平面图和基础详图，是相对标高±0.000以下的结构图，主要供放灰线、基槽（坑）挖土及基础施工时使用。

（1）基础平面图的识读

基础平面图是假设在建筑物的底层室内地面下方用一个水平剖切面剖切，并移去上面部分后向下看切面下方各构件所得到的水平面。它只反映建筑物室内地面以下基础部分的平面布置，如图1-50所示。

基础平面图主要表示以下内容：

1）基础平面布置；

2）定位轴线及其编号、轴线尺寸、基础轮廓线尺寸与轴线的关系；

3）剖切线位置及其编号；

4）预留沟槽、孔洞位置及尺寸，以及设备基础的位置及尺寸；

5）施工说明。

在基础平面图中画出基础墙、基础底面轮廓线，基础的其他可见轮廓线一般省略不画，其细部形状用基础详图表达。

在基础平面图中，用中实线表示剖切的基础墙墙身，细实线表示基础底面轮廓线，粗虚线（单线）表示不可见的基础梁，粗

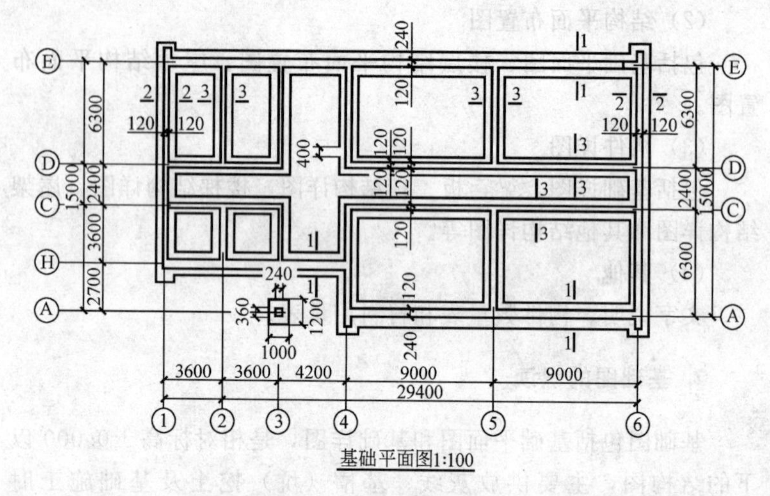

图 1-50　基础平面图示例

实线表示可见的基础梁。

阅读基础平面图应注意了解以下内容：

1）定位轴线编号、尺寸，必须与建筑平面图完全一致。

2）注意基础形式，了解其轮廓线尺寸与轴线的关系。当为独立基础时，应注意基础和基础梁的编号。

3）看清基础梁的位置、形状。

4）通过剖切线的位置及编号，了解基础详图的种类及位置，掌握基础变化的连续性。

5）了解预留沟槽、孔洞的位置及尺寸。有设备基础时，还应了解其位置、尺寸。

(2) 基础详图的识读

在基础的某一处竖向剖切基础所得到的剖面图称为基础详图，如图 1-51 所示。

基础详图基本内容包括剖面图轴线以及各部位详细尺寸，室内外标高及基础埋置深度，基础断面形状、材料、配筋、施工说明等。

先将基础详图的图名与基础平面图对照，确定其位置。断面

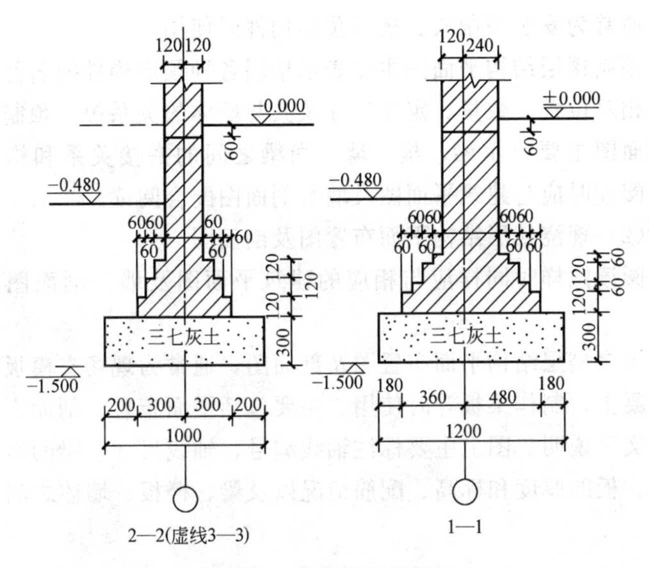

图 1-51　条形基础剖面图

图中一般标有材料图例，可了解基础使用的材料。了解基础墙厚、大放脚尺寸、基础底宽尺寸以及它们与轴线的相对位置关系。了解基础埋置深度。

阅读基础详图时应注意了解的基本内容有如下几项：

1）基础的断面尺寸、构造做法和所用的材料。

2）基底标高、垫层的做法，防潮层的位置及做法。

3）预留沟槽、孔洞的标高，断面尺寸及位置等。

结构设计说明应了解主要设计依据，如±0.000 相对的绝对标高，地基承载力，地震设防烈度，构造柱、圈梁的设计变化，材料的标号，预制构件统计表，验槽及施工要求等。

3. 楼层结构平面布置图及剖面图

楼层结构的类型很多，一般常见的分为预制楼层、现浇楼层以及现浇和预制各占一部分的楼层。

（1）预制楼层结构平面布置图和剖面图

通常为安装预制梁、板等预制构件时使用。

预制楼层结构平面图主要表示楼层各种预制构件的名称、编号、相对位置、数量、定位尺寸及其与墙体的关系等。预制楼层的剖面图主要表示梁、板、墙、圈梁之间的搭接关系和构造处理。阅读时应与建筑平面图及墙身剖面图配合阅读。

(2) 现浇楼层结构平面布置图及剖面图

阅读图样时同样应与相应的建筑平面图及墙身剖面图配合阅读。

现浇楼层结构平面布置图及剖面图，通常为现场支模板、浇注混凝土、制作梁板等时使用。主要包括平面布置、剖面、钢筋表和文字说明。图上主要标注轴线编号、轴线尺寸、梁的布置和编号、板的厚度和标高、配筋情况以及梁、楼板、墙体之间的关系等。

4. 构件及节点详图

构件详图，表明构件的详细构造做法。

节点详图，表明构件间连接处的详细构造和做法。

构、配件和节点详图可分为非标准的和标准的两类。按照统一标准的设计原则，通常将量大面广的构配件和节点设计成标准构、配件和节点，绘制成标准详图，便于批量生产，共同使用，这是标准的。非标准的一般根据每个工程的具体情况，单独进行设计、绘制成图。

二、房屋构造的基本知识

（一）房屋建筑的分类

房屋建筑是指供人们生产、生活、学习、工作、居住以及从事文体活动的房屋。房屋建筑多种多样，可以按不同标准分类。

1. 房屋建筑按使用性质分类

（1）工业建筑

是指工业生产用的厂房及附属配套用房屋，如建筑机械厂、钢铁厂、发电厂等的厂房、生产及辅助车间，以及与其配套的原材料和产品仓库、锅炉房、变配电室等。

（2）民用建筑

供人们居住、生活、学习、工作和娱乐的场所，如住宅、旅馆、医院、商场等。

（3）农业建筑

是人们从事农业生产而修建的房屋，如粮仓、蓄舍、鸡场等。

2. 房屋建筑按结构主要承重材料分类

（1）木结构房屋

主要用木材承受房屋的荷载，用砖石作为围护结构的建筑，如古建筑、某些少数民族居住的房屋。现已很少修建这种结构类型的房屋。

（2）砖混结构房屋

主要用砖石砌体为房屋的承重结构，其中，楼板可以用钢筋混凝土楼板或木楼板，屋顶使用钢筋混凝土屋架、木屋架或屋面板及斜屋面盖瓦。

(3) 钢筋混凝土结构房屋

主要承重结构，如梁、板、柱、屋架都是采用钢筋混凝土制成。目前，建筑工程中广泛采用这种结构形式。

(4) 钢结构房屋

主要骨架采用钢材（主要是型钢）制成。如钢柱、钢梁、钢屋架。一般用于高大的工业厂房及高层、超高屋建筑。

3. 房屋建筑按结构承重方式分类

(1) 墙承重结构

用墙体结构承受楼板及屋顶结构传来的全部荷载，并传到基础，如普通砖混房屋。

(2) 排架结构

屋架支承在柱子上，中间有各种支撑，形成铰接的空间结构，典型的排架结构房屋是单层工业厂房。

(3) 框架结构

用梁、柱组成框架结构承受房屋的全部荷载，如多层工业厂房、多层公共建筑等。

(4) 半框架结构

建筑物的外部用墙承重，内部采用梁、柱承重或底层采用框架、上部用墙承重，如常见的商住楼。

(5) 空间结构

由空间构架承重，如网架、壳体、悬索等用于大跨度的大型公共建筑。

4. 按建筑高度与层数分类

(1) 房屋建筑按层数分为：1～3 层为低层建筑，4～6 层为多层建筑，7～9 层为中高层建筑，10 层以上为高层建筑。

(2) 公共建筑及综合性建筑总高度超过 24m 者为高层（不包括高度超过 24m 的单层主体建筑）。

(3) 建筑物高度超过 100m 时，不论住宅或公共建筑均为超高层。

（二）房屋建筑的等级

1. 房屋建筑按使用性质和耐久年限划分的等级

以主体结构确定的建筑耐久年限分下列四级，见表 2-1。

按耐久年限规定的建筑物的等级　　表 2-1

类别	设计使用年限	建筑物性质
1	100 年以上	具有历史性、纪念性、代表性的重要建筑物和高层建筑，如纪念馆、博物馆、国家会堂等
2	50～100 年	一般性建筑
3	15～50 年	次要的建筑
4	15 年以下	临时性建筑

2. 建筑结构的安全等级

设计时根据建筑结构破坏后果的严重程度，建筑结构划分为三个安全等级，见表 2-2。

建筑结构的安全等级　　表 2-2

安全等级	破坏后果	建筑物类型
一级	很严重	重要的建筑物
二级	严重	一般的建筑物
三级	不严重	次要的建筑物

注：对有特殊要求的建筑物，其安全等级应根据具体情况另行确定。

3. 建筑物的耐火等级

建筑物的耐火等级分为一、二、三、四级。

（三）房屋建筑的基本组成及作用

尽管房屋的使用功能和使用对象不同，但其基本组成内容是相似的，都是由许多建筑构配件组成。

1. 民用建筑构造

民用建筑一般由基础、墙或柱、楼板、地面、楼梯、屋顶、门窗等主要构件组成。虽然各组成部分作用不同，但概括起来主要是两大类，即承重结构和围护结构。如图 2-1 所示为多层砖混结构的基本组成。

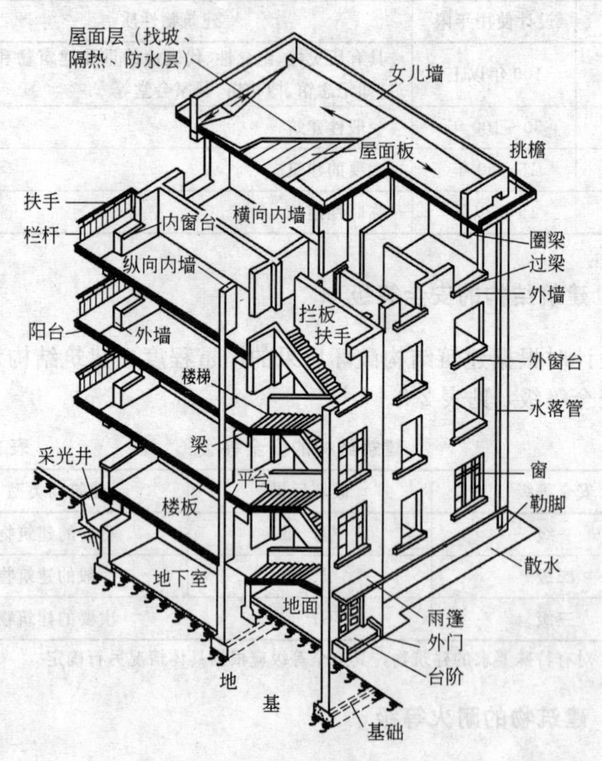

图 2-1　多层砖混结构的构造组成

（1）基础

基础位于建筑物的最下部，起支撑建筑物的作用。它承受建筑物的全部荷载，并将这些荷载传给地基。要求必须坚固、稳定，能承受地下水的侵蚀。

（2）墙和柱

墙是建筑物的竖向围护构件，一般情况下也是承重构件。它承受从屋顶、各楼层和楼梯等上部结构传来的荷载及自重并传递给基础。承受上部传来的荷载的墙是承重墙，只承受自重的墙是非承重墙。作为围护构件，外墙分隔建筑物内外空间，抵御自然界各种因素对建筑的侵袭；内墙分隔建筑物内部空间，避免互相干扰。墙体同时还有保温、隔热、隔声、防水、防火、防潮和节能等作用。

柱是建筑物的承重构件，此时，柱间墙一般为围护结构。

墙和柱应坚固、稳定。

（3）楼板和地面

楼板是建筑物水平方向的承重构件，将建筑空间分隔为若干层，承受作用在其上的家具、设备、人等的荷载，连同自重传递给墙或柱。楼板支撑在墙或柱上，对其起水平支撑的作用，增加墙或柱的稳定性，因此必须具有足够的强度和刚度。并应有一定的隔声、隔热、防水能力以及耐磨性。

地面位于首层房间，承受首层房间的荷载并传给地基，是建筑物与地面的隔离构件。应具有一定的防潮、防水、保温等功能。

（4）楼梯

楼梯是楼房建筑的垂直交通设施，供人们平时上下和紧急疏散时使用。楼梯应有足够的通行能力，足够的强度和刚度以及具有防火、防滑等功能。

（5）屋顶

是建筑物顶部的围护和承重构件，由屋面和承重结构两部分组成。屋面抵御自然界雨、雪等自然因素的侵袭，并将雨水排除。承重结构承受着房屋顶部的全部荷载，并将这些荷载传给墙或柱。因此，屋顶必须具有足够的强度和刚度，以及保温、隔热、防火、节能和排水等功能。

(6) 门窗

门窗均属于围护构件，为非承重构件。门主要用作内外交通联系及分隔房间，有的兼起通风和采光作用，也有装饰作用，要有足够的高度和宽度；窗的主要作用是采光和通风。根据建筑物所处环境，门窗应有保温、隔热、隔声、防风沙和节能等作用。

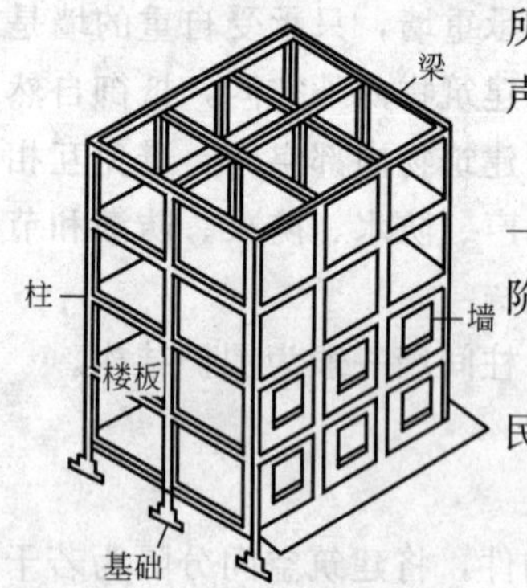

图 2-2 多层框架结构的构造组成

除上述六大组成部分以外，还有一些其他构件，如阳台、雨罩、台阶、散水、烟囱、通风道等。

如图 2-2 所示是多层框架结构的民用建筑基本组成示意图。

2. 工业建筑构造

工业建筑主要是指人们可在其中进行工业生产活动的生产用房屋，又称工业厂房。由于工业部门不同，生产工艺各不相同，所以工业建筑类型较多。

工业建筑按层数分为单层工业厂房和多层工业厂房。

按其主体承重结构组成的不同，分为排架结构和框架结构。排架结构是指由柱与屋架组成的平面骨架，其间用纵向支撑及连系构件等拉结。框架结构是指由柱与梁组成的立体骨架。单层工业厂房常采用排架结构，多层工业厂房常采用框架结构，其构造与民用建筑相似。

单层工业厂房是工业建筑中最为常见的厂房形式，一般由组成排架的承重骨架和围护结构两部分组成。承重骨架采用钢筋混凝土构件或钢材制作。单层工业厂房主要由基础、柱子、吊车梁、屋盖系统和围护结构组成，如图 2-3 所示。

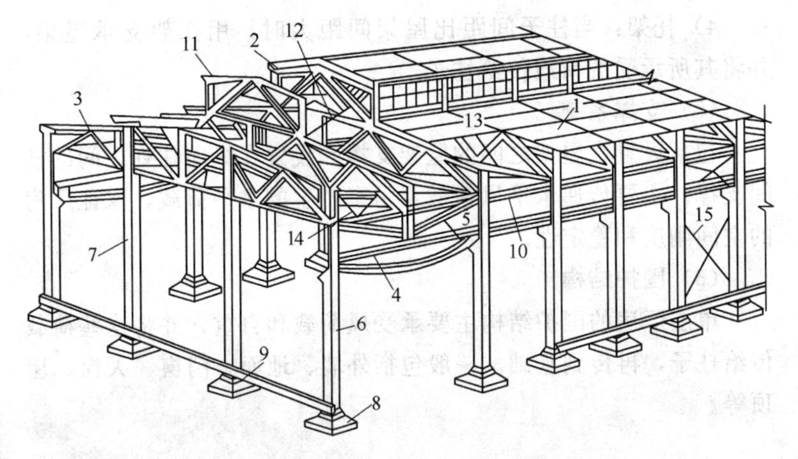

图 2-3 单层工业厂房构造组成

1—屋面板；2—天沟板；3—屋架；4—吊车梁；5—托架；6—排架柱；7—抗风柱；8—基础；9—基础梁；10—连系梁；11—天窗架；12—天窗架垂直支撑；13—屋架下弦纵向水平支撑；14—屋架端部垂直支撑；15—柱间支撑

（1）基础

承受作用在柱子上的全部荷载，以及基础梁传来的部分墙体荷载，并将其传递给地基。

（2）柱子

承受屋架、吊车梁、外墙和支撑传来的荷载，并传给基础。

（3）吊车梁

支承在柱子的牛腿上，承受吊车自重、起吊重量以及刹车时产生的水平作用力，并将其传给柱子。

（4）屋盖系统

由屋架、屋面板、天窗架等构件组成。

1）屋架：是单层工业厂房排架系统中的主构件，支承在柱子上。承受屋盖系统的全部荷载，并将其传给柱子。

2）屋面板：直接承受屋面荷载，并将其传给屋架。

3）天窗架：支承在屋架上，承受天窗架以上屋面板及屋面上的荷载，并将其传给屋架。

4）托架：当柱子间距比屋架间距大时，用托架支承屋架，并将其所承受的荷载传给柱子。

（5）支撑系统

包括设置在屋架之间的屋架支撑和设置在纵向柱列之间的柱间支撑。主要传递水平风荷载及吊车产生的水平荷载，保证厂房的空间刚度和稳定性。

（6）围护结构

单层厂房的围护结构主要承受风荷载和自重，并将这些荷载传给柱子，再传到基础。一般包括外墙、地面、门窗、天窗、屋顶等。

三、建筑力学与建筑结构的基础知识

（一）力的基本概念

1. 力的定义

长期以来，人们在生产劳动和日常生活中，用手推、拉、握、举物体时，由于肌肉紧张而感受到了“力”的作用，并且物体的运动状态也常随之发生了变化，或者会使物体发生变形。这种作用广泛地存在于人与物、物与物之间。建筑工地上，架子工手握脚手杆，打夯机夯实地基，塔吊吊运构件等都是力的作用。

所以，力的概念可以概括为：力是物体间相互的机械作用，这种作用会使物体的运动状态发生改变，或使物体发生变形。既然力是物体之间的相互作用，则力不能脱离物体而单独存在。

2. 力的三要素

实践证明，不同大小，或不同方向，或施加于物体不同位置的力，将对物体产生不同的效应。因此，力对物体的效应取决于三个要素：力的大小、力的方向、力的作用点。这三个要素通常称为力的三要素。

在国际单位制中，力的单位是牛顿，用符号 N 表示。工程上以牛顿（N）或千牛顿（kN）为单位。

同时具有大小和方向的量称为矢量，所以力是矢量。矢量常用带有箭头的有向线段（矢线）表示。线段的长度按一定的比例代表力的大小，线段的方位和箭头的指向表示力的方向，有向线段的起点或终点表示力的作用点。通过力的作用点，沿力的方向所画直线，称为力的作用线。

3. 力的平衡

物体的平衡是指物体相对于地面保持静止或做匀速直线运动的状态。我们住的楼房坐落在地球上，地球支撑着楼房，处于一种平衡的状态。

（1）二力平衡公理

物体受两个力的作用而处于平衡状态的条件是：这两个力的大小相等、方向相反、作用线相同（简称为等值、反向、共线），这就是力的平衡条件。我们的建筑物就是在力的平衡条件下建造起来的。

（2）作用力和反作用力

两个物体之间相互作用的力，总是大小相等、方向相反、沿同一直线，并分别作用在两个物体上。如果将其中的一个力称为作用力，则另一个力就是它的反作用力。需要指出的是作用力和反作用力与二力平衡是不同的。二力平衡是对一个物体而言，作用力和反作用力也是一对大小相等、方向相反的力，但它们分别作用在受力物体和施力物体两个物体上，各自起作用，是不能相互平衡的。

4. 力的合成与分解

（1）力的合成

当一个物体同时受到几个力的作用时，如果能够合成这样一个力，这个力所产生的效果与原来几个力共同作用的效果相同，则这个力叫做那几个力的合力。即作用于同一物体上的几个力的作用效果可以用一个力来代替，称为力的合力。这几个力又可称为是这个合力的分力。也就是说力可以进行等效代换。

如图 3-1 所示，作用于 A 点的两个力 F_1 和 F_2 也可以用合力 R 来表示，R 为由 F_1 和 F_2 为邻边的平行四边形的对角线，

则 F_1 和 F_2 也称为分力。这就是力的平行四边形法则。即作用在物体上同一点的两个力，可以合成为作用在该点的一个合力。合力的大小和方向可用这两个已知力为邻边所构成的平行四边形的对角线来表示（图 3-1a）。实际上，求合力只要做出力的平行四边形的一半就可以了，合力的作用点仍是原两个力的汇交点，如图 3-1b 所示。三角形 ABC 称为力三角形，这种求合力的方法称为力三角形法则。

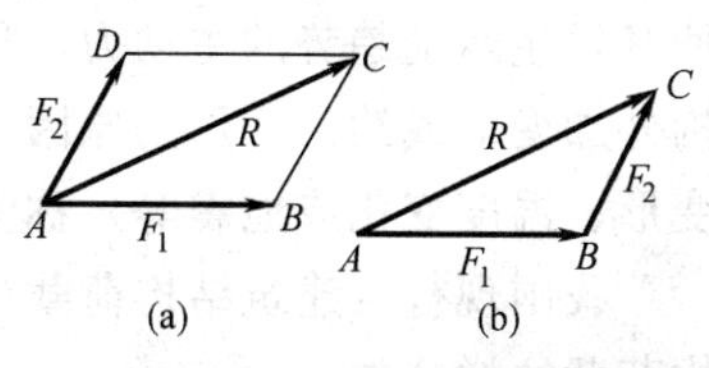

图 3-1　平行四边形法则

（2）力的分解

力的分解是将一个力分成几个力，而且这几个力所产生的效果同原来一个力产生的效果相同，则这几个力叫做原来那个力的分力。求力的分力叫做力的分解。

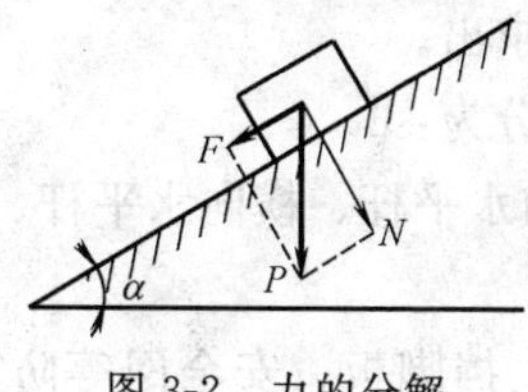

图 3-2　力的分解

力的分解是求已知的一个力的分力。只要知道一个力的大小、方向，便可以用平行四边形法则或三角形法求出各个分力的大小。例如，有一个物体沿如图 3-2 所示的斜面下滑，其中物体的重力 P 可以分解成两个分力：一是与斜面平行的分力 F，这个力使物体沿斜面下滑；另一个与斜面垂直的分力 N，这个力则使物体在下滑时紧贴斜面，是压在斜面上的力。

（二）建筑结构荷载

在建筑中，由若干构件（如柱、梁、板等）连接而构成的能承受荷载和其他间接作用（如温度变化、地基不均匀沉降等）的体系，叫做建筑结构（简称结构）。建筑结构在建筑中起骨架作用，是建筑的重要组成部分。结构的各组成部分（如梁、柱、屋架等）称为结构构件（简称构件）。

建筑结构在施工过程中和使用期间承受的各种作用有：施加在结构上的集中力或分布力（如人群、设备、构件自重等），是使其发生运动趋势的主动力，称为直接作用，也称荷载；引起结构外加变形或约束变形的原因（如地基变形、混凝土收缩、焊接变形、温度变化或地震等）称为间接作用。

我国现行《建筑结构荷载规范》（GB 50009—2001）中将结构荷载这样分类：

1. 按荷载随时间的变异性和出现的可能性，分为永久荷载、可变荷载和偶然荷载

（1）永久荷载

在结构使用期间，其值不随时间变化，或其变化与平均值相比可以忽略不计，或其变化是单调的并能趋于限值的荷载。例如结构各部分构件的自重、土压力、预应力等均属永久荷载，也叫做恒荷载。恒荷载通常可经过计算或查表求出。

脚手架工程的永久荷载（恒荷载）可分为：

1）脚手架结构自重，包括立杆、纵向水平杆、横向水平杆、剪刀撑、横向斜撑和扣件等的自重。

2）构配件自重，包括脚手板、栏杆、挡脚板、安全网等防护设施的自重。

（2）可变荷载

在结构使用期间，其值随时间变化，且其变化与平均值相比不可以忽略不计的荷载。例如家具等楼面活荷载、屋面活荷载和积灰荷载、吊车荷载、风荷载、雪荷载等均属可变荷载，也叫做活荷载。

脚手架工程的可变荷载（活荷载）可分为：

1）施工荷载，包括作业层上的人员、器具和材料的自重。

2）风荷载。

（3）偶然荷载

在结构使用期间不一定出现，一旦出现，其量值可能很大而持续时间很短的荷载。例如地震作用力、爆炸力、撞击力等。

2. 按荷载作用的范围可分为集中荷载和分布荷载

当荷载的作用面积远远小于构件的尺寸时，可将荷载作用面积集中简化于一点，称为集中荷载。如吊车梁传给柱子的荷载。集中荷载的计量单位为 N 或 kN。

连续分布在一块面积上的荷载，称为分布荷载。包括分别作用在体积、面积和一定长度上的体荷载、面荷载和线荷载。重力属于体荷载，风、雪的压力等属于面荷载。分布荷载以 N/m^2、kN/m^2、N/m 或 kN/m（线荷载）为单位。

在实际工程中，不会所有的活荷载都同时作用在建筑物上，常常是其中几种活荷载随机组合与恒荷载的共同作用，如图 3-3 所示。

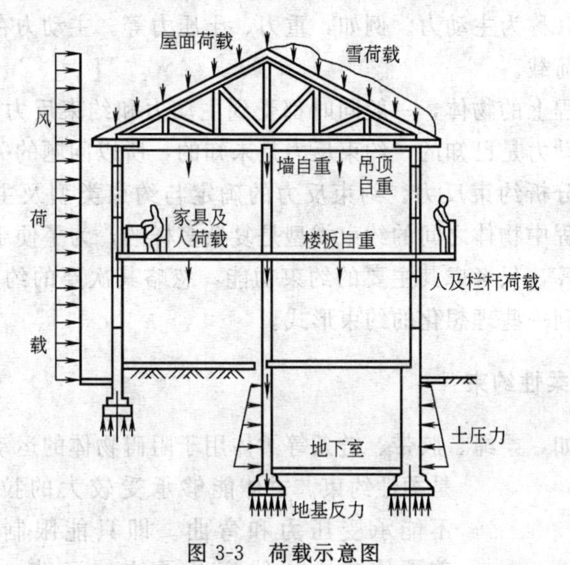

图 3-3　荷载示意图

（三）约束和约束反力

工程上所遇到的物体，一般都受到其他物体的阻碍、限制，而不能自由运动。例如，房屋、桥梁受到地面的限制，梁受到柱子或墙的限制等等。物体受到限制，使其在某些方向的运动成为不可能，则这种物体称为非自由体。相反的，不受任何限制，在空间可以自由运动的物体称为自由体。例如，航行的飞机，发射的炮弹等。结构和结构的各构件是非自由体。

限制非自由体运动的限制物称作非自由体的约束。例如地面是房屋、桥梁的约束，柱子或墙是梁的约束。约束限制物体运动的力称为约束反力或约束力。显然，约束反力的方向总是与它所限制的位移方向相反。地面限制房屋向下位移，地面作用给房屋的约束反力指向上。

与约束反力相对应，凡能主动使物体运动或使物体有运动趋势的力，称为主动力。例如，重力、土压力等。主动力在工程上也称为荷载。

工程上的物体，一般同时都受到主动力和约束反力的作用。通常主动力是已知的，约束反力是未知的，所以问题的关键在于正确地分析约束反力。约束反力的确定与约束类型及主动力有关。工程中物体之间的约束类型是复杂多样的，为了便于理论分析和计算，只考虑其主要的约束功能，忽略其次要的约束功能，便可得到一些理想化的约束形式。

1. 柔性约束

例如，柔绳、胶带、链条等柔体用于阻碍物体的运动时，都是柔性约束。柔体能够承受较大的拉力，而不能承受压力和弯曲。即只能限制物体沿着柔体的中心线离开柔体的运动，而不能限制物体其他方向的运动，所以柔体的约束反力 T 通过接触点，其方向沿着柔体的中心线而背离物体（即受拉），如图 3-4 所示。

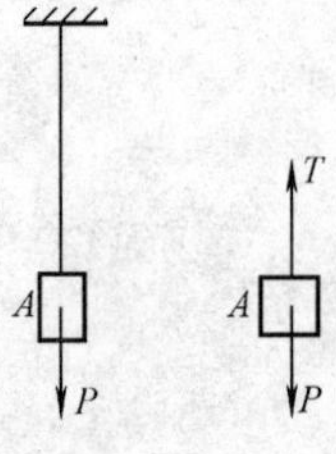

图 3-4 柔性约束

2. 光滑面约束

由光滑的接触面所构成的约束称为光滑面约束。当接触处的摩擦力很小略去不计时，就是光滑接触面约束。例如，轨道对于车轮的约束。不管光滑接触面的形状如何，它都只能限制物体沿着光滑面的公法线而指向光滑面的运动，而不能限制物体沿着光滑面的公切线或离开光滑面的运动，所以光滑面的约束反力通过接触点，其方向沿着光滑面的公法线且为压力，如图 3-5 所示。这种约束反力称为法向反力，通常用 N 表示。

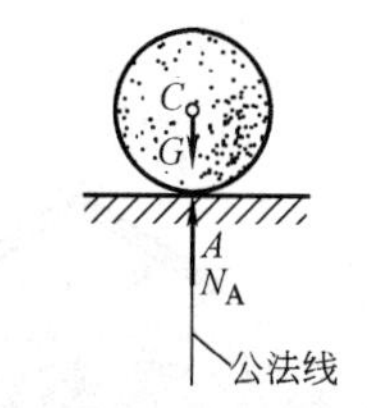

图 3-5　光滑面约束

3. 铰链约束

由圆柱形铰链所构成的约束，称为圆柱铰链约束，简称铰链约束。门窗用的合页、活塞销等都是圆柱铰链的实例。理想的圆柱铰链是由一个圆柱形销钉插入两个物体的圆孔中构成（图 3-6a、b)，且认为销钉与圆孔的表面都是完全光滑的。圆柱铰链的简图如图 3-6（c）所示。

这种约束只能限制物体在垂直于销钉轴线的平面内沿任意方向的运动，而不能限制物体绕销钉的转动和沿其轴线方向的移动。当物体相对于另一物体有运动趋势时，销钉与孔壁便在某处接触，由于接触处一般不能预先知道，又因接触处是光滑的，所以，圆柱铰链的约束反力必作用于接触点，垂直于销钉轴线，并通过销钉中心，而方向未定。这种约束反力有大小和方向两个未知量，可用一个大小和方间都是未知的力 R_c 来表示（图 3-6d)，也可用两个互相垂直的分力 X_c 和 Y_c 来表示（图 3-6e)。

4. 铰支座

在工程上常常通过支座将一个构件支承于基础或另一静止的

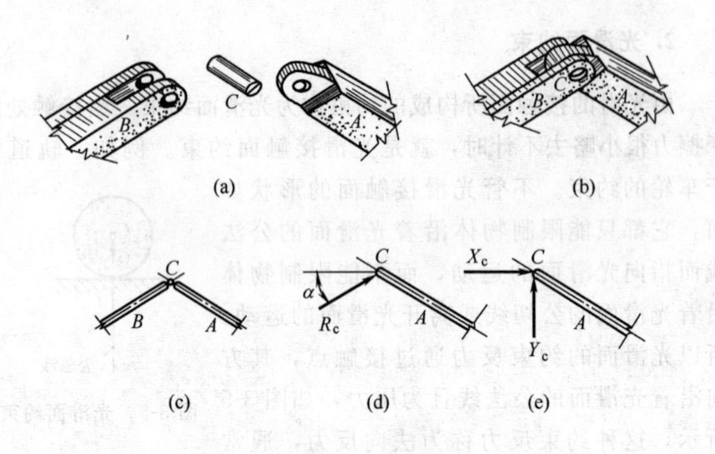

图 3-6　铰链约束

构件上。铰支座有固定铰支座和可动铰支座两种。

如将支座固结于基础或静止的结构物上，再将构件用圆柱形销钉与该支座连接，就成为固定铰支座。其结构简图如图 3-7（a）所示。这种支座可以限制构件沿任何方向移动，而不限制其转动，其约束反力与圆柱铰链相同。其计算简图如图 3-7（b）、（c）所示，约束反力如图 3-7（d）所示。这种支座在工程上经常采用。

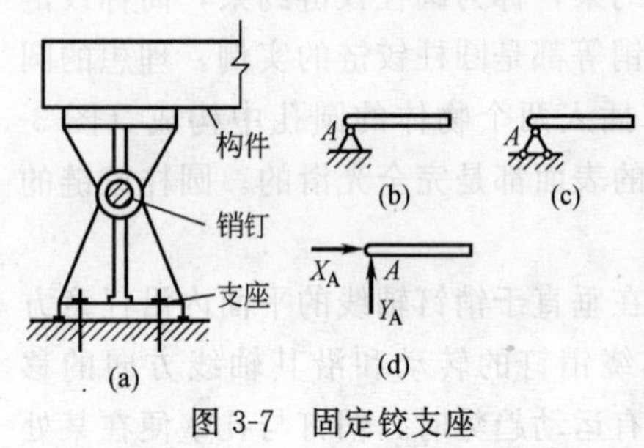

图 3-7　固定铰支座

将构件用铰链约束连接在支座上，支座用滚轴支持在光滑面上，这样的约束称为可动铰支座，其构造如图 3-8（a）所示。这种支座只能限制物体垂直于支承面方向的运动，而不能限制物体绕销钉的转动和沿支承面的运动。所以它的约束反力与光滑面约束相同。其计算简图如图 3-8（b）、（c）所示，约束反力如图 3-8（d）所示。

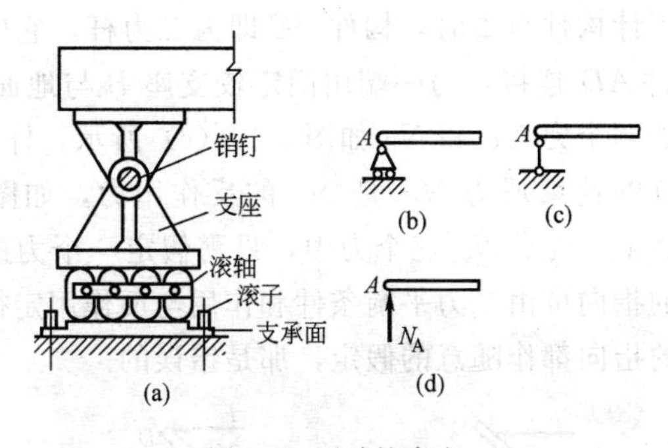

图 3-8　可动铰支座

5. 固定端约束（固定支座）

在图 3-9（a）中，杆件 AB 的 A 端被牢固地固定，使杆件既不能发生移动，也不能发生转动，这种约束称为固定端约束或固定支座。固定端约束的简图如图 3-9（b）所示。固定端的约束反力是两个垂直的分力 X_A 和 Y_A 和一个力偶 m_A，它们在图 3-9（b）中的指向是假定的。约束反力 X_A、Y_A 对应于约束限制移动的位移；约束反力偶 m_A 对应于约束限制转动的位移。

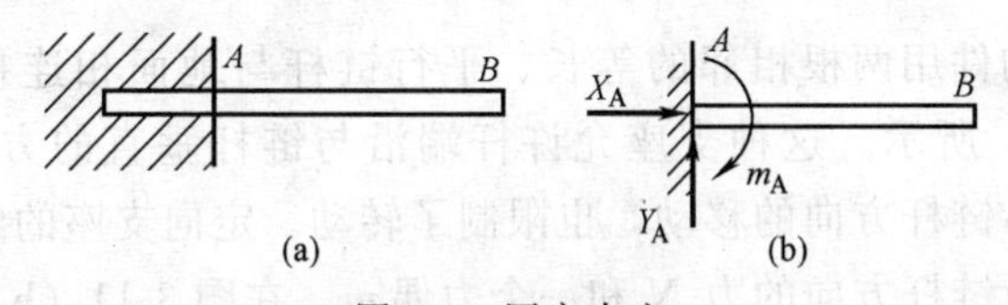

图 3-9　固定支座

6. 链杆约束

所谓链杆约束就是两端用光滑铰链与物体相连，不计自重且中间不受力的杆件。链杆只在两铰链处受力的作用，因此又称二力杆。

处于平衡状态时，链杆所受的两个力应大小相等、方向相反地作用在两个铰链中心的连线上，其指向未定。如图 3-10（a）

所示，当不计构件自重时，构件 BC 即为二力杆，它的一端用铰链 C 与构件 AD 连接，另一端用固定铰支座 B 与地面连接。BC 杆件所受的两个力 N_C 和 N_B 如图 3-10（c）所示。杆件 BC 作用给杆件 AD 的约束反力 $N_C{}'$ 是 N_C 的反作用力，如图 3-10（b）所示。在 N_B、N_C、$N_C{}'$ 三个力中，只需假定一个力的指向，另外两个力的指向可由二力平衡条件和作用与反作用定律确定。对这三个力的指向都作随意的假定，那是错误的。

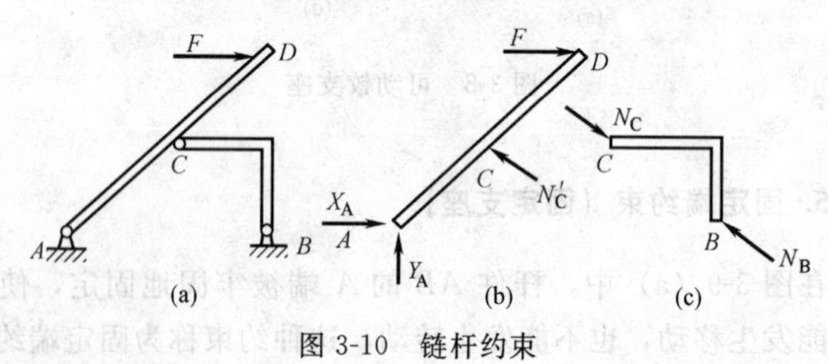

图 3-10　链杆约束

对给定的结构和给定的荷载，应会识别结构中有无二力杆件，哪个构件是二力杆件。

7. 定向支座

将构件用两根相邻的等长、平行链杆与地面相连接，如图 3-11（a）所示。这种支座允许杆端沿与链杆垂直的方向移动，限制了沿链杆方向的移动，也限制了转动。定向支座的约束反力是一个沿链杆方向的力 N 和一个力偶 m。在图 3-11（b）中反力 N_A 和反力偶 m_A 的指向都是假定的。

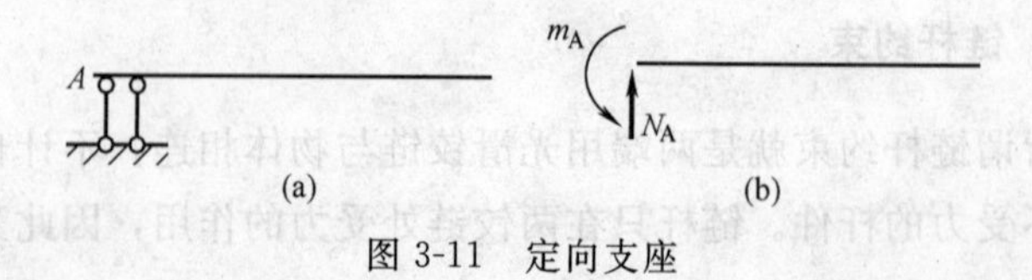

图 3-11　定向支座

综合上面对几种约束的分析，可归纳出，约束反力的作用点就是约束与被约束物体的接触点；约束反力的方向总是与约束所能阻碍的物体的运动或运动趋势的方向相反。约束反力的大小一般是未知的，要根据被约束物体的受力情况确定。

（四）物体受力的分析

研究力学问题，首先需要分析物体受到哪些力的作用，其中哪些力是已知的，哪些力是未知的，这就是对物体进行受力分析。在工程实际中所遇到的几乎都是几个物体通过某种连接方式组成的机构或结构，以传递运动或承受荷载。这些机构或结构统称为物体系统。

对物体进行受力分析，包括两个步骤：

1）将所要研究的物体从与它有联系的周围物体中单独分离出来，画出其受力简图，称作取研究对象或取分离体。

2）在分离体图上画出周围物体对它的全部作用力，包括主动力和约束反力，称作画受力图（分离体图）。

选取合适的研究对象与正确画出受力图是解决力学问题的前提和依据。如果这一步出错，就不可能做出正确计算，因此必须认真对待、反复练习、熟练掌握。

下面举例说明物体受力分析的方法。

【例 3-1】 画出如图 3-12 所示搁置在墙上的梁的受力分析图。

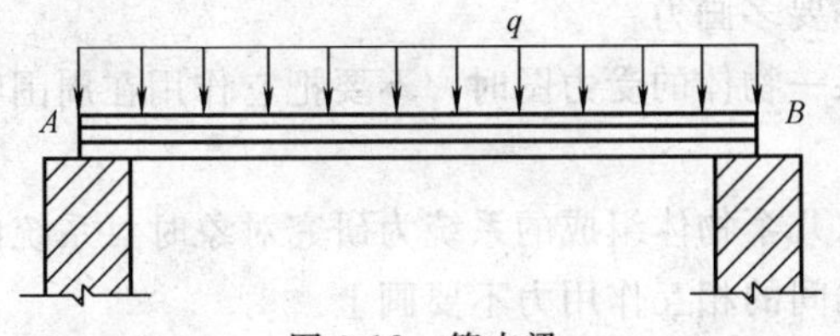

图 3-12　简支梁

【解】 在实际工程结构中，要求梁在支承端处不得有竖向和水平方向的运动，但可在两端有微小的转动（由弯曲变形等原因引起）。为了反映上述墙对梁端部的约束性能，可按梁的一端为

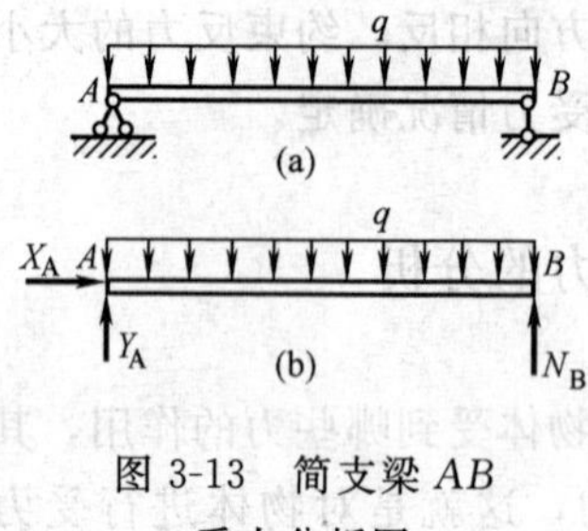

图 3-13　简支梁 AB 受力分析图

固定铰支座，另一端为可动铰支座来分析，简图如图 3-13（a）所示。在工程上称这种梁为简支梁。

1）按题意取梁为研究对象，并将其单独画出。

2）画出梁受到的主动力，自重（为均布荷载 q）。

3）受到的约束反力，在 A 点为固定铰支座，其约束反力过铰中心点，但方向未定，通常用互相垂直的两个分力 X_A、Y_A 表示，假设指向如图 3-13（b）所示；在 B 点为可动铰支座，其约束反力 N_B 与支承面垂直，指向假设为向上。这些支座反力的指向与荷载有关。据此画出梁的受力图，如图 3-13（b）所示。

通过以上分析，画受力图时应注意以下几点。

（1）明确研究对象

首先必须明确要画哪一个物体的受力图，并把与它相联系的其他物体及约束全部去掉，单独画出要研究的对象。

（2）不要漏画力

在研究对象上要画出它所受到的全部主动力和约束反力。所有的约束必须逐个用相应的反力来代替。重力是主动力之一，不要漏画。

（3）不要多画力

在画某一物体的受力图时，不要把它作用在周围物体上的力也画进去。

如果取几个物体组成的系统为研究对象时，系统内任何相联系的物体之间的相互作用力不要画上。

（4）不要画错力的方向

约束反力的方向必须严格按照约束的类型来画，不可单凭直观判定或者根据主动力的方向来简单推想。

在分析两物体之间的相互作用力时，要注意作用力与反作用力的关系，作用力的方向一经确定，反作用力的方向就必然与它相反。

（五）平面汇交力系

为了便于研究问题，我们常将力系按其各力作用线的分布情况分为平面力系和空间力系两大类。凡各力的作用线都在同一平面内的力系称为平面力系，凡各力的作用线不在同一平面内的力系称为空间力系。

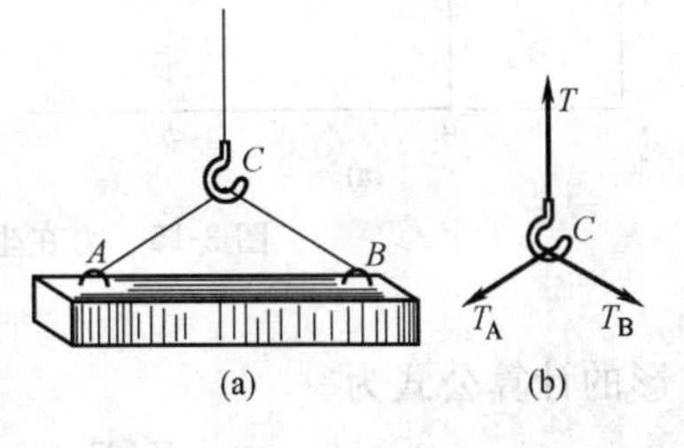

图 3-14　平面汇交力系示意

在平面力系中，如果各力的作用线都汇交于一点，则称为平面汇交力系。它是力系中最简单的一种，在工程中经常遇到。例如，起重机起吊重物时（图 3-14a），作用于吊钩 C 的三根绳索的拉力 T、T_A、T_B 都在同一平面内，且汇交于一点，就组成一平面汇交力系（图 3-14b）。

1. 力在坐标轴上的投影——合力投影定理

（1）力在坐标轴上的投影

设力 F 作用在物体上某点 A 处，如图 3-15（a）、（b）所示。通过力 F 所在的平面的任意点 O 作直角坐标系 Oxy。从力 F 的两端点 A 和 B 分别向 x 轴作垂线，这两根垂线在 x 轴上所截得的线段 ab 加上正号或负号，称为力 F 在 x 轴上的投影，用 X 表示。同样方法也可以确定力 F 在 y 轴上的投影为线段 $a'b'$，用 Y 表示。并且规定：力在轴上的投影是个代数量。当从投影的起点到终点的指向与坐标轴正方向一致时，力的投影为正；反之力的投影为负。

通常采用力 F 与坐标轴 x 所夹的锐角来计算投影，其正、负号可根据规定直观判断得出。从图 3-15 中的几何关系得出投

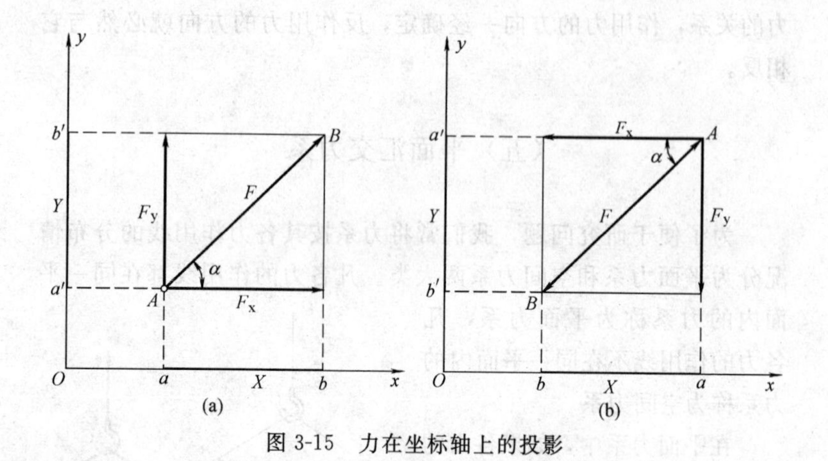

图 3-15　力在坐标轴上的投影

影的计算公式为

$$X(F_x)=\pm F\cos\alpha$$
$$Y(F_y)=\pm F\sin\alpha \tag{3-1}$$

如果已知力 F 在两个正交轴上的投影 X 和 Y，则由图 3-15 中的几何关系用下式确定力 F 的大小和方向为

$$F=\sqrt{X^2+Y^2} \tag{3-2}$$

$$\mathrm{tg}\alpha=\frac{|Y|}{|X|} \tag{3-3}$$

式中，α 为力 F 与 X 轴所夹的锐角，力 F 的具体方向由 X、Y 的正、负号确定。

由图 3-15 可以看出，力 F 的分力 F_x 和 F_y 的大小恰好等于力 F 在这两个轴上的投影 X 和 Y 的绝对值。但是当 X、Y 两轴不相互垂直时（图 3-16），则沿两轴的分力 F_x 和 F_y 在数值上不等于力 F 在此两轴上的投影 X 和 Y。此外还必须注意：分力是矢量，其效果与其作用点或作用线有关；而力在轴上的投影是代数量，在所有正向相同的平行轴上，同一个力的投影均相同。所以不能将分力与投影混为一谈。

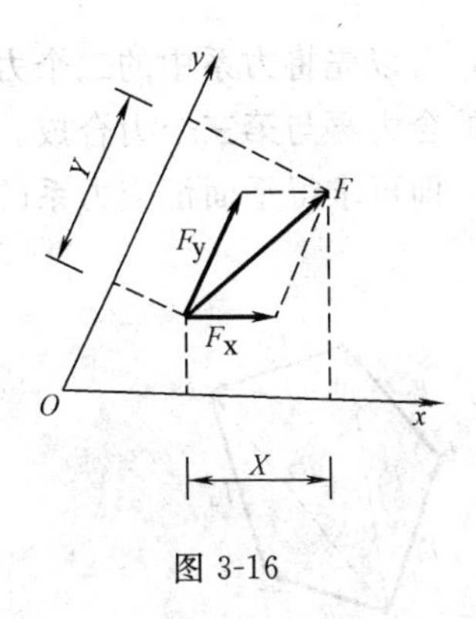

图 3-16

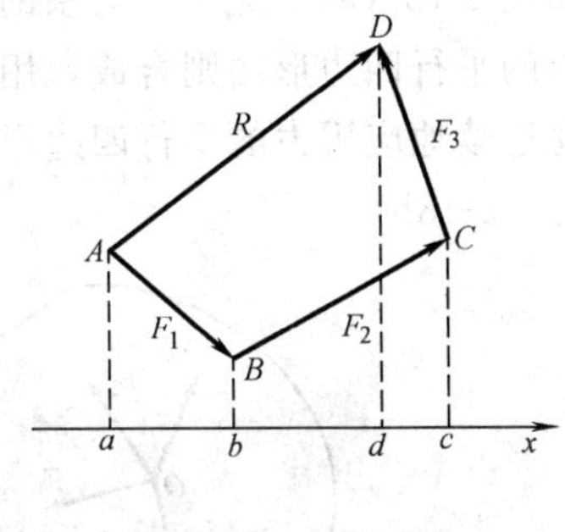

图 3-17　力多边形

（2）合力投影定理

合力投影定理建立了合力在轴上的投影与各分力在同一轴上的技影之间的关系。

图 3-17 表示平面汇交力系的各力 F_1、F_2、F_3 组成的力多边形，R 为合力。将力多边形中各力矢投影到 X 轴上，并令 X_1、X_2、X_3 和 R_X 分别表示各分力 F_1、F_2、F_3 和合力 R 在 x 轴上的投影，由图 3-17 可知

$$X_1 = ab,\ X_2 = bc,\ X_3 = -cd,\ R_x = ad$$

$$ad = ab + bc - cd$$

所以有

$$R_x = X_1 + X_2 + X_3$$

显然，这一关系可推广到任意个汇交力的情况，即

$$R = X_1 + X_2 + X_3 + \cdots + X_n = \sum_{i=1}^{n} X_i \tag{3-4}$$

于是，得到合力投影定理如下：力系的合力在任一轴上的投影，等于力系中各力在同一轴上投影的代数和。

2. 平面汇交力系合成的几何法

（1）任意个汇交力的合成

在物体上的 O 点作用一平面汇交力系（F_1、F_2、F_3、F_4），

如图 3-18（a），此汇交力系的合成，可以先将力系中的二个力按力的平行四边形法则合成，用所得的合力再与第三个力合成。如此连续地应用力的平行四边形法则，即可求得平面汇交力系的合力（3-18b）。

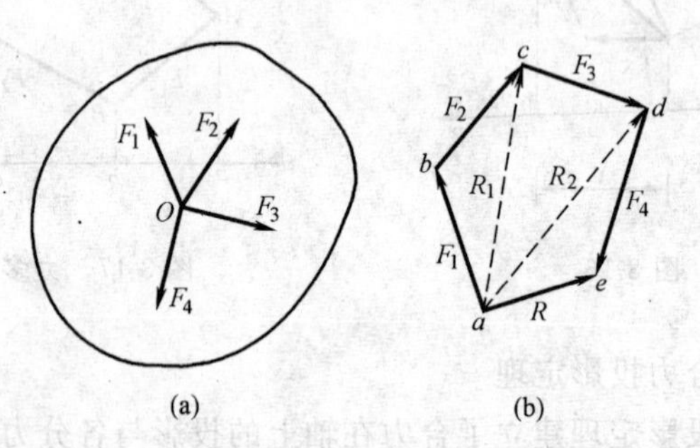

图 3-18　平面汇交力系合成的几何法

实际作图时，不必作出矢量 R_1 与 R_2，直接将力系中的各力矢量首尾相连构成开口的力多边形 $abcde$，然后，由第一个力矢量的起点向最后一个力矢量的末端，引一矢量 R 将力多边形封闭，力多边形的封闭边矢量 R 即等于力系的合力矢量。这种通过几何作图求合力矢量的方法称为力多边形法则。必须注意力多边形的矢序规则：各分力沿环绕多边形边界的某一方向首尾相连，而合力的指向是从第一分力的始点指向最后一分力的终点。

力多边形法则可以推广到任意个汇交力的情形，用公式表示为

$$R=F_1+F_2+F_3+\cdots+F_n=\sum_{i=1}^{n}F_i \tag{3-5}$$

即平面汇交力系合成的结果是一个合力，合力的大小和方向等于原力系中各力的矢量和，其作用线通过各力的汇交点。

做力的多边形时，若改变各力的顺序，则力多边形的形状将不相同，但合力矢的大小和方向并不改变。

（2）平面汇交力系平衡的几何条件

如图 3-19（a）所示，平面汇交力系 F_1、F_2、F_3、F_4 合成

为一合力 R_1，即 R_1 与原力系等效。若在该力系中另加一个与 R_1 等值、反向、共线的力 F_5，做力系 F_1、F_2、F_3、F_4 和 F_5 的力多边形，此时，最后一力的终点将和第一个力的始点相重合（图 3-19b），即力多边形自行闭合。它表示该力系的合力等于零，物体处于平衡状态，而该力系成为平衡力系。反之，欲使平面汇交力系成为平衡力系，必须使它的合力为零，即力多边形必须闭合。所以，平面汇交力系平衡的必要和充分的几何条件是：力多边形自行闭合，即原力系中各力画成一个首尾相接的封闭的力多边形。或者说力系的合力等于零。用式子表示为

$$R=0 \quad 或 \quad \sum^{n} F_i = 0 \tag{3-6}$$

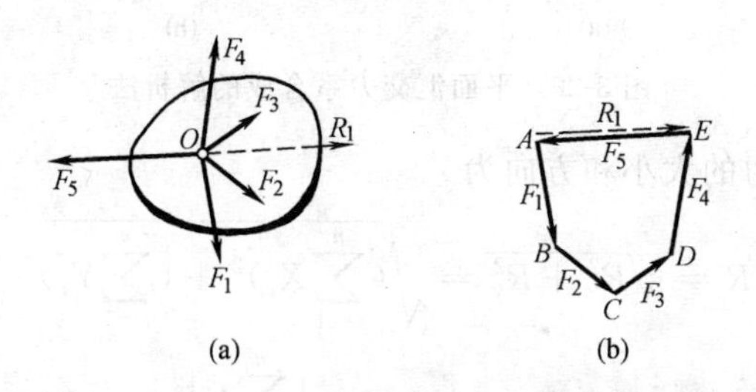

图 3-19　平面汇交力系平衡的几何条件

如已知物体在主动力和约束反力作用下处于平衡状态，则可应用平衡条件求约束反力。

3. 平面汇交力系合成的解析法

（1）平面汇交力系的合成

当物体受到平面汇交力系作用时，可以用一个合力代替该力系，这个代替过程是平面汇交力系的合成。平面汇交力系合成的解析法，是应用力在直角坐标轴上的投影来计算合力的大小，确定合力的方向。

作用于 O 点的平面汇交力系由 F_1、F_2、$F_3 \cdots F_n$ 等 n 个力组成，如图 3-20（a）所示。以汇交点 O 为原点建立直角坐标系

Oxy，按合力投影定理求合力在 x、y 轴上的投影，如图 3-20（b）所示。

$$R_x=\sum_{i=1}^{n}X_i \tag{3-7}$$

$$R_y=\sum_{i=1}^{n}Y_i \tag{3-8}$$

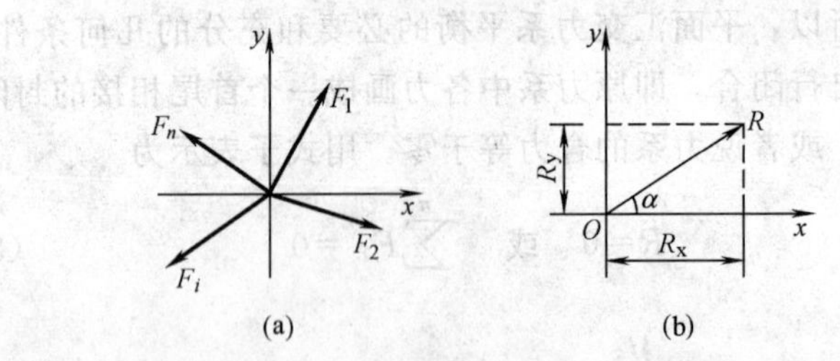

图 3-20　平面汇交力系合成的解析法

则合力的大小和方向为

$$R=\sqrt{R_x^2+R_y^2}=\sqrt{(\sum_{i=1}^{n}X_i)^2+(\sum_{i=1}^{n}Y_i)^2} \tag{3-9}$$

$$\mathrm{tg}a=\frac{|R_y|}{|R_x|}=\frac{\left|\sum_{i=1}^{n}Y\right|}{\left|\sum_{i=1}^{n}X\right|} \tag{3-10}$$

式中，α 为合力 R 与 x 轴的所夹的锐角，合力 R 的具体方向由 $\sum X$ 和 $\sum Y$ 的正负号来确定，合力的作用线通过力系的汇交点 O。

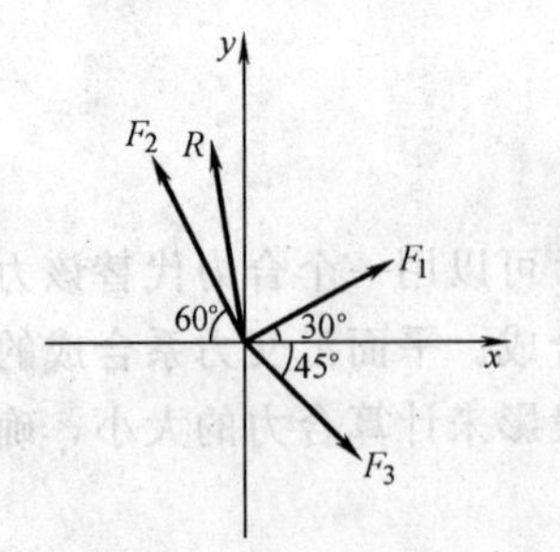

图 3-21　平面汇交力系

用上述公式计算合力大小和方向的方法，称为平面汇交力系合成的解析法。

【例 3-2】 在如图 3-21 所示的平面汇交力系中，各力的大小分别为 $F_1=30\text{N}$，$F_2=100\text{N}$，$F_3=20\text{N}$，方向给定如图 3-21 所示，O 点为力系的

汇交点，求该力系的合力。

【解】 取力系汇交点 O 为坐标原点，建立坐标轴如图 3-21 所示。合力在各轴上的投影分别为

$$R_x = F_1\cos30° - F_2\cos60° + F_3\cos45° = -9.87\text{N}$$

$$R_y = F_1\sin30° - F_2\sin60° + F_3\sin45° = 87.46\text{N}$$

然后按式（3-9）、式（3-10）求合力的大小和方向为

$$R = \sqrt{R_x^2 + R_y^2} = 88.02\text{N}$$

$$\text{tg}\alpha = \frac{|R_y|}{|R_x|} = 8.861$$

查表得 $\alpha = 96.5°$，合力作用于 O 点，合力作用线位于选定坐标系的第二象限。

（2）平面汇交力系平衡的解析条件

从前述知道：平面汇交力系平衡的必要和充分条件是该力系的合力等于零，即 $R=0$。而根据式（3-9）可知，即

$$R = \sqrt{R_x^2 + R_y^2} = \sqrt{(\sum_{i=1}^{n} X_i)^2 + (\sum_{i=1}^{n} Y_i)^2} = 0$$

由于 $(\sum_{i=1}^{n} X_i)^2$、$(\sum_{i=1}^{n} Y_i)^2$ 不可能为负值，则使 $R=0$，必须且只须

$$\left.\begin{aligned} \sum_{i=1}^{n} X_i &= 0 \\ \sum_{i=1}^{n} Y_i &= 0 \end{aligned}\right\} \qquad (3\text{-}11)$$

所以，平面汇交力系平衡的必要和充分的解析条件是：力系中所有各力在两个坐标轴中每一轴上的投影的代数和均等于零。式（3-11）称为平面汇交力系的平衡方程。应用这两个独立的平衡方程可以求解不超过两个未知量的平衡问题。

物体在平面汇交力系作用下处于平衡状态是指：沿 x、y 轴方向都不运动或做匀速直线运动。对于建筑结构，多是处于静止

状态的，所以意味着物体沿 x、y 轴两个方向都是静止不动的。这是因为力系中的各分力对物体在 x、y 轴两个方向的运动效果相互抵消了的缘故。

下面通过例题来说明平衡方程的应用。

【例 3-3】 支架由杆 AB、AC 构成，A、B、C 三处都是铰链。在 A 点悬挂重量为 p 的重物。如图 3-22（a）所示。试求 AB、AC 杆所受的力，杆的自重不计。

【解】 整个支架处于平衡状态，A 点受到平面汇交力系作用。

1）取 A 点为研究对象。

2）画 A 点受力图及选取坐标（图 3-22b）。AB、AC 杆均为二力杆，都先设是拉杆。N_1、N_2 均背离 A 点。

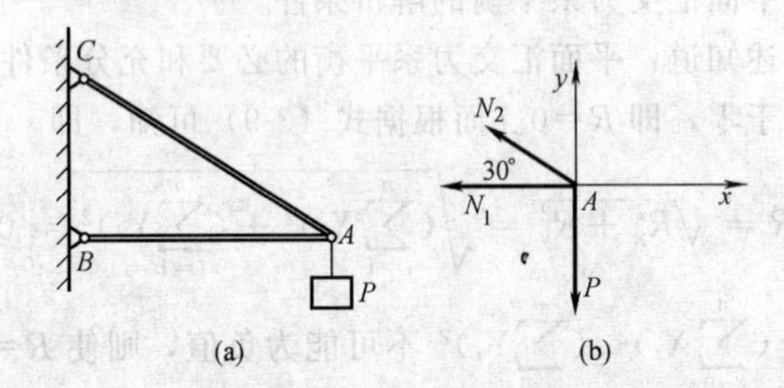

图 3-22　支架的受力分析

3）列平衡方程，求未知力 N_1、N_2。

$$\sum_{i=1}^{n} X_i = 0 \quad N_2 \times \sin 30° - P = 0$$

$$N_2 = \frac{P}{\sin 30°} = 2P$$

$$\sum_{i=1}^{n} Y_i = 0 \quad -N_2 \times \cos 30° - N_1 = 0$$

$$N_1 = -N_2 \times \cos 30° = -1.73P$$

答：AB 杆所受到的力为拉力，大小为 $2P$；AC 杆所受到的力为压力，大小为 $1.73P$。

通过上述各例，可看出用解析法求解平面汇交力系平衡的方法步骤是：

1）选取正确的研究对象。

2）选取适当的坐标系。尽量使坐标轴与某一未知力重合，以简化解联立方程。

3）画出研究对象的受力图。作受力分析时注意作用力与反作用力的关系，正确应用二力杆的性质。

4）根据平衡条件列出平衡方程，解方程求出未知力。注意当求出的未知力带负号时，说明假设力的方向与实际方向相反。

（六）平面力偶系

1. 力矩的概念

用扳手拧紧螺母时（图 3-23），扳手绕螺母的轴线旋转。力 F 对螺母拧紧的转动效果不仅与力 F 的大小有关，而且还与螺母中心 O 到力的作用线的垂直距离 d 有关。当 d 保持不变时，增加或减少力 F 值的大小都会影响扳手绕 O 点的转动效果；当力 F 的值保持不变时，d 值的改变也会影响扳手绕 O 点的转动效果。

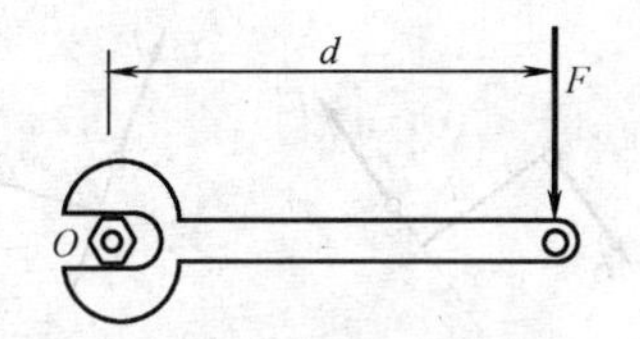

图 3-23　用扳手拧螺母

若改变力的作用方向，则扳手的转向就会发生改变。总之，力 F 使扳手绕 O 点转动的效果可用物理量 $F \cdot d$ 及其转向来量度。力与力臂的乘积称为力对点的矩。力 F 对 O 点的矩用符号 $M_O(F)$ 表示为

$$M_O(F) = \pm F \cdot d \tag{3-12}$$

式中正、负号表示扳手的两个不同的转动方向。O 点称为力矩中心，简称矩心，O 点到力 F 作用线的距离 d 称为力臂，乘积 $F \cdot d$ 为力矩大小。通常规定：力使物体按逆时针方向转动时力矩为

正，按顺时针方向转动时为负。可见，力的转动效果与力的大小成正比，与力到转动中心的垂直距离（力臂）成正比。

2. 合力矩定理

合力对平面内任一点之矩，等于力系中各分力对同一点力矩的代数和。即：

$$M_O(R)=M_O(F_1)+M_O(F_2)+\cdots+M_O(F_n)=\sum M_O(F_i) \tag{3-13}$$

利用上式求某力力矩，当力臂不易求出时，可将该力分解为两个分力，分别求出分力的力矩，然后求其代数和，即可求出合力的力矩。

3. 力偶及力偶矩

大小相等、方向相反、而作用线不在一直线上的两个平行力，称为力偶。力偶的转动效果用力偶矩度量。

$$M=\pm Fd \tag{3-14}$$

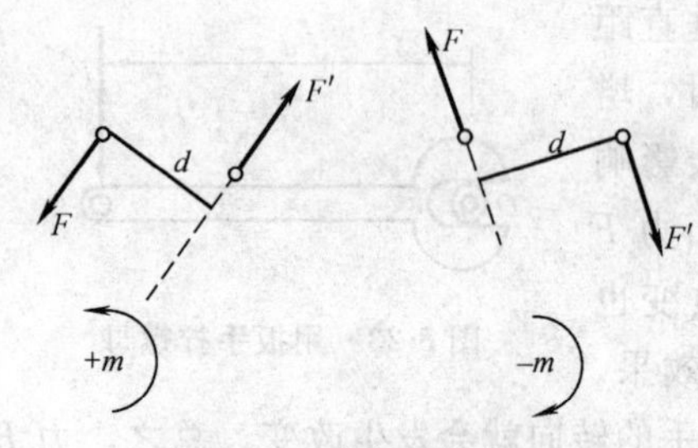

图 3-24　力偶及力偶矩

F 为组成力偶的力的大小，d 为两个平行力的垂直距离，即力偶臂。

力偶用一带箭头的弧线表示，箭头表示转向。力偶使物体逆时针方向转动时，力偶矩为正，按顺时针方向转动时为负，如图 3-24 所示。所以力偶矩是代数量，单位与力矩的单位相同，常用 N·m。

4. 力偶的性质

（1）力偶没有合力，所以不能用一个力来代替。

（2）力偶对其作用面内任一点之矩恒等于力偶矩，而与矩心位置无关。

(3) 在同一平面内的两个力偶，如果它们的力偶矩大小相等、力偶的转向相同，则这两个力偶是等效的，称为力偶的等效性。由此得出推论：力偶可在其作用面内任意移动，而不改变它对物体的转动效应（力偶的可移动性）；在保持力偶矩大小和力偶转向不变的情况下，可任意改变力偶中力的大小和力偶臂的长短，而不改变它对物体的转动效应（力偶的可调整性）。

度量转动效应的三要素是：力偶矩的大小、力偶的转向、力偶作用面的方位。

5. 平面力偶系的合成与平衡

(1) 平面力偶系的合成

平面力偶系可以合成为一个合力偶，其力偶矩等于各分力偶矩的代数和。

$$M = m_1 + m_2 + L + m_n = \sum_{i=1}^{n} m_i \tag{3-15}$$

(2) 平面力偶系的平衡条件

平面力偶系可合成为一个合力偶，当合力偶矩等于零时，则力偶系中各力偶对物体的转动效应相互抵消，物体处于平衡状态；反之，若合力偶矩不等于零，则物体必有转动效应而不平衡。所以，平面力偶系平衡的必要和充分条件是：力偶系中所有各力偶的各力偶矩的代数和等于零，即：

$$\sum_{i=1}^{n} m_i = 0 \tag{3-16}$$

式 (3-16) 用以求解平面力偶系的平衡问题，可求出一个未知量。

【例 3-4】 在梁 AB 的两端各作用一力偶，其力偶矩的大小分别为 $m_1 = 150\text{kN}\cdot\text{m}$，$m_2 = 275\text{kN}\cdot\text{m}$，力偶转向如图 3-25 (a) 所示。梁长 5m，重量不计。求 A、B 支座的反力。

【解】（1）取分离体，作受力图

取梁AB为分离体。作用于梁上的力有：两个已知力偶和支座A、B的约束反力N_A、N_B。B处为可动铰支座，N_B的方位垂直；A处为固定铰支座，N_A的方位本来未定，但因梁上的荷载只有力偶，根据力偶只能与力偶平衡的性质，可知N_A与N_B必组成两个力偶，所以N_A的方位也是垂直的。

（2）列平衡方程，求解未知量

假设N_A和N_B的指向如图 3-25（b）所示，由平面力偶系的平衡条件得：

$$\sum_{i=1}^{n} m_i = 0 \quad m_1 - m_2 + N_A l = 0$$

故 $$N_A = \frac{m_2 - m_1}{l} = \frac{275-150}{5}\text{kN} = 25\text{kN}\ (\downarrow)$$

则 $$N_B = 25\text{kN}\ (\uparrow)$$

答：A支座的反力为$N_A = 25\text{kN}$（↓），B支座的反力为$N_B = 25\text{kN}$（↑）。

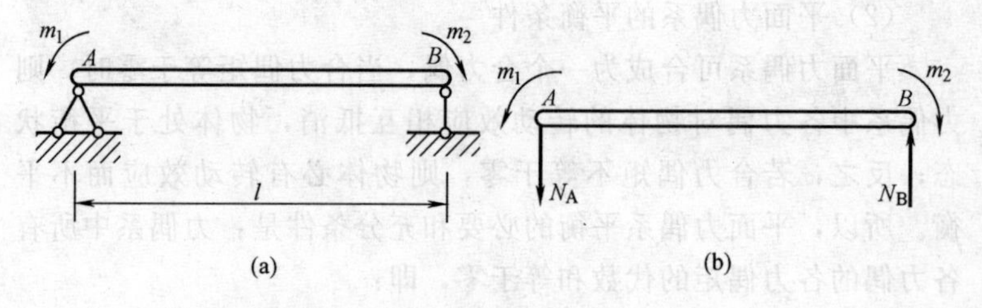

图 3-25　作用在梁AB的两端的力偶

（七）平面任意力系

力系中各力的作用线都在同一平面内，且任意地分布，这样的力系称为平面任意力系。在工程实际中经常遇到平面任意力系的问题。例如，如图 3-26 所示的简支梁受外荷载及支座反力的作用，这个力系是平面任意力系。

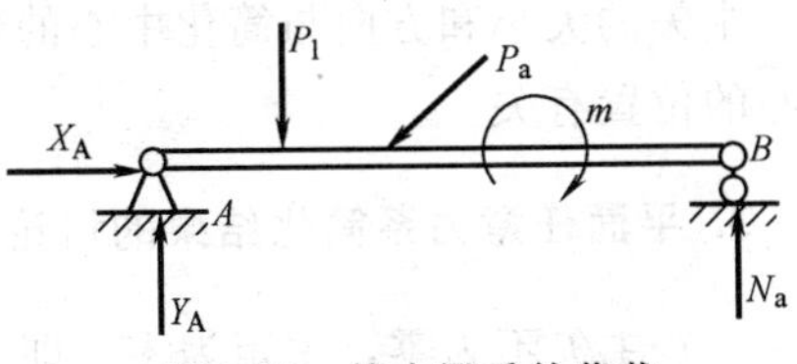

图 3-26 简支梁受外荷载及支座反力作用

有些结构所受的力系本不是平面任意力系，但可以简化为平面任意力系来处理。当物体所受的力对称于某一平面时，也可以简化为平面任意力系来处理。事实上，工程中的多数问题都可简化为平面任意力系问题来解决。所以，本节的内容在工程实践中有重要的意义。

1. 力的平移定理

作用于刚体上的力 F，可以平移到同一刚体上的任一点 O，但必须同时附加一个力偶，其力偶矩等于原力 F 对于新作用点 O 的矩。

2. 平面任意力系向作用面内任一点的简化

如在物体上作用一平面任意力系，则根据力的平移定理可以把力系中各力都平移到作用面内任一点 O，从而把平面任意力系简化为平面汇交力系和平面力偶系，然后再分别求这两个力系的合成结果。这种方法称为力系向任一点 O 的简化，O 点称为简化中心。

平面任意力系向作用面内任一点简化的结果，是一个力和一个力偶。这个力称为原力系的（R'），它作用在简化中心，且等于原力系中各力的矢量和；这个力偶的力偶矩称为原力系对于简化中心的主矩（M_O），它等于原力系中各力对简化中心的力矩的代数和。

需要注意的是，主矢一般不是原力系的合力，主矩也不是原力系的合力偶矩，因为单独的主矢或主矩并不与原力系等效，而同时考虑二者才与原力系等效。

主矢的大小和方向与简化中心的位置无关，主矩一般与简化中心的位置有关。

3. 平面任意力系简化结果的讨论

（1）主矢不为零，主矩为零，即 $R'\neq0$，$M_O=0$

原力系只与一个力等效。原力系简化为一合力，此合力的矢量即为力系的主矢 R'，合力作用线通过简化中心 O 点。

（2）主矢为零，主矩不为零，即 $R'=0$，$M_O\neq0$

原力系等效于一个力偶。原力系合成为一合力偶，合力偶的力偶矩等于原力系对简化中心的主矩 M_O。主矩与简化中心的位置无关。

（3）主矢与主矩均为零，即 $R'=0$，$M_O=0$

平面任意力系是一个平衡力系。

（4）主矢与主矩均不为零，即 $R'\neq0$，$M_O\neq0$

力系等效于一作用于简化中心 O 的力 R' 和一力偶矩为 M_O 的力偶。

4. 平面力系的合力矩定理

平面任意力系的合力对作用面内任意一点的矩等于力系中各力对同一点的矩的代数和。

$$m_O(R)=\sum_{i=1}^{n}m_O(F_i) \tag{3-17}$$

5. 平面任意力系的平衡条件

平面任意力系平衡的必要和充分条件是：力系的主矢和力系对于任一点的主矩都等于零。即 $R'=0$，$M_O=0$。

要使 $R'=0$，必须且只须 $\sum_{i=1}^{n}X_i=0$，$\sum_{i=1}^{n}Y_i=0$。

要使 $M_O=0$，必须 $\sum_{i=1}^{n}m_O(F_i)=0$。

所以平面任意力系的平衡条件为

$$\left.\begin{aligned}\sum_{i=1}^{n}X_i &= 0\\ \sum_{i=1}^{n}Y_i &= 0\\ \sum_{i=1}^{n}m_{\mathrm{O}}(F_i) &= 0\end{aligned}\right\} \qquad (3\text{-}18)$$

由此得出结论，平面任意力系平衡的必要与充分条件可表达为：力系中所有力在两个任选的坐标轴中每一轴上的投影的代数和分别等于零，以及各力对任意一点的矩的代数和等于零。

上述平衡条件解析式称为平面任意力系的平衡方程。故平面任意力系的平衡方程有三个，它们彼此相互独立，根据这些条件可以求出三个未知数。

（八）力与变形

1. 强度、刚度和稳定性的基本概念

日常使用过程中的建筑物或构筑物都是处在稳定与平衡状态，凡是处在稳定与平衡状态的结构必须同时满足以下三个方面的要求：

（1）结构构件在荷载的作用下不会发生破坏，这就是要求构件具有足够的强度。所谓强度就是结构或构件在外力作用下抵抗破坏的一种能力。破坏的形式有断裂、不可恢复的永久变形（塑性变形）等。

（2）结构构件在荷载作用下所产生的变形应在工程允许的范围以内，这就要求结构构件必须具有足够的刚度。所谓刚度是指结构或构件在外力作用下抵抗变形的能力。

例如钢筋混凝土楼板或梁在荷载作用下，下面的抹灰层开

裂、脱落等现象出现时，表明临时梁的变形太大，即梁用以支撑荷载的强度够而刚度不够。如果梁的强度不够，就会发生断裂破坏，因此说结构构件的强度和刚度是相互联系又必不可少的要素。

（3）结构构件在荷载的作用下，应能保持其原有形状下的平衡，即稳定的平衡，也就是结构构件必须具有足够的稳定性。所谓稳定性，是指结构或构件保持其原有平衡状态的能力。构件发生不能保持原有平衡状态的情况称为失稳。例如，房屋中承重的柱子如果过于细长，就可能由原来的直线形状变成弯曲形状，由柱子失稳而导致整个房屋的倒塌。

2. 杆件的变形

一个方向尺寸比其他两个方向尺寸大得多的构件称为杆件，简称杆。由于作用在杆件上的外力的形式不同，使杆件产生的变形也各不相同，但有以下四种基本变形形式。

（1）（轴向）拉伸、压缩

直杆两端承受一对方向相反、作用线与杆轴线重合的拉力或压力时产生的变形，主要是长度的改变（伸长或缩短）（图 3-27a），称为轴向拉伸或轴向压缩。

单位横截面上的内力叫做应力。垂直于横截面的应力称为正应力，正应力用字母 σ 表示。应力的单位是帕（Pa），即 N/mm^2，1MPa＝10^{6}Pa。

拉伸与压缩时横截面上的内力等于外力，应力（σ）在横截面内是均匀分布的。外力为 F，单位为 N；横截面积为 A，单位为 mm^2，则

$$\sigma=\frac{F}{A} \tag{3-19}$$

（2）剪切

杆件承受与杆轴线垂直、方向相反、互相平行的力的作用

时，构件的主要变形是在平行力之间产生的横截面沿外力作用方向发生错动（图 3-27b），称为剪切变形。剪切时截面内产生的应力与截面平行，称为剪应力，用字母 τ 表示。

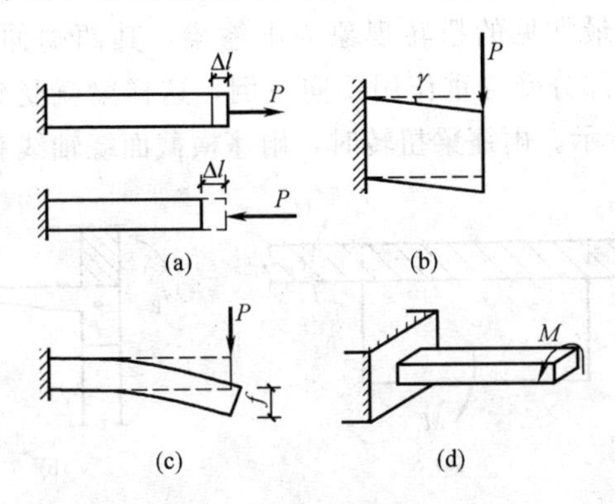

图 3-27　杆件变形的基本形式

挡土墙因受到土的侧压力作用，在其底部会产生一个水平的剪力，因此而产生的变形即为剪切。

（3）弯曲

在杆件的轴向对称面内有横向力或力偶作用时，杆件的轴线由直线变为曲线（图 3-27c）时的变形为弯曲变形。弯曲是工程中常见的受力变形形式。如图 3-28 所示，在弯曲变形时，梁的下部伸长，受拉应力作用，上部缩短，受压应力作用。截面内无伸长缩短部位称为中性轴。在弯曲变形时截面内中性轴两侧产生符号相反的正应力，应力的大小与所在点到中性轴的距离成正比。在杆件的上下表面有最大正应力 $\sigma_{\max}$ 和最小正应力 $\sigma_{\min}$。最大正应力的计算公式为：

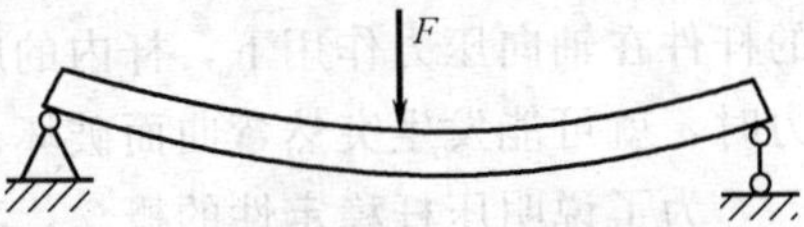

F

图 3-28　弯曲示意图

$$\sigma_{\max}=\frac{M}{W} \tag{3-20}$$

（4）扭转

在一对方向相反、位于垂直物件的两个平行平面内的外力偶作用下，构件的任意两截面将绕轴线发生相对转动（图 3-27d），而轴线仍维持直线，这种变形形式称为扭转。

工程中最常见的扭转现象为雨篷梁，其两端伸入墙内被卡住，而雨篷部分受自重作用要向下倒，这样梁就受到扭转作用，如图 3-29 所示。雨篷梁扭转时，雨篷横截面绕轴线有相对转动。

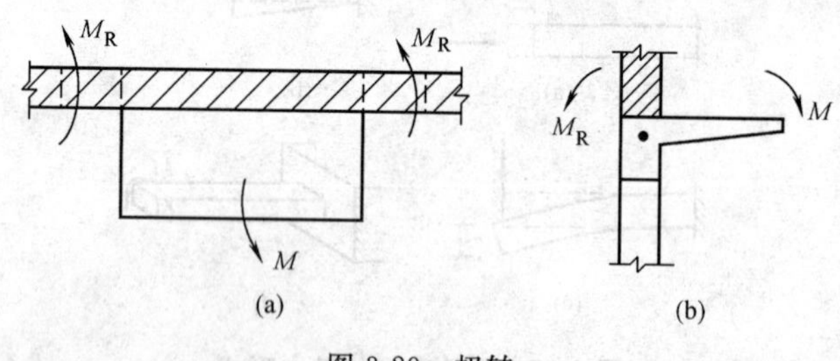

图 3-29　扭转

(a) 平面；(b) 侧剖面

3. 压杆稳定

工程中把承受轴向压力的直杆称为压杆。有时杆件虽有足够的强度和刚度，但并不能保证杆件就是安全的。实践表明，细长的杆件在轴向压力作用下，杆内的应力并没有达到材料的容许应力时，就可能发生突然弯曲而破坏。

为了说明压杆稳定性的概念，我们取脚手架钢管来研究。

如图 3-30 所示，在大小不等的压力 P 作用下，观察钢管直线平衡状态所表现的不同特性。为便于观察，对压杆施加不大的横向干扰力，将其推至微弯状态（图 3-30a）中的虚线状态，然后任其自然，就可以发现下列情形。

(1) 当压力 P 值较小时（P 小于某一临界值 P_{cr}），将横向干扰力去掉后，钢管就会恢复到原来的直线平衡状态（图 3-30b）。这表明，钢管原来的直线平衡状态是稳定的，该钢管的这种平衡是稳定平衡。

(2) 当压力 P 值继续增大，恰好等于某一临界值 P_{cr}时，将

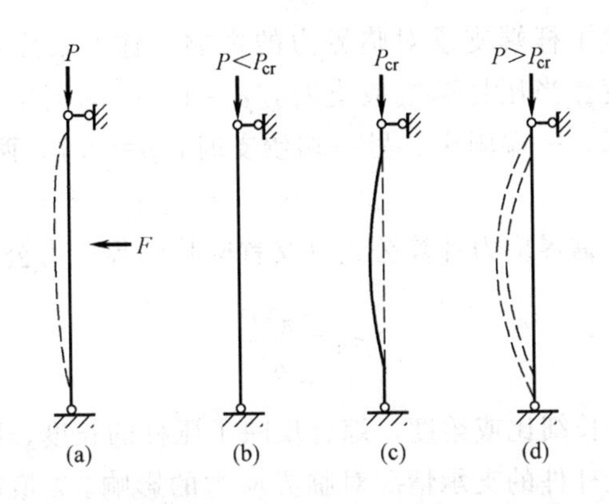

图 3-30 压杆稳定

(a) 微弯状态（稳定）；(b) 直线平衡状态（稳定）；
(c) 微弯曲平衡状态（不稳定）；(d) 不稳定

横向干扰力去掉后，钢管不再笔直，就在被干扰成的微弯状态下处于新的平衡，既不恢复原状，也不增加其弯曲的程度（图 3-30c）。这表明，压杆可以在偏离直线平衡位置的附近保持微弯状态的平衡，称压杆这种状态的平衡为随机平衡，它是介于稳定平衡和不稳定平衡之间的一种临界状态。当然，就压杆原有直线状态的平衡而言，随机平衡也属于不稳定平衡。

（3）当压力 P 值超过某一临界值 P_{cr} 时，将横向干扰力去掉后，钢管不仅不能恢复到原来的直线平衡状态，而且还将在微弯的基础上急剧弯曲，直至弯折，从而使压杆失去承载能力。显然，钢管原来的直线平衡状态的平衡是不稳定平衡。

压杆直线状态的平衡由稳定平衡过渡到不稳定平衡，叫做压杆失去稳定，简称失稳。压杆处于稳定平衡和不稳定平衡之间的临界状态时，其轴向压力称为临界力，用 P_{cr} 表示。临界力是判别压杆是否会失稳的重要指标。

压杆的临界力计算公式（又称欧拉公式）为

$$P_{cr}=\frac{\pi^2 EI}{(\mu l)^2} \tag{3-21}$$

式中μ反映了杆端支承对临界力的影响，称为长度系数；μl称为计算长度。当压杆两端铰支时，$\mu=1$；一端固定、另一端自由时，$\mu=2$；一端固定、另一端铰支时，$\mu=0.7$；两端固定时，$\mu=0.5$。

压杆的临界应力计算公式（又称欧拉临界应力公式）为

$$\sigma_{cr}=\frac{\pi^2 E}{\lambda^2} \tag{3-22}$$

式中λ称为长细比或柔度，综合反映了压杆的长度、截面的形状与尺寸以及杆件的支承情况对临界应力的影响。λ值越大，压杆就越容易失稳。欧拉公式仅适用于$\sigma_{cr}\leqslant\sigma_p$的条件。

压杆稳定的计算公式为

$$\sigma_{cr}=\frac{N}{\varphi A}\leqslant[\sigma] \tag{3-23}$$

式中 N——作用在杆件上的轴向压力（kN）；

A——杆的横截面的面积（mm^2）；

φ——杆件的稳定系数，查表取值。

工程实践表明，脚手架钢管受压失稳时的临界力P_{cr}要比发生强度破坏时的压力小几十倍。一个脚手架，由于其中一根或几根管子失稳，将可能导致整个架子的倒塌。近几年也发生了脚手架失稳造成的倒塌事故，因此，对脚手架的钢管，要特别注意其稳定性。

（九）结构几何稳定分析

体系受到荷载作用后，构件将发生变形。在不考虑材料变形的条件下，体系受力后，能保持其几何形状和位置的不变，而不发生刚体形式的运动。这类体系称为几何不变体系。否则，称为几何可变体系。几何可变体系不能作为建筑结构使用。

杆件AC、BC在C点铰接，A、B处用铰于地面连接，构成一个三角形体系（图 3-31a）。在任何荷载作用下，该体系的几何形状和位置都保持不变。

图 3-31（b）所示体系由 AB、BC、CD 三杆件铰接而成，在 A、D 处用铰与地面连接。在荷载 P 的作用下，该体系必然发生刚体形式的运动。此时无论 P 值如何小，它的几何形状和位置都要发生变化（如图 3-31b 中虚线所示）。

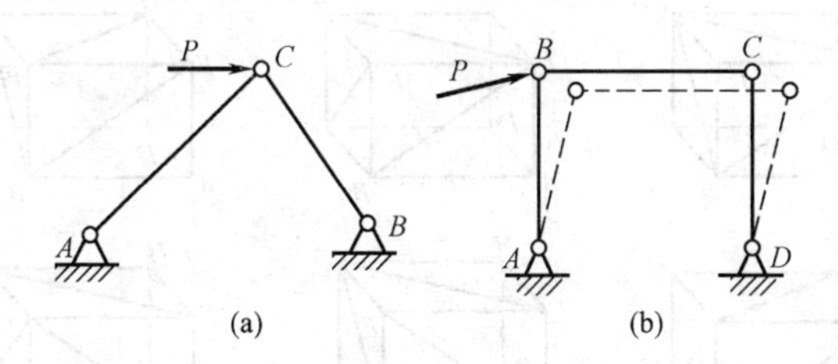

图 3-31　几何不变体系和几何可变体系

（a）几何不变体系；（b）几何可变体系

在空间体系中，6 根杆件绑扎成如图 3-32（a）所示体系，如果 A、B、C 三节点位置固定，则在任何荷载下，体系的几何形状和位置部保持不变。图 3-32（b）所示为 12 根杆件绑扎成的一个空间体系，A、B、C、D 四节点位置固定，只要有荷载作用，体系就会改变其原有的几何形状和位置。

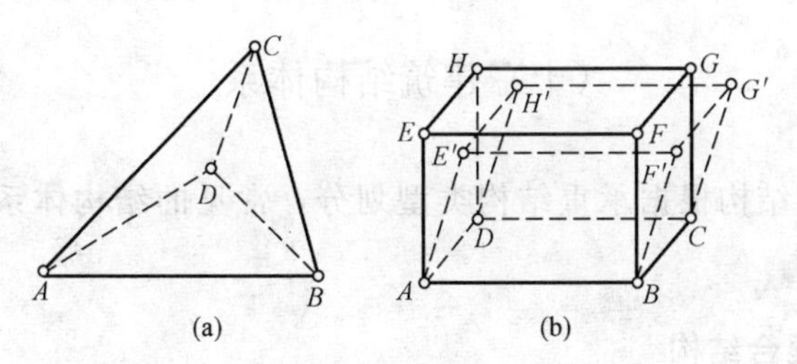

图 3-32　立体几何不变和几何可变

脚手架必须承受荷载，所以脚手架中各杆组成的体系必须是几何不变体系。

几何可变体系可以通过增加杆件的方法转化为几何不变体

系。如图 3-31（b），在 AC 或 BD 之间加上 1 根杆件后，就变成几何不变体系。如图 3-32（b）所示，在体系的前后、左右或上下两面上各增加 1 根联结对角节点的杆件，体系仍然是几何可变体系。如果在互相垂直的三个平面上增加联结对角节点的杆件，体系就变成了几何不变体系（图 3-33）。

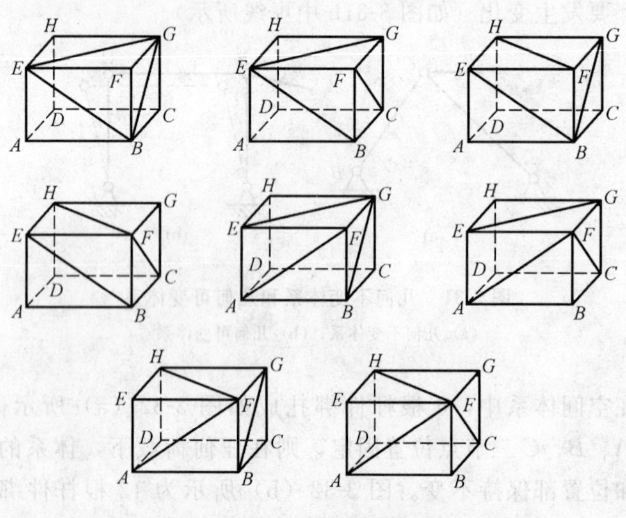

图 3-33 立体几何不变体系

（十）建筑结构体系

建筑结构根据承重结构类型划分，常见的结构体系有如下几种。

1. 混合结构

混合结构是指由不同材料制成的构件所组成的结构。通常指基础采用砖石，墙体采用砖或其他块材，楼（屋）面采用钢筋混凝土建成的房屋。例如，竖向承重构件用砖墙、砖柱，水平构件用钢筋混凝梁、板所建造的砖混结构是最常见的混合结构。

由于混合结构有取材和施工方便，整体性、耐久性和防火性好，造价便宜等优点，所以混合结构在我国，特别是县级以下和广大农村应用十分广泛，多用于7层以下、层高较低、空间较小的住宅、旅馆、办公楼、教学楼以及单层工业厂房中。混合结构建造的房屋最高可达9层。

2. 框架结构

框架结构是由纵、横梁和柱刚性连接组成的结构。目前，我国框架结构多采用钢筋混凝土建造，也有采用钢框架的。

框架结构强度高、自重轻、整体性和抗震性好。墙体不承重，内外墙仅分别起分隔和围护作用，因此目前多采用轻质墙体材料。框架结构平面布置灵活，可任意分隔房间。它既可用于大空间的商场、工业生产车间、礼堂、食堂，也可用于办公楼、医院、学校和住宅等建筑。

钢筋混凝土框架结构体系在非抗震设防地区用于15层以下的房屋，抗震设防地区多用于10层以下建筑。个别也有超过10层的，如北京长城饭店就是18层钢筋混凝土框架结构。

3. 剪力墙结构

剪力墙结构是全部由纵横钢筋混凝土墙体所组成的结构，如图3-34所示。这种墙除抵抗水平地震作用和竖向荷载外，还对房屋起着围护和分隔作用。由于剪力墙结构的房屋平面极不灵活，所以常用于高层住宅、旅馆等建筑。剪力墙结构的整体刚度极好，因此它可以建得很高，一般多用于25～30层以上的房屋。剪力墙结构造价较高。

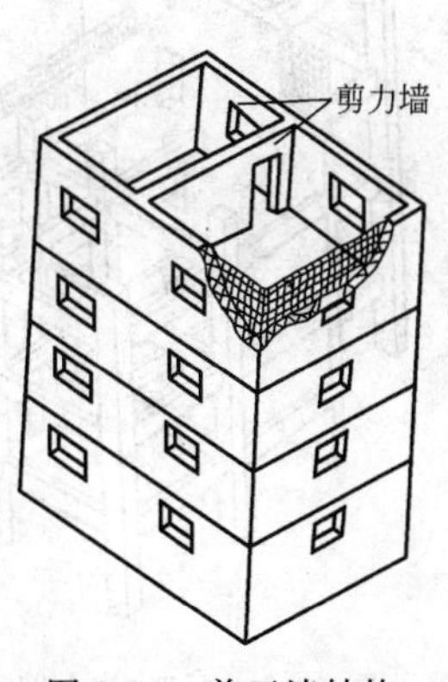

图3-34 剪刀墙结构

对底部（或底部 2～3 层）需要大空间的高层建筑，可将底部（或底部 2～3 层）的若干剪力墙改为框架，这种结构体系成为框肢剪力墙结构（图 3-35）。框肢剪力墙结构不宜用于抗震设防地区。

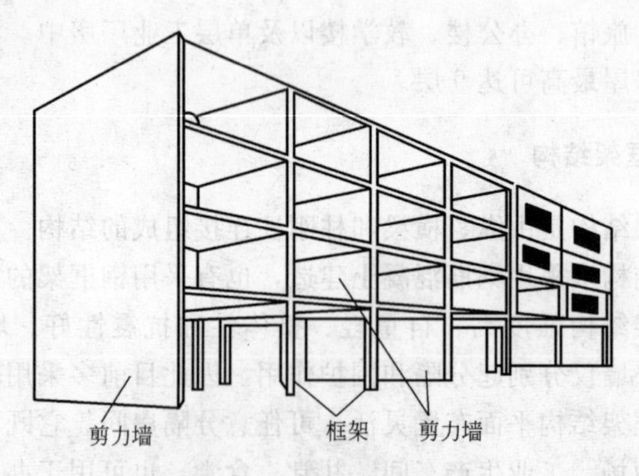

图 3-35 框肢剪力墙结构

4. 框架-剪力墙结构

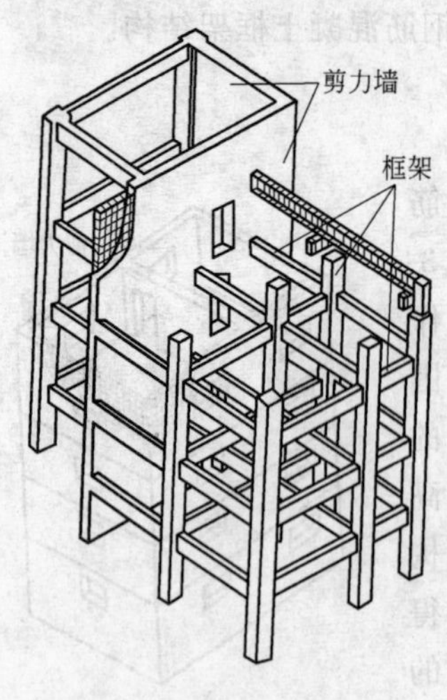

图 3-36 框架-剪力墙结构

钢筋混凝土框架-剪力墙结构（图 3-36）是以框架为主，选择纵、横方向的适当位置，在柱与柱之间设置几道厚度大于 140mm 的钢筋混凝土剪力墙而构成的。

当房屋高度超过一定限度后，在风荷载或地震作用下，靠近底层的承重构件的内力（弯矩 M，剪力 V）和房屋的侧向位移将随房屋高度的增加而急剧增大。采用框架结构，底层的梁、柱尺寸就会很大，房屋造价不仅增加，而且建筑使用面积也会减少。在这种情况下，通常采用钢筋混凝土框架-剪力墙结构。

框架-剪力墙结构中在风荷载和地震作用下产生的水平剪力主要由剪力墙来承担，而框架则以承受竖向荷载为主，这样可以大大减小柱的截面面积。剪力墙在一定程度上限制了建筑平面的灵活性，所以框架-剪力墙结构一般用于办公楼、旅馆、住宅等柱距较大、层高较高的16～25层高层公共建筑和民用建筑。也可用于工业厂房。由于框架-剪力墙结构充分发挥了剪力墙和框架各自的特点，因此，在高层建筑中采用框架-剪力墙结构比框架结构更经济合理。

5. 筒体结构

筒体结构是框架-剪力墙结构和剪力墙结构的演变与发展。随着房屋的层数的进一步增加，房屋结构需要具有更大的侧向刚度以抵抗风荷载和地震作用，因此出现了筒体结构。

筒体结构根据房屋高度和水平荷载的性质、大小的不同，可以采用四种不同的形式（图3-37）：核心筒（图3-37a）、框架外单筒（图3-37b）、筒中筒（图3-37c）和成组筒（图3-37d）。

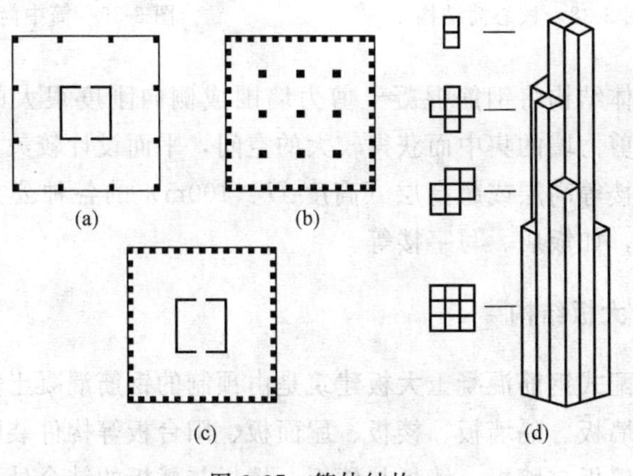

图3-37 筒体结构

核心筒结构（图 3-38）的核心部位设置封闭式剪力墙呈一筒体，周边为框架结构。其核心筒筒内一般多作为电梯、楼梯和垂直管道的通道。核心筒结构多用于超高层的塔式建筑。

为了满足采光的要求，在筒壁上开有孔洞，这种筒叫做空腹筒。当建筑物高度更高，要求侧向刚度更大时，可采用筒中筒结构（图 3-39)。这种筒体由空腹外筒和实腹内筒组成，内外筒之间用连梁连接，形成一个刚性极好的空间结构。

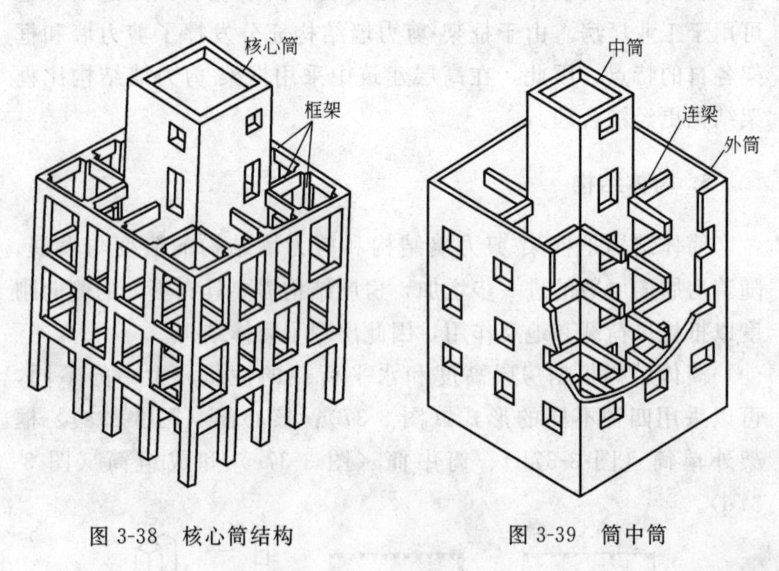

图 3-38　核心筒结构　　　　图 3-39　筒中筒

筒体结构将钢筋混凝土剪力墙围成侧向刚度很大的封闭筒体，因剪力墙的集中而获得较大的空间，平面设计较灵活，适用于办公楼等高层或超高层（高度 $H \geqslant 100$m）的各种公共与商业建筑中，如饭店、写字楼等。

6. 大板结构

装配式钢筋混凝土大板建筑是由预制的钢筋混凝土大型外墙板、内墙板、隔墙板、楼板、屋面板、阳台板等构件装配而成的建筑。墙板与墙板、墙板与楼板、楼板与楼板的结合处可用焊接和局部浇筑使其成为整体（图 3-40）。

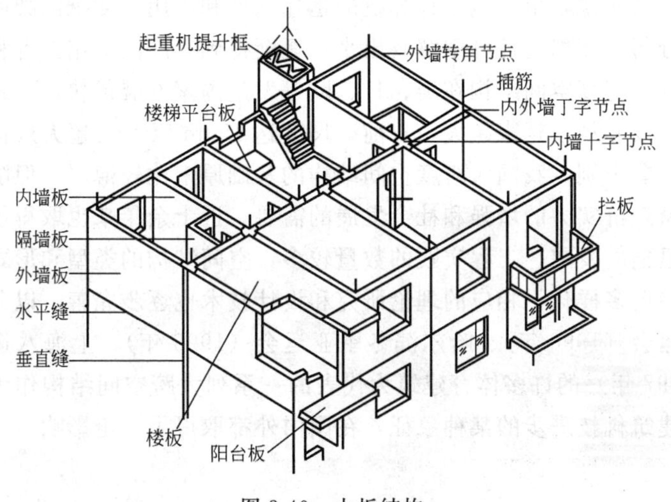

图 3-40 大板结构

大板建筑适用于高层小开间建筑，如住宅、旅馆、办公楼等。

7. 大跨空间结构

大跨空间结构是指在体育场馆、大型火车站、航空港等公共建筑中所采用的结构。在这种结构中，竖向承重结构构件多采用钢筋混凝土柱，水平体系多采用钢结构，如屋盖采用钢网架、薄壳或悬索结构等。大跨度建筑及作为其核心的空间结构技术的发展状况是代表一个国家建筑科技水平的重要标志之一。

大跨空间结构的类型和形式十分丰富多彩，习惯上分为如下这些类型：钢筋混凝土薄壳结构、平板网架结构、网壳结构、悬索结构、膜结构和索-膜结构。1956 年建成的天津体育馆钢网壳（跨度 52m）和 1961 年同济大学建成的钢筋混凝土网壳（跨度 40m）可作为网壳结构的典型代表。我国首先采用网架的建筑是北京首都体育馆，它的屋盖宽度为 499m，长度达 112.2m，厚

6m，采用型钢构件，高强螺栓联结，用钢量仅为 65kg/m²。近二十几年来，由于电子计算机的迅速推广和应用，使钢网架的内力分析从冗繁的计算中解放出来，逐渐得到了广泛应用。各种类型的大跨度空间结构在美、日、欧等发达国家发展很快，建筑物的跨度和规模越来越大，目前，尺度达 150m 以上的超大规模建筑已非个别。我国大跨度空间结构的基础原来比较薄弱，但随着国家经济实力的增强和社会发展的需要，近十余年来也取得了比较迅猛的发展。工程实践的数量较多，空间结构的类型和形式逐渐趋向多样化，相应的理论研究和设计技术也逐步完善。以北京亚运会（1990 年）、哈尔滨冬季亚运会（1996 年）、上海八运会（1997 年）的许多体育建筑为代表的一系列大跨空间结构作为我国建筑科技进步的某种象征，在国内外都取得了一定影响。

四、建筑脚手架技术的管理知识

（一）建筑脚手架的作用

脚手架是建筑施工中不可缺少的空中作业工具，无论结构施工还是室外装修施工，以及设备安装都需要根据操作要求搭设脚手架。

脚手架的主要作用：

（1）可以使施工作业人员在不同部位进行操作；

（2）能堆放及运输一定数量的建筑材料；

（3）保证施工作业人员在高空操作时的安全。

（二）建筑脚手架的分类

1. 按用途划分

（1）操作脚手架：为施工操作提供高处作业条件的脚手架，包括“结构脚手架”、“装修脚手架”。

（2）防护用脚手架：只用作安全防护的脚手架，包括各种护拦架和棚架。

（3）承重、支撑用脚手架：用于材料的运转、存放、支撑以及其他承载用途的脚手架，如收料平台、模板支撑架和安装支撑架等。

2. 按构架方式划分

（1）杆件组合式脚手架：俗称“多立杆式脚手架”，简称

“杆组式脚手架”。

（2）框架组合式脚手架：简称“框组式脚手架”，即由简单的平面框架（如门架）与连接、撑拉杆件组合而成的脚手架，如门式钢管脚手架、梯式钢管脚手架等。

（3）格构件组合式脚手架，即由衍架梁和格构柱组合而成的脚手架，如桥式脚手架［有提升（降）式和沿齿条爬升（降）式两种］。

（4）台架：具有一定高度和操作平面的平台架，多为定型产品，其本身具有稳定的空间结构。可单独使用或立拼增高与水平连接扩大，并常带有移动装置。

3. 按设置形式划分

（1）单排脚手架：只有一排立杆的脚手架，其横向水平杆的另一端搁置在墙体结构上。

（2）双排脚手架：具有两排立杆的脚手架。

（3）多排脚手架：具有 3 排以上立杆的脚手架。

（4）满堂脚手架：按施工作业范围满设的、两个方向各有 3 排以上立杆的脚手架。

（5）满高脚手架：按墙体或施工作业最大高度，由地面起满高度设置的脚手架。

（6）交圈（周边）脚手架：沿建筑物或作业范围周边设置并相互交圈连接的脚手架。

（7）特形脚手架：具有特殊平面和空间造型的脚手架，如用于烟囱、水塔、冷却塔以及其他平面为圆形、环形、“外方内圆”形、多边形和上扩、上缩等特殊形式的建筑施工脚手架。

4. 按脚手架的支固方式划分

（1）落地式脚手架：搭设（支座）在地面、楼面、屋面或其他平台结构之上的脚手架。

（2）悬挑脚手架（简称“挑脚手架”）：采用悬挑方式支固的

脚手架。

（3）附墙悬挂脚手架（简称“挂脚手架”）：在上部或（和）中部挂设于墙体挑挂件上的定型脚手架。

（4）悬吊脚手架（简称“吊脚手架”）：悬吊于悬挑梁或工程结构之下的脚手架。当采用篮式作业架时，称为“吊篮”。

（5）附着升降脚手架（简称“爬架”）：附着于工程结构、依靠自身提升设备实现升降的悬空脚手架。

（6）水平移动脚手架：带行走装置的脚手架（段）或操作平台架。

5. 按脚手架平、立杆的连接方式分类

（1）承插式脚手架：在平杆与立杆之间采用承插连接的脚手架。常见的承插连接方式有插片和楔槽、插片和碗扣、套管和插头以及U形托挂等。

（2）扣件式脚手架：使用扣件箍紧连接的脚手架，即靠拧紧扣件螺栓所产生的摩擦力承担连接作用的脚手架。

此外，还按脚手架的材料划分为竹脚手架、木脚手架、钢管或金属脚手架；按搭设位置划分为外脚手架和里脚手架；按使用对象或场合划分为高层建筑脚手架、烟囱脚手架、水塔脚手架以及外脚手架、里脚手架。还有定型与非定型、多功能与单功能之分。

（三）搭设建筑脚手架的基本要求

无论哪一种脚手架，必须满足以下基本要求：

（1）满足施工的需要。脚手架要有足够的作业面（比如适当的宽度、步架高度、离墙距离等），以保证施工人员操作、材料堆放和运输的需要。

（2）构架稳定、承载可靠、使用安全。脚手架要有足够的强度、刚度和稳定性，施工期间在规定的天气条件和允许荷载的作用下，脚手架应稳定不倾斜、不摇晃、不倒塌，确保安全。

(3) 尽量利用自备和可租赁到的脚手架材料解决，减少自制加工件。

(4) 依工程结构情况解决脚手架设置中的穿墙、支撑和拉结要求。

(5) 脚手架的构造要简单，便于搭设和拆除，脚手架材料能多次周转使用。

(6) 以合理的设计减少材料和人工的耗用，节省脚手架费用。

(四) 建筑脚手架的使用现状和发展趋势

1. 脚手架使用现状

我国幅员辽阔，各地建筑业的发展存在差异，脚手架的发展也不平衡。目前脚手架工程的现状是：

(1) 扣件式钢管脚手架，自20世纪60年代在我国推广使用以来就迅速普及，是目前大、中城市中使用的主要品种。

(2) 传统的竹、木脚手架在一些建筑发展较慢的中小城市和村镇仍在继续大量使用。随着钢脚手架的推广应用，这类脚手架在一些大中城市已经较少使用。

(3) 自20世纪80年代以来，高层建筑和超高层建筑有了较大发展，为了满足这类施工的需要，多功能脚手架，如门式钢管脚手架、碗扣式钢管脚手架、悬挑式脚手架、附着升降脚手架等相继在工程中应用，深受施工企业的欢迎。此外，为适应通用施工的需要，一些建筑施工企业也从国外引进或自行研制了一些通用定型的脚手架，如吊篮、挂脚手架、桥式脚手架、挑架等。

2. 脚手架的发展趋势

随着国民经济的迅速发展，建筑业被列为国家的支柱产业之一。建筑业的兴旺发达，建筑脚手架的发展趋势将体现在如下几个方面。

(1) 金属脚手架必将取代竹、木脚手架。传统的竹、木脚手架其材料质量不易控制，搭设构造要求难以严格掌握，技术落后，材料损耗量大，并且使用和管理不大方便，最终将被金属脚手架所取代。

(2) 为适应现代建筑施工，减轻劳动强度，节约材料，提高经济效益，适用性强的多功能脚手架将取代传统型的脚手架，并且要定型系列化。同时脚手架也在向工具化、机械化和半自动化方向发展，如附着升降脚手架等。

(3) 高层和超高层施工中脚手架的用量大，技术复杂，要求脚手架的设计、搭设、安装等都得规范化，而脚手架的杆（构）配件应由专业工厂生产供应。

（五）脚手架施工安全的基本要求

脚手架搭设和使用，必须严格执行有关的安全技术规范。

(1) 搭拆脚手架必须由专业架子工担任，并应按现行国家标准考核合格，持证上岗。上岗人员应定期进行体检，凡不适合高处作业者不得上脚手架操作。

(2) 搭拆脚手架时，操作人员必须戴安全帽、系安全带、穿防滑鞋。

(3) 脚手架在搭设前，必须制订施工方案和进行安全技术交底。对于高大异形的脚手架，应报上级审批后才能搭设。

(4) 未搭设完的脚手架，非架子工一律不准上架。脚手架搭设完后，由施工负责人及技术、安全等有关人员共同验收合格后方可使用。

(5) 作业层上的施工荷载应符合设计要求，不得超载。不得在脚手架上集中堆放模板、钢筋等物件，严禁在脚手架上拉缆风绳和固定、架设模板支架及混凝土泵送管等，严禁悬挂起重设备。

(6) 不得在脚手架基础及邻近处进行挖掘作业。

(7) 临街搭设的脚手架外侧应有防护措施，以防坠物伤人。

(8) 搭拆脚手架时，地面应设围栏和警戒标志，并派专人看守，严禁非操作人员入内。

(9) 六级及六级以上大风和雨、雪、雾的天气不得进行脚手架搭拆作业。

(10) 在脚手架使用过程中，应定期对脚手架及其地基基础进行检查和维护，特别是下列情况下，必须进行检查。

1) 作业层上施工加荷载前；

2) 遇大雨和六级以上大风后；

3) 寒冷地区开始结冻后；

4) 停用时间超过1个月；

5) 如发现倾斜、下沉、松扣、崩扣等现象要及时修理。

(11) 工地临时用电线路架设及脚手架的接地、避雷措施、脚手架与架空输电线路的安全距离等应按现行行业标准《施工现场临时用电安全技术规范》(JGJ 46—2005) 的有关规定执行。钢管脚手架上安装照明灯时，电线不得接触脚手架，并要做绝缘处理。

(六) 脚手架设计和计算的一般方法

不同的脚手架系列，由于杆件材料和构架方式的不同，在设计计算方面，有其共同性，同时也有差异。

1. 脚手架的设计内容

建筑施工脚手架的设计包括以下几个方面。

(1) 设置方案的选择

脚手架的类别，脚手架构架的形式和尺寸，相应的设置措施[基础、支承、整体拉结和附墙连接、进出（或上下）等]。

(2) 承载可靠性的验算

构架结构和杆件验算，地基、基础和其他支承结构的验算，专用加工件验算。

(3) 安全使用措施

作业面的防（围）护，整架和作业区域（涉及的空间环境）的防（围）护，进行安全搭设、移动（升降）和拆除的措施，安全使用措施。

2. 脚手架结构设计采用的方法

各种脚手架结构都属于临时（设）性建筑结构范畴，因此，一律采用《建筑结构可靠度设计统一标准》（GB 50068—2001）规定的“概率极限状态设计法”进行设计。即“不论什么结构，当其整个结构或结构的一部分超过某一特定状态就不能满足设计规定的某一功能要求时，这个特定状态就称为该功能的极限状态。”

结构的极限状态有两类：承载能力极限状态和正常使用极限状态。结构或结构构件达到其最大承载能力或出现不适于继续承载的变形的某一特定的状态就是承载能力的极限状态；结构或构件达到正常使用或耐久性能的某项规定限值的特定状态就是正常使用极限状态。

建筑脚手架结构（包括使用脚手架材料组装的支撑架）对构架杆配件的质量和缺陷都作了规定，在出现正常使用极限状态时会有明显的征兆和发展过程，有时间采取相应措施，而不会出现突发性事故。因此，在脚手架设计时一般不考虑正常使用极限状态，而主要考虑其承载能力极限状态。

3. 脚手架构架结构的计（验）算项目

脚手架的承载能力应按概率极限状态设计法的要求，采用分项系数设计表达式进行设计，进行下列设计计算。

1）构架的整体稳定性计算，可转化为立杆稳定性计算。

2）单肢立杆的稳定性计算。当单肢立杆稳定性计算已包括在整体稳定性计算中，且立杆未显著超出构架的计算长度和使用荷载时，可以略去此项计算。

3）纵向、横向水平杆等受弯构件的强度、稳定和刚度计算及连接扣件的抗滑承载力计算。

4）连墙件的强度、稳定性和连接强度的计算。

5）抗倾覆验算。

6）悬挂件、挑支撑拉件的验算（根据其受力状态确定验算项目）。

7）地基基础和支撑结构的验算。

本节仅对最常见的扣件式钢管脚手架的计算进行介绍。50m以下的常用敞开式单、双排扣件式钢管脚手架采用构造尺寸时，其相应杆件可不再进行设计计算，但连墙件、立杆地基承载力等仍应根据实际荷载进行设计计算。

4. 立杆计算

（1）立杆计算长度 l_0

立杆计算长度 l_0 按下式计算为

$$l_0 = k\mu h \tag{4-1}$$

式中 k——计算长度附加系数，其值取 1.155；

μ——考虑脚手架整体稳定因素的单杆计算长度系数，按表 4-1 采用；

h——立杆步距（m）。

脚手架立杆的计算长度系数 μ　　　表 4-1

类　别	立杆横距(m)	连墙件布置	
		二步三跨	三步三跨
双排架	1.05	1.50	1.70
	1.30	1.55	1.75
	1.55	1.60	1.80
单排架	≤1.50	1.80	2.00

（2）轴向力设计值 N

计算立杆段的轴向力设计值按下列公式计算为

不组合风荷载时

$$N=1.2(N_{G1k}+N_{G2k})+1.4\sum N_{Qk} \tag{4-2}$$

组合风荷载时

$$N=1.2(N_{G1k}+N_{G2k})+0.85\times1.4\sum N_{Qk} \tag{4-3}$$

式中 N_{G1k}——脚手架结构自重标准值产生的轴向力（kN）；

N_{G2k}——构配件自重标准值产生的轴向力（kN）；

$\sum N_{Qk}$——施工荷载标准值产生的轴向力总和（kN），内、外立杆可按一纵距跨内施工荷载总和的 1/2 取值。

（3）立杆稳定性计算

当脚手架按规定要求构架，在不缺少必要的结构杆件，也没有局部未形成稳定结构的情况下，它的工作主要受其失稳承载能力的控制。因此，脚手架整体和局部的稳定性是设计计算中的关键项目。在计算时，由于常把整体稳定问题转化成对立柱的稳定性进行计算，故总称为“整体（立柱）稳定性计算”。

立杆的稳定性按下列公式计算为

不组合风荷载时

$$\frac{N}{\varphi A}\leqslant f \tag{4-4}$$

组合风荷载时

$$\frac{N}{\varphi A}+\frac{M_W}{W}\leqslant f \tag{4-5}$$

式中 N——计算立杆段的轴向力设计值（kN）；

φ——轴心受压构件的稳定系数，应根据长细比由稳定系数表取值，当 $\lambda>250$ 时，$\varphi=7320/\lambda$；

λ——长细比，$\lambda=\frac{l_0}{i}$；

l_0——计算长度（m）；

i——截面回转半径（mm），查表取值；

A——立杆的截面面积（mm^2），查表取值；

M_W——计算立杆段由风荷载设计值产生的弯矩（N·m）；

f——钢材的抗压强度设计值（kN/mm^2）。

5. 纵向水平杆、横向水平杆计算

（1）纵向、横向水平杆弯矩设计值按下式计算为

$$M=1.2M_{Gk}+1.4\sum M_{Qk} \tag{4-6}$$

式中　M_{Gk}——脚手板自重标准值产生的弯矩（N·m）；

M_{Qk}——施工荷载标准值产生的弯矩（N·m）。

（2）纵向、横向水平杆的抗弯强度按下式计算：

$$\sigma=\frac{M}{W}\leqslant f \tag{4-7}$$

式中　M——弯矩设计值（N·m）；

W——截面模量，查表取值；

f——钢材的抗弯强度设计值（kN）。

（3）纵向、横向水平杆的挠度符合下式规定：

$$v\leqslant[v] \tag{4-8}$$

式中　v——挠度（mm）；

$[v]$——容许挠度（mm）。脚手板，纵向、横向水平杆为 $l/150$ 与 10mm；悬挑受弯杆件为 $l/400$。

计算纵向、横向水平杆的内力与挠度时，纵向（水）平杆宜按三跨连续梁计算，计算跨度取纵距 l_a；当横向（水）平杆在立杆以外无铺板，按简支梁计算，计算跨度 l_0（图 4-1）；立杆以外伸出部分有铺板，按带悬臂的单跨梁计算；定型挂扣式钢脚手板按简支梁计算；3～4m 长的木脚手板和钢脚手板一般可按两跨连续梁计算；而长度 5～6m 的木脚手板，则可按三跨或四跨连续梁计算。双排脚手架的横向水平杆的构造外伸长度 $a=$

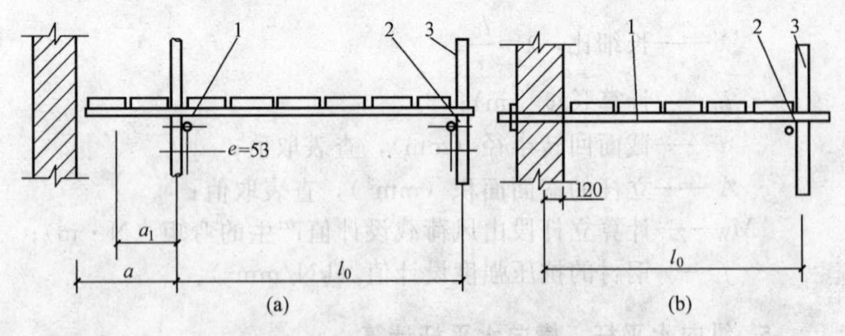

图 4-1　横向水平杆计算跨度

（a）双排脚手架；（b）单排脚手架

1—横向水平杆；2—纵向水平杆；3—立杆

500mm 时，其计算外伸长度 a_1 可取 300mm。

计算时，可以忽略平杆的自重，但脚手板的自重不能忽略。脚手板和横向平杆一般受均布施工荷载的作用（当荷载不均匀分布时，可化为几种荷载分布情况的叠加）；而纵向平杆则一般受由横向水平杆传来的集中荷载的作用。

6. 立杆底座和地基承载力的验算

（1）立杆地基承载力验算

$$f_g \leqslant k_c \times f_{gk} \tag{4-9}$$

式中 k_c——脚手架地基承载力调整系数，碎石土、砂土、回填土取 0.4，黏土取 0.5，岩石、混凝土取 1.0；

f_{gk}——地基承载力标准值。

（2）立杆底座验算

立杆基础底面的平均压力应满足下式的要求为

$$p \leqslant f_g \tag{4-10}$$

式中 p——立杆基础底面的平均压力（$kN \cdot m^{-2}$），$p=\frac{N}{A}$；

N——上部结构传至基础顶面的轴向力设计值（kN）；

A——基础底面面积（m^2）；

f_g——地基承载力设计值（kN）。

7. 连墙件计算

连墙件的强度、稳定性和连接强度应按现行国家标准的规定计算。

连墙件的轴向力设计值按下式计算为

$$N_l = N_{lw} + N_o \tag{4-11}$$

式中 N_l——连墙件轴向力设计值（kN）；

N_{lw}——风荷载产生的连墙件轴向力设计值（kN）。

$$N_{lw} = 1.4 w_k A_W \tag{4-12}$$

式中 A_W——每个连墙件的覆盖面积内脚手架外侧面的迎风面积（m^2）；

N_o——连墙件约束脚手架平面外变形所产生的轴向力（kN），单排架取3，双排架取5。

8. 扣件抗滑移承载力验算

纵向或横向水平杆与立杆连接时其扣件的抗滑承载力应符合下式规定为

$$R \leqslant R_c \tag{4-13}$$

式中 R——纵向横向水平杆传给立杆的竖向作用力设计值（kN）；

R_c——扣件抗滑承载力设计值（kN），对接扣件（抗滑）取3.20；直角扣件旋转扣件（抗滑）取8.00；底座（抗压）取40.00。

五、落地扣件式钢管外脚手架

落地扣件式外脚手架是指沿建筑物外侧从地面搭设的扣件式钢管脚手架，随建筑结构的施工进度而逐层增高。落地扣件式钢管脚手架是应用最广泛的脚手架之一。

落地式钢管外脚手架的优点：架子稳定，作业条件好；既可用于结构施工，又可用于装修工程施工；便于做好安全围护。

落地扣件式钢管外脚手架的缺点：材料用量大，周转慢；搭设高度受限制；较费人工。

扣件式钢管外脚手架由钢管和扣件组成，这种脚手架的特点是：加工简便，装拆灵活，搬运方便，通用性强。

落地扣件式钢管外脚手架分普通脚手架和高层建筑脚手架。

普通脚手架是指高度在24m以下的脚手架；

高层建筑脚手架是指高度在24m以上脚手架；

落地扣件式钢管外脚手架搭设分封圈型和开口型；

封圈型脚手架是指沿建筑物周边交圈搭设的脚手架；

开口型脚手架是指沿建筑物周边没有交圈搭设的脚手架。

（一）脚手架搭设的施工准备

1. 编制施工方案并进行安全技术交底

在架子搭设前要由技术部门根据施工要求和现场情况以及建筑物的结构特点等诸多因素编制方案，方案内容包括架子构造、负荷计算、安全要求等，方案要经审批后方能生效。

工程施工负责人应按工程的施工组织设计和脚手架施工方案

的有关要求，向施工人员和使用人员进行技术交底。通过技术交底，应了解以下主要内容。

(1) 工程概况，待建工程的面积、层数、建筑物总高度、建筑结构类型等；

(2) 选用的脚手架类型、形式，脚手架的搭投高度、宽度、步距、跨距及连墙杆的布置等；

(3) 施工现场的地基处理情况；

(4) 根据工程综合进度计划，了解脚手架施工的方法和安排、工序的搭接、工种的配合等情况；

(5) 明确脚手架的质量标准、要求及安全技术措施。

2. 脚手架的地基处理

落地脚手架须有稳定的基础支承，以免发生过量沉降，特别是不均匀的沉降，引起脚手架倒塌。对脚手架的地基要求是：

(1) 地基应平整夯实；

(2) 有可靠的排水措施，防止积水浸泡地基。

3. 脚手架的放线定位、垫块的放置

根据脚手架立柱的位置，进行放线。脚手架的立柱不能直接立在地面上，立柱下应加设底座或垫块，具体作法如图 5-1、图 5-2 所示。

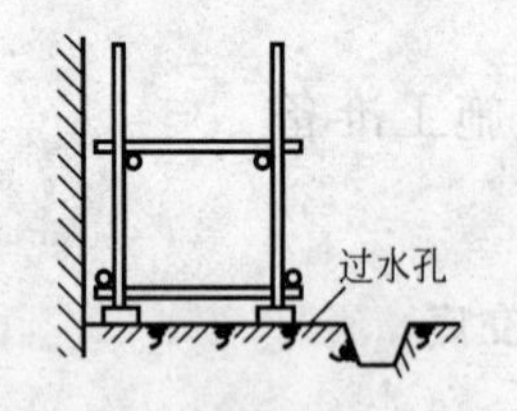

图 5-1 普通脚手架的基底

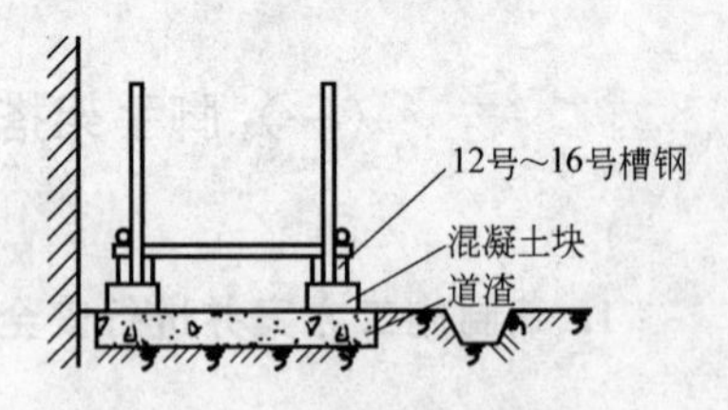

图 5-2 高层脚手架基

(1) 普通脚手架：垫块宜采用长 2.0～2.5m，宽不小于 200mm，厚 50～60mm 的木板，垂直或平行于墙横放置，在外侧挖一浅排水沟。

（2）高层建筑脚手架：在夯实的地基上加铺混凝土层，其上沿纵向铺放槽钢，将脚手架立杆底座置于槽钢上。

（二）落地扣件式钢管脚手架的杆、配件的规格、质量检验和验收要求

扣件式钢管脚手架的杆、配件主要有钢管杆件、扣件、底座、脚手板等。

1. 钢管

扣件式钢管脚手架中的杆件，应采用外径为 48mm，壁厚为 3.5mm 的 3 号焊接钢管。对搭设脚手架的钢管要求是：

（1）为便于脚手架的搭拆，确保施工安全和运转方便，每根钢管的重量应控制在 25kg 之内；横向水平杆所用钢管的最大长度不得超过 2.2m，一般为 1.8～2.2m；其他杆件所用钢管的最大长度不得超过 6.5m，一般为 4～6.5m。

（2）搭设脚手架的钢管，必须进行防锈处理。对新购进的钢管应先进行除锈，钢管内壁刷涂两道防锈漆，外壁刷涂防锈漆一道、面漆两道。

对旧钢管的锈蚀检查应每年一次。检查时，在锈蚀严重的钢管中抽取 3 根，在每根钢管的锈蚀严重部位横向截断取样检查。经检验符合要求的钢管，应进行除锈，并刷涂防锈漆和面漆，不合格的严禁使用。

（3）在钢管上严禁打孔。

对进场的钢管应按表 5-1 所列项目分别进行检验。

2. 底座

可锻铸铁制造的标准底座其材质和加工质量要求同可锻铸铁扣件相同。

焊接底座采用 Q235A 钢，焊条应采用 E43 型。

钢管质量检验　　　　表 5-1

项次	检查项目（检查工具）	图　例	验收要求
1	产品质量合格证		必须具备
2	钢管材质检验报告		必须具备、钢管质量应符合现行国家标准《优质碳素结构钢》(GB/T 699—1999)中 Q235-A 级钢的有关规定
3	表面质量		表面应平直光滑，不应有裂纹、结疤、分层、错位、硬弯、毛刺、压痕和划道
4	外径、壁厚（游标卡尺）		钢管的外径、壁厚仅限定允许负偏差，均不得超过允许偏差－0.50mm
5	端面（塞尺、搭角尺）	Δ	端面应平整，端面的切斜偏差 Δ<1.70mm
6	防锈处理		必须进行防锈处理，镀锌或防锈漆
7	钢管锈蚀程度（游标卡尺）	Δ_3 Δ_1 Δ_2	钢管的锈蚀深度 $\Delta_1+\Delta_2\leqslant 0.50$mm
8	钢管的端部弯曲变形（钢板尺）	Δ l	各类钢管的端部弯曲在 1.5m 长范围内允许偏差 Δ⩽5mm
9	钢管的初始弯曲变形（钢板尺）	Δ l	钢管的初始弯曲不能过大： 1. 对立杆钢管，允许偏差 Δ⩽12mm(3m<l⩽4m) 或 Δ⩽20mm(4m<l⩽6.5m)； 2. 水平杆、斜杆钢管，允许偏差 Δ⩽30mm

3. 扣件

扣件式钢管脚手架的扣件用于钢管杆件之间的连接，其基本形式有三种：直角扣件、旋转扣件和对接扣件，如图 5-3、图 5-4 所示。

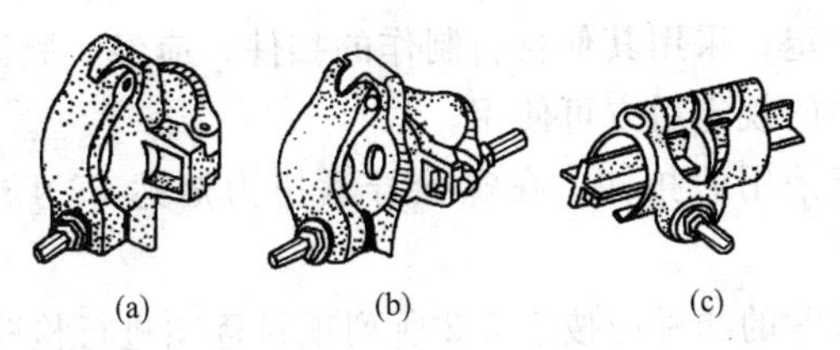

图 5-3　扣件实物图

(a) 直角扣件；(b) 旋转扣件；(c) 对接扣件

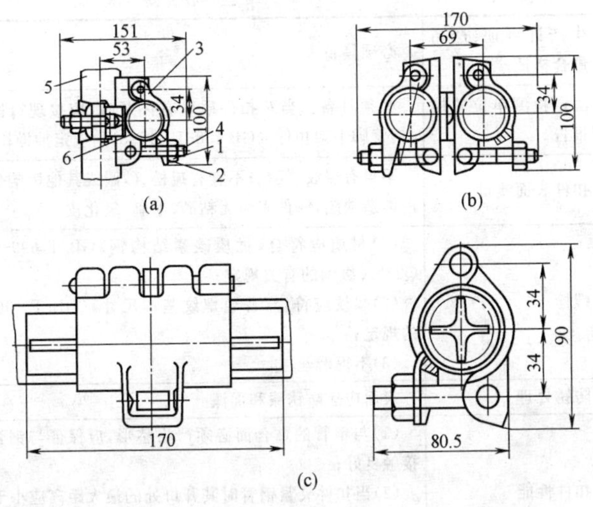

图 5-4　扣件平面

1—螺母；2—垫圈；3—盖板；4—螺栓；5—立杆；6—水平杆

直角扣件可用来连接两根垂直相交的杆件（如立杆与纵向水平杆）。

旋转扣件可用来连接两根成任意角度相交的杆件（如立杆与剪刀撑）。

对接扣件用于两根杆件的对接，如立杆、纵向水平杆的接长。

扣件式钢管脚手架应采用可锻铸铁制作的扣件，可锻铸铁扣件已有国家产品标准和专业检测单位，其产品质量较易控制和管理。其材质应符合现行国家标准《钢管脚手架扣件》(GB 15831—

1995）的规定；采用其他材料制作的扣件，应经实验证明其质量符合该标准的规定后方可使用。

脚手架采用的扣件，在螺栓拧紧扭力矩达 65N·m 时，不得发生破坏。

对新采购的扣件应按表 5-2 所列项目逐项进行检验。

质量检验表 **表 5-2**

项次	检查项目	验收要求
1	生产许可证、产品质量合格证	必须具备
2	法定检测单位的检测报告	必须具备。当对扣件质量有怀疑时，应按现行国家标准《钢管脚手架扣件》(GB 15831—1995)的规定抽样检测
3	扣件表面质量	不得有裂纹、气孔；不宜有疏松、砂眼或其他影响使用性能的铸造缺陷，铸件表面无粘砂、毛刺、氧化皮
4	螺栓	(1)材质应符合《优质碳素结构钢》GB/T 699—1999 中 Q235A 级钢的有关规定； (2)螺纹应符合《普通螺纹基本尺寸》(GB/T 196—2003)的规定； (3)不得滑丝
5	防锈处理	表面应涂防锈漆和面漆
6	扣件性能	(1)与钢管的贴合面必须严格整形，应保证与钢管扣紧时接触良好； (2)当扣件夹紧钢管时其开口处的最大距离应小于 5mm； (3)扣件活动部位应转动灵活，旋转扣件的两旋转面间隙应小于 1.0mm

旧扣件在使用前应进行质量检查，并进行防锈处理。有裂缝、变形的严禁使用，出现滑丝的螺栓必须更换。

4. 脚手板

脚手板铺设在脚手架的施工作业面上，以便施工人员工作和临时堆放零星施工材料。

常用的脚手板有：冲压钢脚手板、木脚手板和竹脚手板等，施工时可根据各地区的材源就地取材选用。每块脚手板的重量不宜大于 30kg。

冲压钢脚手板用厚 1.5～2.0mm 钢板冷加工而成，其形式、构造和外形尺寸如图 5-5 所示，板面上冲有梅花形翻边防滑圆孔。

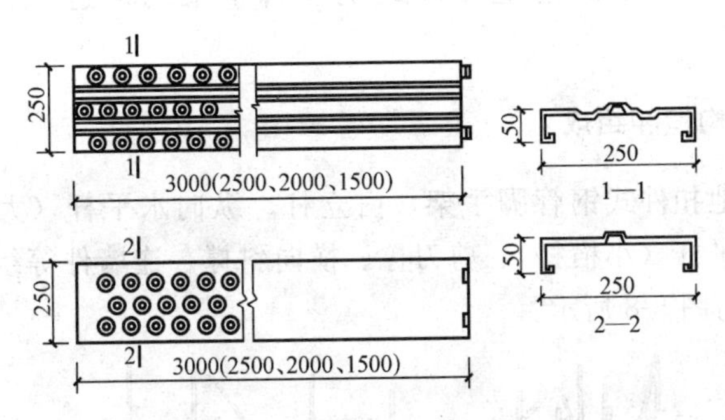

图 5-5　冲压钢脚手板形式与构造

钢脚手板的连接方式有挂钩式、插孔式和 U 形卡式，如图 5-6 所示。

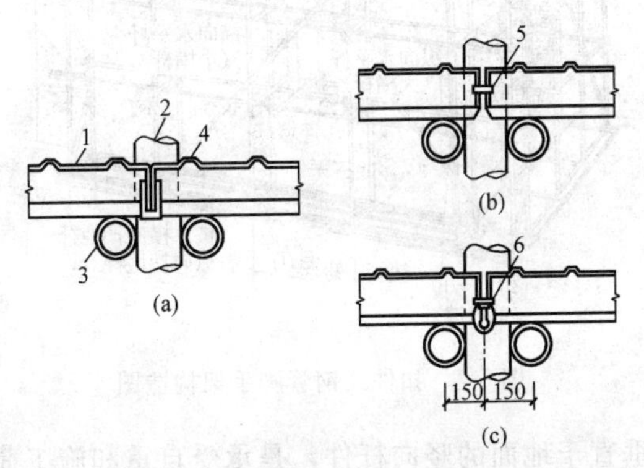

图 5-6　钢脚手板的连接方式

(a) 挂钩式；(b) 插孔式；(c) U 形卡式

1—钢脚手板；2—立杆；3—小横杆；4—挂钩；5—插卡；6—U 形卡

木脚手板应采用衫木或松木制作，其材质应符合现行国家标准《木结构设计规范》（GBJ 5—1988）中Ⅱ材质的规定脚手板厚度不应小于 50mm，两端应各设直径为 4mm 的镀锌钢丝箍两道。

竹脚手板宜采用由毛竹或楠竹制作的竹串片板、竹笆板。

（三）落地扣件式钢管脚手架的构造

1. 构造和组成

落地扣件式钢管脚手架，由立杆、纵向水平杆（大横杆）、横向水平杆（小横杆）、剪刀撑、横向斜撑、连墙件等组成，如图 5-7 与图 5-8 所示。

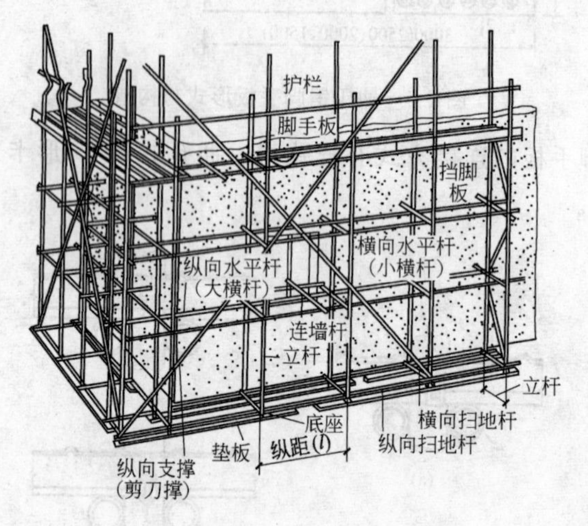

图 5-7　扣件式钢管脚手架构造图

立杆垂直于地面的竖向杆件，是承受自重和施工荷载的主要杆件。

纵向水平杆（又称大横杆），沿脚手架纵向（顺着墙面方向）连接各立杆的水平杆件，其作用是承受并传递施工荷载给立杆。

横向水平杆（又称小横杆），沿脚手架横向（垂直墙面方向）连接内、外排立杆的水平杆件，其作用是承受并传递施工荷载给立杆。

扫地杆，连接立杆下端、贴近地面的水平杆，其作用是约束

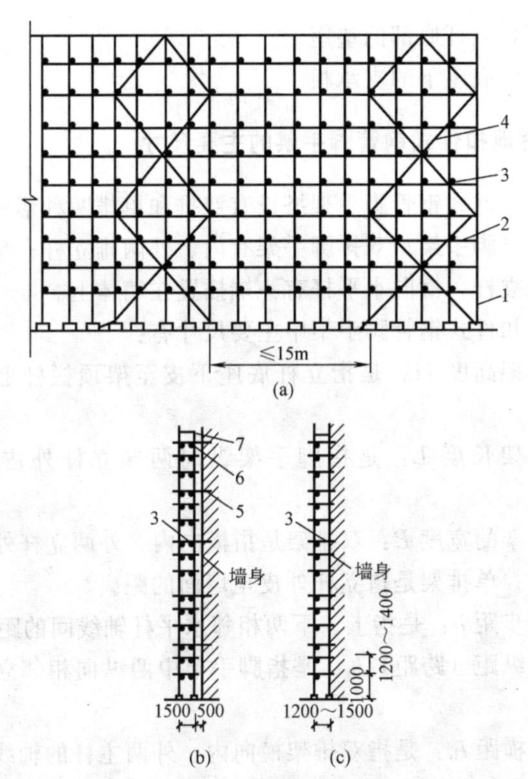

图 5-8 落地扣件式钢管脚手架

(a) 立面图；(b) 双排架；(c) 单排架

1—立杆；2—大横杆；3—小横杆；4—剪刀撑；

5—连墙件；6—作业层；7—栏杆

立杆下端部的移动。

剪刀撑，在脚手架外侧面设置的呈十字交叉的斜杆，可增强脚手架的稳定和整体刚度。

横向斜撑，在脚手架的内、外立杆之间设置并与横向水平杆相交呈之字形的斜杆，可增强脚手架的稳定性和刚度。

连墙件，连接脚手架与建筑物的杆件。

主节点，立杆、纵向水平杆、横向水平杆三杆紧靠的扣接点。

底座，立杆底部的垫座。

垫板，底座下的支承板。

2. 落地扣件式钢管脚手架的主要尺寸

落地扣件式钢管脚手架搭设有双排和单排两种形式：双排脚手架和单排脚手架。双排脚手架有内、外两排立杆；单排脚手架只有一排立杆，横向水平杆有一端插置在墙体上。

落地扣件式钢管脚手架中主要尺寸有：

脚手架高度 H：是指立杆底座下皮至架顶栏杆上皮之间的垂直距离。

脚手架长度 L：是指脚手架纵向两端立杆外皮间的水平距离。

脚手架的宽度 B：双排架是指横向内、外两立杆外皮之间的水平距离；单排架是指立杆外皮至墙面的距离。

立杆步距 h：是指上、下两相邻水平杆轴线间的距离。

立杆纵距（跨距）l_a：是指脚手架中两纵向相邻立杆轴线间的距离。

立杆横距 l_b：是指双排架横向内、外两主杆的轴线距离。单排架是指主杆轴线至墙面的距离。

连墙件间距：脚手架中相邻连墙件之间的距离。

连墙件竖距：上下相邻连墙件之间的垂直距离。

连墙件横距：左右相邻连墙件之间的水平距离。

3. 落地式钢管外脚手架构造要求

（1）常用脚手架设计尺寸

常用敞开式单、双排脚手架结构的设计尺寸，宜按表 5-3、表 5-4 采用。

（2）纵向水平杆、横向水平杆、脚手板

纵向水平杆的构造应符合下列规定：

1）纵向水平杆宜设置在立杆内侧，其长度不宜小于 3 跨。

常用敞开式双排脚手架的设计尺寸（m）　　表 5-3

连墙件设置	立杆横距 l_b	步距 h	下列荷载时的立杆纵距 l_a(m)				脚手架允许搭设高度 H
			2+4×0.35 (kN/m²)	2+2+4×0.35 (kN/m²)	3+4×0.35 (kN/m²)	3+2+4×0.35 (kN/m²)	
二步三跨	1.05	1.20～1.35	2.0	1.8	1.5	1.5	50
		1.80	2.0	1.8	1.5	1.5	50
	1.30	1.20～1.35	1.8	1.5	1.5	1.5	50
		1.80	1.8	1.5	1.5	1.2	50
	1.55	1.20～1.35	1.8	1.5	1.5	1.5	50
		1.80	1.8	1.5	1.5	1.2	37
三步三跨	1.05	1.20～1.35	2.0	1.8	1.5	1.5	50
		1.80	2.0	1.5	1.5	1.2	34
	1.30	1.20～1.35	1.8	1.5	1.5	1.5	50
		1.80	1.8	1.5	1.5	1.2	30

注：表中所示 2+2+4×0.35(kN/m²)，包括下列荷载：

2+2(kN/m²) 是二层装修作业层施工荷载。

常用敞开式单排脚手架的设计尺寸（m）　　表 5-4

连墙件设置	立杆横距 l_a	步距 h	下列荷载时的立杆纵距 l_a(m)		脚手架允许搭设高度 H
			2+2×0.35 (kN/m²)	3+2×0.35 (kN/m²)	
二步三跨 三步三跨	1.20	1.20～1.35	2.0	1.8	24
		1.80	2.0	1.8	24
	1.40	1.20～1.35	1.8	1.5	24
		1.80	1.8	1.5	24

注：同上表。

2）纵向水平杆接长宜采用对接扣件连接，也可采用搭接。对接、搭接应符合下列规定。

① 纵向水平杆的对接扣件应交错布置：两根相邻纵向水平杆的接头不宜设置在同步或同跨内。不同步或不同跨两个相邻接头在水平方向错开的距离不应小于 500mm；各接头中心至最近主节点的距离不宜大于纵距的 1/3（图 5-9）。

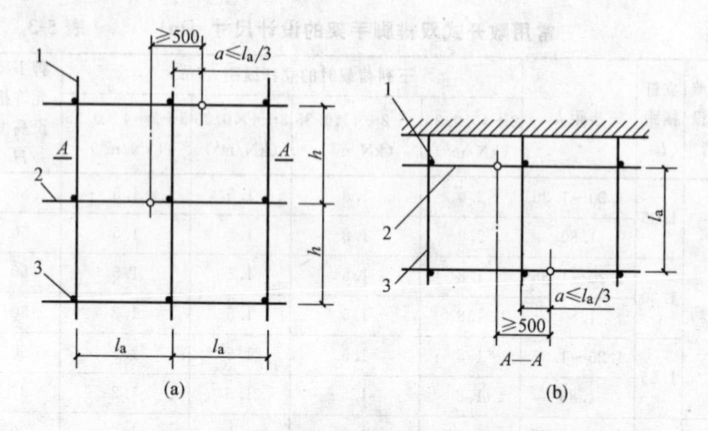

图 5-9 纵向水平杆对接接头布置

(a) 接头不在同步内（立面）；(b) 接头不在同跨内（平面）

1—立杆；2—纵向水平杆；3—横向水平杆

② 搭接长度不应小于 1m，应等间距设置 3 个旋转扣件固定，端部扣件盖板边缘至搭接纵向水平杆杆端的距离不应小于 100mm。

③ 当使用冲压钢脚手板、木脚手板、竹串片脚手板时，纵向水平杆应作为横向水平杆的支座，用直角扣件固定在立杆上；当使用竹笆脚手板时，纵向水平杆应采用直角扣件固定在横向水平杆上，并应等间距设置，间距不应大于 400mm（图 5-10）。

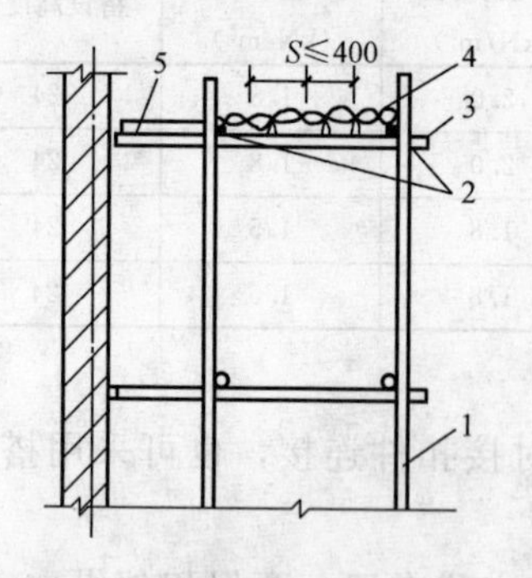

图 5-10 铺竹笆脚手板时纵向水平杆的构造

1—立杆；2—纵向水平杆；3—横向水平杆；4—竹笆脚手板；5—其他脚手板

横向水平杆的构造应符合下列规定：

1）主节点处必须设置一根横向水平杆，用直角扣件扣接且严禁拆除。

2）作业层上非主节点处的横向水平杆，宜根据支承脚手板的需要等间距设置，最大间距不应大于纵距的1/2。

3）当使用冲压钢脚手板、木脚手板、竹串片脚手板时，双排脚手架的横向水平杆两端均应采用直角扣件固定在纵向水平杆上；单排脚手架的横向水平杆的一端，应用直角扣件固定在纵向水平杆上，另一端应插入墙内，插入长度不应小于180mm。

4）使用竹笆脚手板时，双排脚手架的横向水平杆两端，应用直角扣件固定在立杆上；单排脚手架的横向水平杆的一端，应用直角扣件固定在立杆上，另一端应插入墙内，插入长度亦不应小于180mm。

脚手板的设置应符合下列规定：

1）作业层脚手板应铺满、铺稳，离开墙面120～150mm。

2）冲压钢脚手板、木脚手板、竹串片脚手板等，应设置在3根横向水平杆上。当脚手板长度小于2m时，可采用两根横向水平杆支承，但应将脚手板两端与其可靠固定，严防倾翻。此三种脚手板的铺设可采用对接平铺，亦可采用搭接铺设。脚手板对接平铺时，接头处必须设两根横向水平杆，脚手板外伸长应取130～150mm，两块脚手板外伸长度的和不应大于300mm；脚手板搭接铺设时，接头必须支在横向水平杆上，搭接长度应大于200mm，其伸出横向水平杆的长度不应小于100mm（图5-11）。

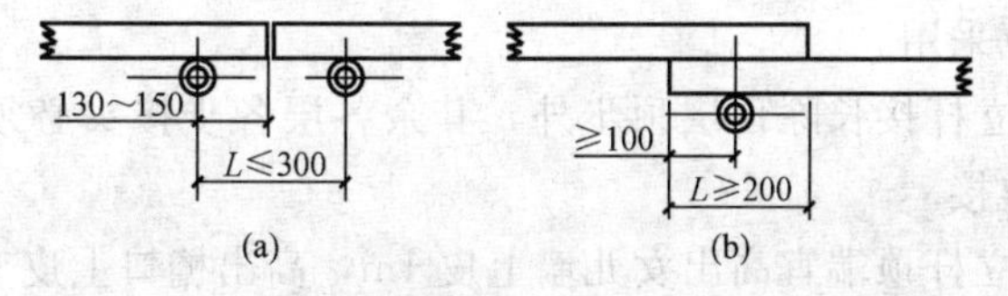

图5-11　脚手板对接、搭接构造

（a）脚手板对接；（b）脚手板搭接

3）竹笆脚手板应按其主竹筋垂直于纵向水平杆方向铺设，且采用对接平铺，四个角应用直径1.2mm的镀锌钢丝固定在纵向水平杆上。

4）作业层端部脚手板探头长度应取150mm，其板长两端均应与支承杆可靠地固定。

(3) 立杆

1) 每根立杆底部应设置底座或垫板。

2) 脚手架必须设置纵、横向扫地杆。纵向扫地杆应采用直角扣件固定在距底座上皮不大于200mm处的立杆上。横向扫地杆亦应采用直角扣件固定在紧靠纵向扫地杆下方的立杆上。当立杆基础不在同一高度上时，必须将高处的纵向扫地杆向低处延长两跨与立杆固定，高低差不应大于1m。靠边坡上方的立杆轴线到边坡的距离不应小于500mm（图5-12）。

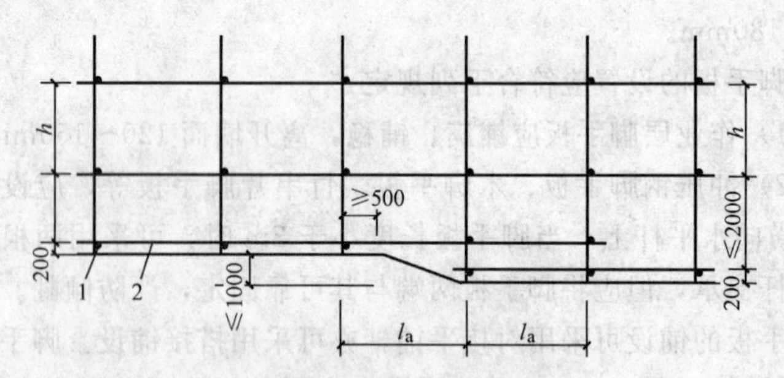

图5-12 纵、横向扫地杆构造

1—横向扫地杆；2—纵向扫地杆

3) 脚手架底层步距不应大于2m。

4) 立杆必须用连墙件与建筑物可靠连接，连墙件布置间距宜按规范采用。

5) 立杆接长除顶层顶步外，其余各层各步接头必须采用对接扣件连接。

6) 立杆顶端宜高出女儿墙上皮1m，高出檐口上皮1.5m。

7) 双管立杆中副立杆的高度不应低于3步，钢管长度不应小于6m。

(4) 连墙件

连墙件数量的设置应符合表5-5的规定。

连墙件的布置应符合下列规定：

1) 宜靠近主节点设置，偏离主节点的距离不应大于300mm；

连墙件布置最大间距（m）　　表 5-5

脚手架高度		竖向间距 h	水平间距 l_a	每根连墙件覆盖面积(m^2)
双排	≤50	$3h$	$3l_a$	≤40
	＞50	$2h$	$3l_a$	≤27
单排	≤24	$3h$	$3l_a$	≤40

注：h—步距；

l_a—纵距。

2）应从底层第一步纵向水平杆处开始设置，当该处设置有困难时，应采用其他可靠措施固定；

3）宜优先采用菱形布置，也可采用方形、矩形布置；

4）一字形、开口形脚手架的两端必须设置连墙件，连墙件的垂直间距不应大于建筑物的层高，并不应大于 4m（两步）。

对高度在 24m 以下的单、双排脚手架，宜采用刚性连墙件与建筑物可靠连接，亦可采用拉筋和顶撑配合使用的附墙连接方式。严禁使用仅有拉筋的柔性连墙件。

对高度 24m 以上的双排脚手架，必须采用刚性连墙件与建筑物可靠连接。

连墙件的构造应符合下列规定：

1）连墙件中的连墙杆或拉筋宜呈水平设置，当不能水平设置时，与脚手架连接的一端应下斜连接，不应采用上斜连接；

2）连墙件必须采用可承受拉力和压力的构造。

当脚手架下部暂不能设连墙件时可搭设抛撑。抛撑应采用通长杆件与脚手架可靠连接，与地面的倾角应在 45°～60°之间；连接点中心至主节点的距离不应大于 300mm。抛撑应在连墙件搭设后方可拆除。

架高超过 40m 且有风涡流作用时，应采取抗上升翻流作用的连墙措施。

(5) 门洞

单、双排脚手架门洞宜采用上升斜杆、平行弦杆桁架结构形式（图 5-13），斜杆与地面的倾角应在 45°～60°之间。门洞桁架

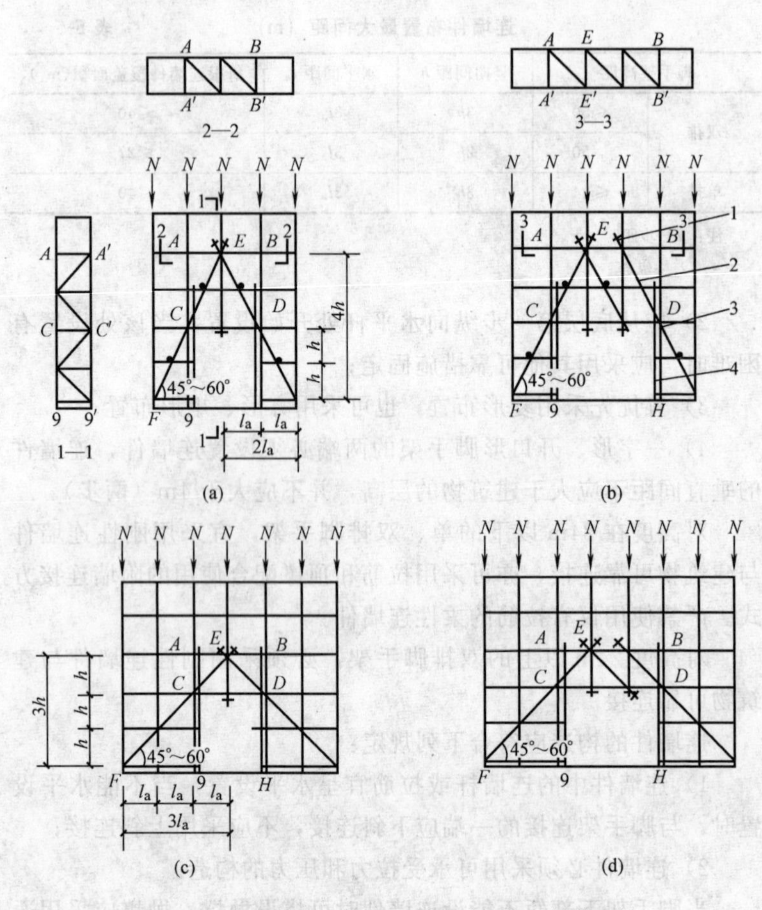

图 5-13 门洞处上升斜杆、平行弦杆桁架结构形式

(a) 挑空 1 根立杆（A 型）；(b) 挑空 2 根立杆（A 型）；

(c) 挑空 1 根立杆（B 型）；(d) 挑空 2 根立杆（B 型）

1—防滑扣件；2—增设的横向水平杆；3—副立杆；4—主立杆

的形式宜按下列要求确定：

当步距（h）小于纵距（l_a）时，应采用 A 型；

当步距（h）大于纵距（l_a）时，应采用 B 型，并应符合下列规定：

h＝1.8m 时，纵距不应大于 1.5m；

$h=2.0$m 时，纵距不应大于 1.2m。

单、双排脚手架门洞桁架的构造应符合下列规定：

单排脚手架门洞处，应在平面桁架，即图 5-13 中 *ABCD* 的每一节间设置一根斜腹杆；双排脚手架门洞处的空间桁架，除下弦平面外，应在其余 5 个平面内的图示节间设置一根斜腹杆（图 5-13 中 1—1、2—2、3—3 剖面）。

斜腹杆宜采用旋转扣件固定在与之相交的横向水平杆的伸出端上，旋转扣件中心线至主节点的距离不宜大于 150mm。当斜腹杆在 1 跨内跨越 2 个步距（图 5-13a）时，宜在相交的纵向水平杆处，增设一根横向水平杆，将斜腹杆固定在其伸出端上。

斜腹杆宜采用通长杆件，当必须接长使用时，宜采用对接扣件连接，也可采用搭接。

单排脚手架过窗洞时应增设立杆或增设 1 根纵向水平杆（图 5-14）。

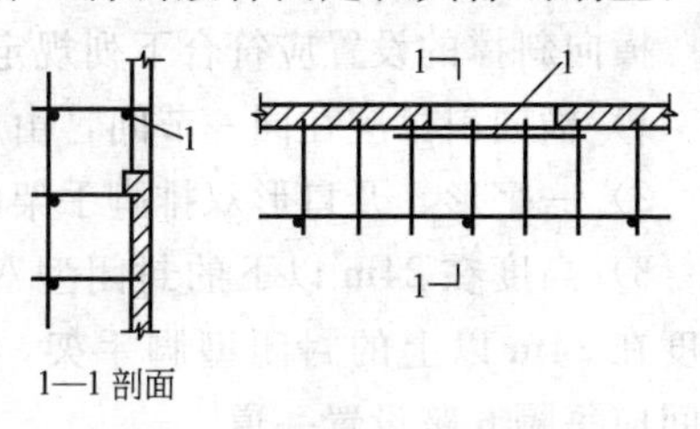

图 5-14 单排脚手架过窗洞构造

1—增设的纵向水平杆

门洞桁架下的两侧立杆应为双管立杆，副立杆高度应高于门洞口 1～2 步。

门洞桁架中伸出上下弦杆的杆件端头，均应增设一个防滑扣件（图 5-13），该扣件宜紧靠主节点处的扣件。

（6）剪刀撑与横向斜撑

双排脚手架应设剪刀撑与横向斜撑，单排脚手架应设剪刀撑。

剪刀撑的设置应符合下列规定：

1）每道剪刀撑跨越立杆的根数宜按表 5-6 的规定确定。每道剪刀撑宽度不应小于 4 跨，且不应小于 6m，斜杆与地面的倾角宜在 45°～60°之间；

剪刀撑跨越立杆的最多根数　　表 5-6

剪刀撑斜杆与地面的倾角	45°	50°	60°
剪刀撑跨越立杆的最多根数	7	6	5

2）高度在 24m 以下的单、双排脚手架，均必须在外侧立面的两端各设置一道剪刀撑，并应由底至顶连续设置；中间各道剪刀撑之间的净距不应大于 15m。如图 5-8 所示。

3）高度在 24m 以上的双排脚手架应在外侧立面整个长度和高度上连续设置剪刀撑。

4）剪刀撑斜杆的接长宜采用搭接，搭接要求同立杆搭接要求。

5）剪刀撑斜杆应用旋转扣件固定在与之相交的横向水平杆的伸出端或立杆上，旋转扣件中心线至主节点的距离不宜大于 150mm。

横向斜撑的设置应符合下列规定：

1）横向斜撑应在同一节间，由底至顶层呈之字形连续布置。

2）一字形、开口形双排脚手架的两端均必须设置横向斜撑。

3）高度在 24m 以下的封闭型双排脚手架可不设横向斜撑；高度在 24m 以上的封闭型脚手架，除拐角应设置横向斜撑外，中间应每隔 6 跨设置一道。

（7）斜道

人行并兼作材料运输的斜道的形式宜按下列要求确定：

1）高度不大于 6m 的脚手架，宜采用一字形斜道；

2）高度大于 6m 的脚手架，宜采用之字形斜道。

斜道的构造应符合下列规定：

1）斜道宜附着外脚手架或建筑物设置。

2）运料斜道宽度不宜小于 1.5m，坡度宜采用 1∶6；人行斜道宽度不宜小于 1m，坡度宜采用 1∶3。

3）拐弯处应设置平台，其宽度不应小于斜道宽度。

4）斜道两侧及平台外围均应设置栏杆及挡脚板。栏杆高度应为 1.2m，挡脚板高度不应小于 180mm。

5）运料斜道两侧、平台外围和端部均应按规定设置连墙件；每两步应加设水平斜杆；应按规定设置剪刀撑和横向斜撑。

斜道脚手板构造应符合下列规定：

1）脚手板横铺时，应在横向水平杆下增设纵向支托杆，纵向支托杆间距不应大于 500mm。

2）脚手板顺铺时，接头宜采用搭接；下面的板头应压住上面的板头，板头的凸棱处宜采用三角木填顺。

3）人行斜道和运料斜道的脚手板上应每隔 250～300mm 设置 1 根防滑木条，木条厚度宜为 20～30mm。

（四）落地扣件式钢管脚手架的搭设

脚手架搭设必须严格执行有关的脚手架安全技术规范，采取切实可靠的安全措施，以保证安全可靠施工。

脚手架按形成基本构架单元的要求，逐排、逐跨、逐步地进行搭设。

矩形周边脚手架可在其中的一个角的两侧各搭设一个 1～2 根杆长和 1 根杆高的架子，并按规定要求设置剪刀撑或横向斜撑，以形成一个稳定的起始架子（如图 5-15），然后向两边延伸，至全周边都搭设好后，再分步满周边向上搭设。

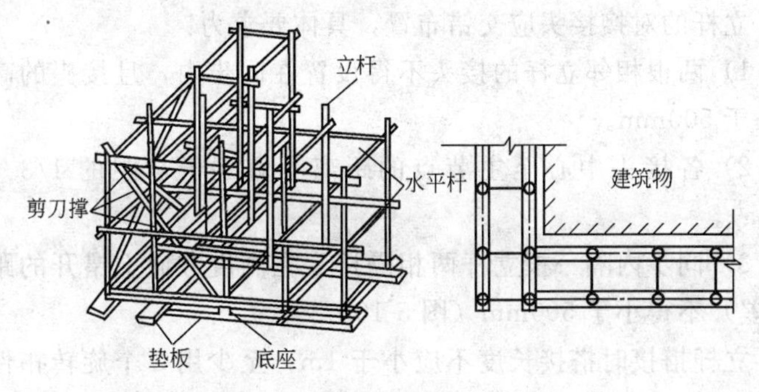

图 5-15　脚手架搭设的起始架

在搭施脚手架时，各杆的搭设顺序为：

摆放纵向扫地杆→逐根树立杆（随即与纵向扫地杆扣紧）→安放横向扫地杆（与立杆或纵向扫地杆扣紧）→安装第一步纵向水平杆和横向水平杆→安装第二步纵向水平杆和横向水平杆→加

设临时抛撑（上端与第二步纵向水平杆扣紧，在设置二道连墙杆后可拆除）→安装第三、四步纵向和横向水平杆；设置连墙杆→安装横向斜撑→接立杆→加设剪刀撑→铺脚手板→安装护身栏杆和扫脚板→挂安全网。

脚手架必须配合施工进度搭设，一次搭设高度不应超过相邻连墙件以上两步。

每搭完一步脚手架后，应按有关规范的规定校正步距、纵距、横距及立杆的垂直度。

(1) 底座安放应符合下列规定

1）底座、垫板均应准确地放在定位线上；

2）垫板宜采用长度不少于 2 跨、厚度不小于 50mm 的木垫板，也可采用槽钢。

(2) 立杆搭设应符合下列规定

严禁将外径 48mm 与 51mm 的钢管混合使用；

扣件式钢管脚手架中立柱，除顶层顶步可采用搭接接头外，其他各层各步必须采用对接扣件连接（对接的承载能力比搭接大 2.14 倍）。

立杆的对接接头应交错布置，具体要求为：

1）两根相邻立杆的接头不得设置在同步内，且接头的高差不小于 500mm。

2）各接头中心至主节点的距离不宜大于步距的 1/3（图 5-16a）。

3）同步内隔一根立杆两相隔接头在高度方向上错开的距离（高差）不得小于 500mm（图 5-16b）。

立杆搭接时搭接长度不应小于 1m，至少用 2 个旋转扣件固定，端部扣件盖板边缘至杆端的距离不小于 100mm。

在搭设脚手架立杆时，为控制立杆的偏斜，对立杆的垂直度应进行检测（用经纬仪或吊线和卷尺）。而立杆的垂直度用控制水平偏差来保证。

开始搭设立杆时，应每隔 6 跨设置 1 根抛撑，直至连墙件安

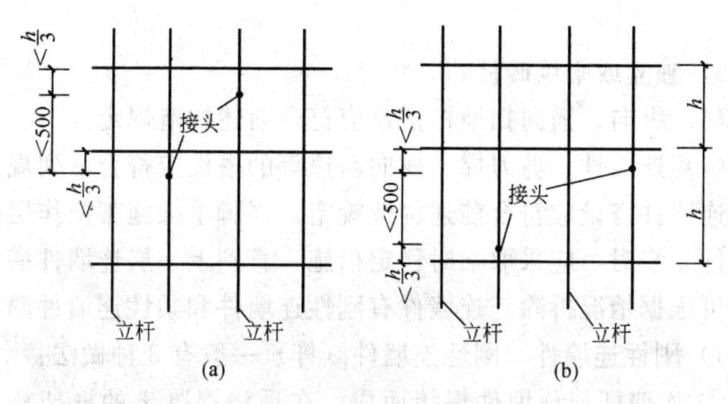

图 5-16　立柱对接接头

装稳定后，方可视情况拆除。

当搭至有连墙件的构造点时，在搭设完该处的立杆、纵向水平杆、横向水平杆后，应立即设置连墙件。

立杆顶端宜高出女儿墙上皮 1m，高出檐口上皮 1.5m。

（3）纵向水平杆搭设应符合下列规定

1）纵向水平杆的搭设应符合前述构造规定；

2）在封闭型脚手架的同一步中，纵向水平杆应四周交圈，用直角扣件与内外角部立杆固定。

（4）横向水平杆搭设应符合下列规定

1）搭设横向水平杆应符合前述构造规定；

2）双排脚手架横向水平杆的靠墙一端至墙装饰面的距离不宜大于 100mm。

（5）单排脚手架的横向水平杆不应设置在下列部位

1）设计上不允许留脚手眼的部位；

2）过梁上与过梁两端呈 60°角的三角形范围内及过梁净跨度 1/2 的高度范围内；

3）宽度小于 1m 的窗间墙；

4）梁或梁垫下及其两侧各 500mm 的范围内；

5）砖砌体的门窗洞口两侧 200mm 和转角处 450mm 的范围内，其他砌体的门窗洞口两侧 300mm 和转角处 600mm 的范围内；

6）独立或附墙砖柱。

(6) 纵向、横向扫地杆搭设应符合前述构造规定

(7) 连墙件、剪刀撑、横向斜撑等的搭设应符合下列规定

连墙件搭设应符合前述构造规定。当脚手架施工操作层高出连墙件二步时，应采取临时稳定措施，直到上一层连墙件搭设完后方可根据情况拆除。连墙件有刚性连墙件和柔性连墙件两类：

1）刚性连墙件。刚性连墙件（杆）一般有 3 种做法：

① 连墙杆与预埋件焊接而成。在现浇混凝土的框架梁、柱上留预埋件，然后用钢管或角钢的一端与预埋件焊接，如图 5-17 所示，另一端与连接短钢管用螺栓连接。

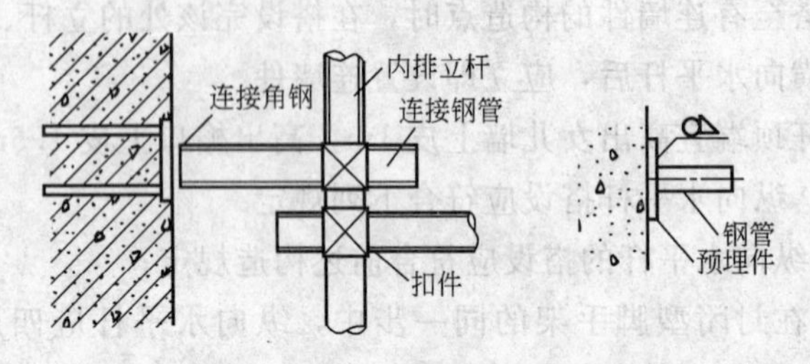

图 5-17　钢管焊接刚性连墙杆

② 用短钢筋、扣件与钢筋混凝土柱连接（图 5-18）。

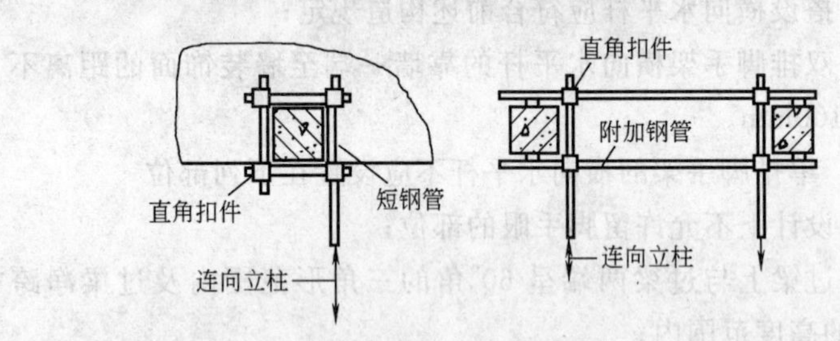

图 5-18　钢管扣件柱刚性连墙杆

③ 用短钢筋、扣件与墙体连接（图 5-19）。

2）柔性连墙件。单排脚手架的柔性连墙件做法如图 5-20 (a) 所示，双排脚手架的柔性连墙件做法如图 5-20 (b) 所示。

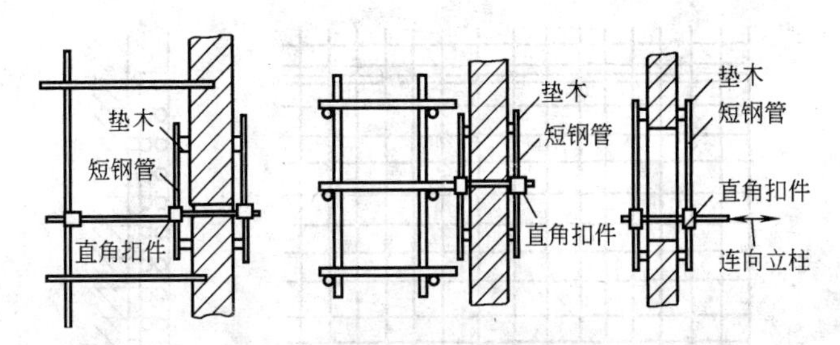

图 5-19　钢管扣件墙刚性连墙杆

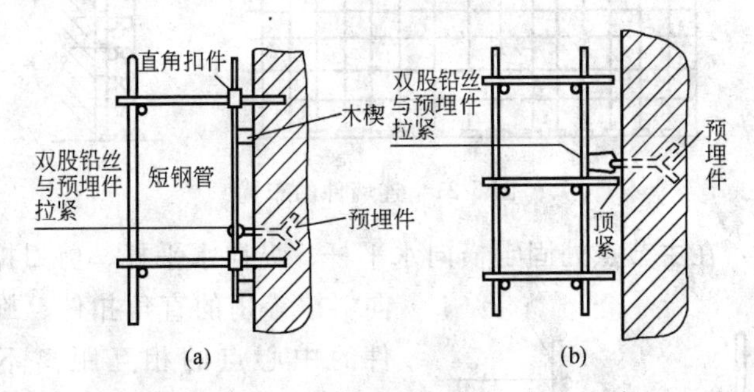

图 5-20　柔性连墙件

拉接和顶撑必须配合使用。其中拉筋用 ϕ6m 钢筋或 ϕ4 的铅丝，用来承受拉力；顶撑用钢管和木楔，用以承受压力。

连墙件的设置要求如下。

1）H<24m 的脚手架宜用刚性连墙件，亦可用拉筋加顶撑，严禁使用仅有拉筋的柔性连墙件。

2）H≥24m 的脚手架必须用刚性连墙件，严禁使用柔性连墙件。

3）连墙件宜优先菱形布置（图 5-21），也可用方形、矩形布置。

剪刀撑、横向斜撑搭设应随立杆、纵向和横向水平杆等同步搭设。

（8）扣件安装应符合下列规定

1）扣件规格必须与钢管外径（Φ48 或 Φ51）相同；

2）螺栓拧紧扭力矩不应小于 40N·m，且不应大于 65N·m；

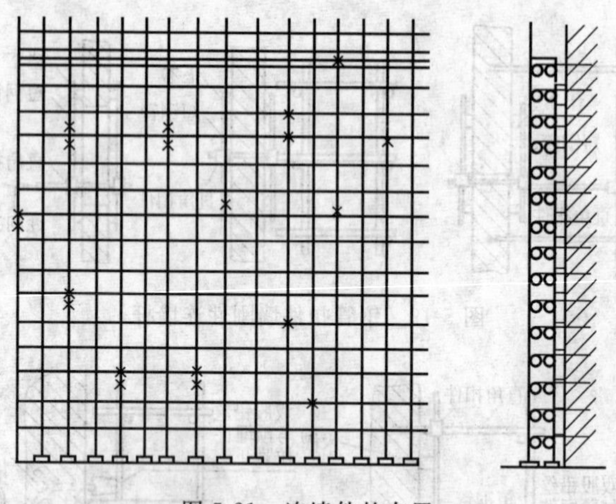

图 5-21 连墙件的布置

3）在主节点处固定横向水平杆、纵向水平杆、剪刀撑、横向斜撑等用的直角扣件、旋转扣件的中心点的相互距离不应大于 150mm；

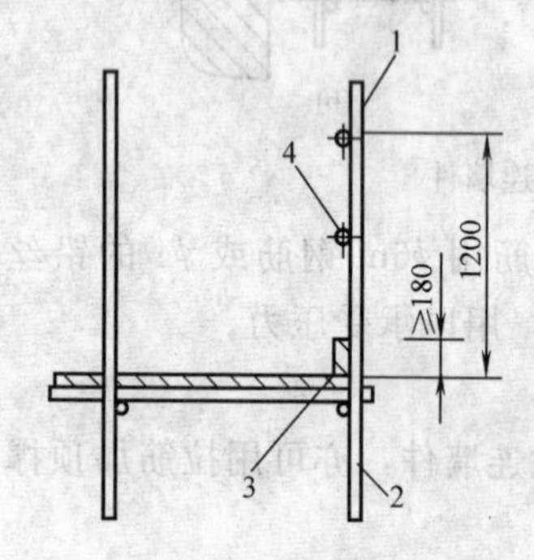

图 5-22 栏杆与挡脚板构造

1—上栏杆；2—外立杆；

3—挡脚板；4—中栏杆

4）对接扣件开口应朝上或朝内；

5）各杆件端头伸出扣件盖板边缘的长度不应小于 100mm。

（9）作业层、斜道的栏杆和挡脚板的搭设应符合下列规定（图 5-22）

1）栏杆和挡脚板均应搭设在外立杆的内侧；

2）上栏杆上皮高度应为 1.2m；

3）挡脚板高度不应小于 180mm；

4）中栏杆应居中设置。

（10）脚手板的铺设应符合下列规定

1）脚手板应铺满、铺稳，离开墙面 120～150mm；

2）采用对接或搭接时均应符合有关规范的规定，脚手板探头应用直径 3.2mm 的镀锌钢丝固定在支承杆件上；

3）在拐角、斜道平台口处的脚手板，应与横向水平杆可靠连接，防止滑动；

4）自顶层作业层的脚手板往下计，宜每隔 12m 满铺一层脚手板。

（五）脚手架搭设的检查、验收和安全管理

脚手架搭到设计高度后，应对脚手架的质量进行检查、验收，经检查合格者方可验收交付使用。

1. 检查验收的组织

高度 24m 及以下的脚手架，应由单位工程负责人组织技术安全人员进行检查验收。

高度大于 24m 的脚手架应由上一级技术负责人组织安全人员、单位工程负责人及有关的技术人员进行检查验收。

2. 脚手架验收文件准备

1）脚手架搭设方案；

2）技术交底文件；

3）脚手架杆配件的出厂合格证；

4）脚手架工程的施工记录及阶段质量检查记录；

5）脚手架搭设过程中出现的重要问题及处理记录；

6）脚手架工程的施工验收报告。

3. 脚手架的质量检查、验收项目

脚手架的质量检查、验收，重点检查下列项目，并需将检查结果记入验收报告。

1）脚手架的架杆、配件设置和连接是否齐全，质量是否合

格，构造是否符合要求，扣件连接是否紧固可靠；

2）地基有否积水，基础是否平整、坚实，底座是否松动，立杆有否悬空；

3）连墙件的数量、位置和设置是否符合规定；

4）安全网的张挂及扶手的设置是否符合规定要求；

5）脚手架的垂直度与水平度的偏差是否符合要求；

6）是否超载。

为便于使用，表 5-7 列出了扣件式钢管脚手架搭设的技术要求、允许偏差及检查方法。

脚手架搭设的技术要求、允许偏差及检验方法　　表 5-7

<table>
<tr><th>项次</th><th colspan="2">项目</th><th>技术要求</th><th>允许偏差Δ (mm)</th><th colspan="2">示 意 图</th><th>检查方法与工具</th></tr>
<tr><td rowspan="5">1</td><td rowspan="5">地基基础</td><td>表面</td><td>坚实平整</td><td rowspan="4">—</td><td colspan="2" rowspan="5">—</td><td rowspan="5">观察</td></tr>
<tr><td>排水</td><td>不积水</td></tr>
<tr><td>垫板</td><td>不晃动</td></tr>
<tr><td rowspan="2">底座</td><td>不滑动</td></tr>
<tr><td>不沉降</td><td>−10</td></tr>
<tr><td rowspan="5">2</td><td rowspan="5">立杆垂直度</td><td>最后验收垂直度 20～80m</td><td>—</td><td>±100</td><td colspan="2">Δ　Δ
H_{max}</td><td rowspan="5">用经纬仪或吊线和卷尺</td></tr>
<tr><td colspan="6">下列脚手架允许水平偏差(mm)</td></tr>
<tr><td colspan="2" rowspan="2">搭设中检查偏差的高度(m)</td><td colspan="4">总高度</td></tr>
<tr><td colspan="2">50m</td><td>40m</td><td>20m</td></tr>
<tr><td colspan="2">$H=2$
$H=10$
$H=20$
$H=30$
$H=40$
$H=50$</td><td colspan="2">±7
±20
±40
±60
±80
±100</td><td>±7
±25
±50
±75
±100</td><td>±7
±50
±100</td></tr>
<tr><td></td><td></td><td colspan="6">中间档次用插入法。</td></tr>
</table>

续表

项次	项目		技术要求	允许偏差Δ（mm）	示意图	检查方法与工具
3	间距	步距 纵距 横距	—	±20 ±50 ±20	—	钢板尺
4	纵向水平杆高差	一根杆的两端	—	±20	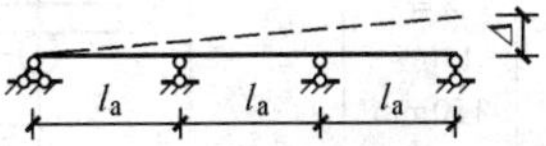	水平仪或水平尺
		同跨内两根纵向水平杆高差	—	±10	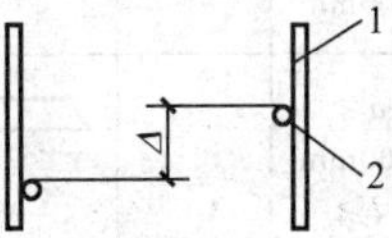	
5	双排脚手架横向水平杆外伸长度偏差		外伸500mm	−50	—	钢板尺
6	扣件安装	主节点处各扣件中心点相互距离	$a \leqslant$ 150mm	—	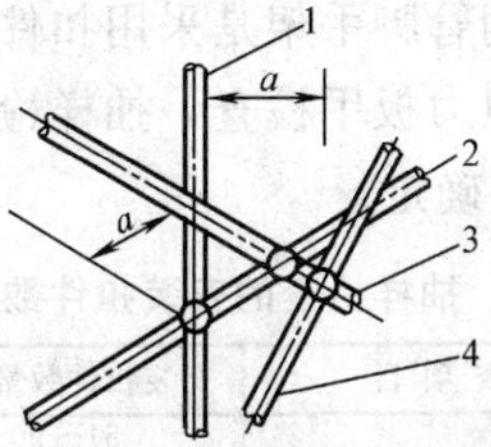	钢板尺
		同步立杆上两个相隔对接扣件的高差	$a \geqslant$ 500mm	—	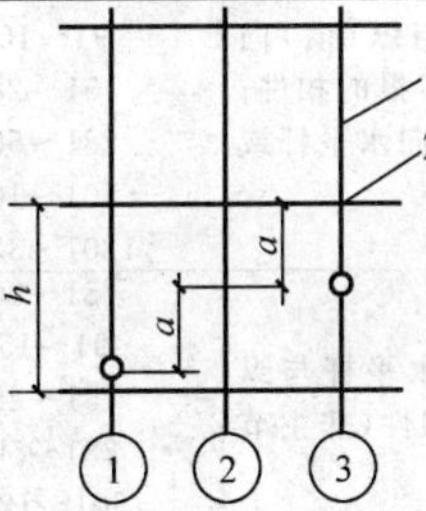	钢卷尺
		立杆上的对接扣件至主节点的距离	$a \leqslant h/3$			
		纵向水平杆上的对接扣件至主节点的距离	$a \leqslant l_a/3$	—	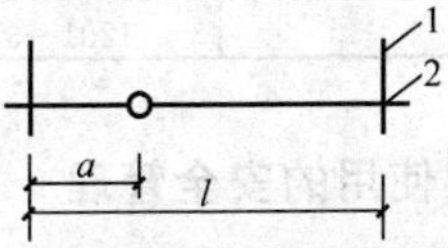	钢卷尺
		扣件螺栓拧紧扭力矩	40～65 N·m	—	—	扭力扳手

续表

项次	项目		技术要求	允许偏差Δ (mm)	示意图	检查方法与工具
7	剪刀撑斜杆与地面的倾角		45°～60°	—	—	角尺
8	脚手板外伸长度	对接	a=130～150mm l≤300mm	—	a l≤300	卷尺
		搭接	a≥100mm l≥200mm	—	a l≥200	卷尺

注：图中 1—立杆；2—纵向水平杆；3—横向水平杆；4—剪刀撑。

扣件式钢管脚手架是采用扣件连接，安装后扣件螺栓拧紧扭力矩应采用扭力扳手检查，抽样检查的数量与质量评定标准应按表 5-8 的规定确定。

抽样检查的安装扣件数量与质量评定标准　　表 5-8

项次	检查项目	安装扣件数量(个)	抽检数量(个)	允许的不合格数
1	连接立杆与纵(横)向水平杆或剪刀撑的扣件；接长立杆、纵向水平杆或剪刀撑的扣件	51～90	5	0
		91～150	8	1
		151～280	13	1
		281～500	20	2
		501～100	32	3
		1201～3200	50	5
2	连接横向水平杆与纵向水平杆的扣件(非主节点处)	51～90	5	1
		91～150	8	2
		151～280	13	3
		281～500	20	5
		501～1200	32	7
		1201～3200	50	10

4. 脚手架使用的安全管理

(1) 脚手架使用期间的安全检查、维护

在脚手架使用过程中，应定期对脚手架及其地基基础进行检查和维护，特别是下列情况下，必须进行检查：

1）作业层上施加荷载前；

2）遇六级及以上大风和大雨后；

3）寒冷地区开冻后；

4）停用时间超过一个月。

脚手架是建筑施工的主要设施，主管部门对施工现场进行安全生产检查时，脚手架是10个分项中的一项。表5-9是落地式外脚手架的检查评分表。

落地式外脚手架检查评分表　　表5-9

序号	检查项目		扣分标准	应得分数	扣减分数	实得分数
1	保证项目	施工方案	脚手架无施工方案的扣10分； 脚手架高度超过规范规定无设计计算书或未经审批的扣10分； 施工方案，不能指导施工的扣5～8分	10		
2		立杆基础	每10延长米立杆基础不平、不实、不符合方案设计要求，扣2分； 每10延长米立杆缺少底座、垫木，扣5分； 每10延长米无扫地杆，扣5分； 每10延长米木脚手架立杆不埋地或无扫地杆，扣5分； 每10延长米无排水措施，扣3分	10		
3		架体与建筑结构拉结	脚手架高度7m以上，架体与建筑结构拉结，按规定要求每少一处，扣2分； 拉结不坚固每一处，扣1分	10		
4		杆件间距与剪刀撑	每10延长米立杆、大横杆、小横杆间距超过规定要求每一处，扣2分； 不按规定设置剪刀撑的每一处，扣5分； 剪刀撑未沿脚手架高度连续设置或角度不符合要求，扣5分	10		
5		脚手板与防护栏杆	脚手板不满铺，扣7～10分； 脚手板材质不符合要求，扣7～10分； 每有一处探头板，扣2分； 脚手架外侧未设置密目式安全网或网间不严密的扣7～10分； 施工层不设1.2m高防护栏杆和18cm高挡脚板的扣5分	10		
6		交底与验收	脚手架搭设前无交底，扣5分； 脚手架搭设完毕未办理验收手续，扣10分； 无量化的验收内容，扣5分	10		
		小计		60		

续表

序号	检查项目		扣分标准	应得分数	扣减分数	实得分数
7	一般项目	小横杆设置	不按立杆与大横杆交点处设置小横杆的，每有一处，扣2分； 小横杆只固定一端的每有一处扣1分； 单排架子小横杆插入墙内小于24cm的每有一处，扣2分	10		
8		杆件搭接	木立杆、大横杆每一处搭接小于1.5m，扣1分； 钢管立杆采用搭接的每一处，扣2分	5		
9		架体内封闭	施工层以下每隔10m未用平网或其他措施封闭的扣5分； 施工层脚手架内立杆与建筑物之间未进行封闭的扣5分	5		
10		脚手架材质	木杆直径、材质不符合要求的扣4～5分； 钢管弯曲、锈蚀严重的扣4～5分	5		
11		通道	架体不设上下通道的扣5分； 通道设置不符合要求的扣1～3分	5		
12		卸料平台	卸料平台未经设计计算，扣10分； 卸料平台搭设不符合设计要求，扣10分； 卸料平台支撑系统与脚手架连结的扣8分； 卸料平台无限定荷载标牌的扣3分	10		
		小　计		40		
检查项目合计				100		

(2) 脚手架使用的安全管理

1) 作业层上的施工荷载应符合设计要求，不得超载。不得在脚手架上集中堆放模板、钢筋等物件，严禁在脚手架上拉缆风绳，固定、架设模板支架、混凝土泵、输送管等，严禁悬挂起重设备；

2) 六级及六级以上大风和雨、雪、雾天气不得进行脚手架上作业；

3) 在脚手架使用期，严禁拆除下列杆件：主节点处的纵、横向水平杆，纵、横向扫地杆，连墙件；

4) 不得在脚手架基础及邻近处进行挖掘工作；

5) 临街搭设的脚手架外侧应有防护措施，以防坠物伤人；

6）严禁沿脚手架外侧任意攀登；

7）在脚手架上进行电、气焊作业时，必须有防火措施和专人看守；

8）脚手架与架空输电线路的安全距离、工地临时用电线路架设及脚手架的接地、避雷措施等应按现行行业标准《施工现场临时用电安全技术规范》（JGJ 46—1988）的有关规定执行。

（六）脚手架的拆除、保管和整修保养

1. 脚手架拆除的施工准备和安全防护措施

（1）准备工作

脚手架拆除作业的危险性大于搭设作业，在进行拆除工作之前，必须做好准备工作。

1）当工程施工完成后，必须经单位工程负责人检查验证，确认脚手架不再需要后，方可拆除。脚手架拆除必须由施工现场技术负责人下达正式通知。

2）脚手架拆除应制订拆除方案，并向操作人员进行技术交底。

3）全面检查脚手架是否安全。

对扣件式脚手架应检查脚手架的扣件连接、连墙件、支撑体系是否符合构造要求。

4）拆除前应清除脚手架上的材料、工具和杂物，清理地面障碍物。

5）制订详细的拆除程序。

（2）安全防护措施

脚手架拆除作业的安全防护要求与搭设作业时的安全防护要求相同：

1）拆除脚手架现场应设置安全警戒区域和警告牌，并派专人看管，严禁非施工作业人员进入拆除作业区内。

2）应尽量避免单人进行拆卸作业；严禁单人拆除如脚手板、长杆件等较重、较大的杆部件。

2. 脚手架的拆除

脚手架的拆除顺序与搭设顺序相反，后搭的先拆，先搭的后拆。

扣件式钢管脚手架的拆除顺序为：

安全网→剪刀撑→斜道→连墙件→横杆→脚手板→斜杆→立杆→……→立杆底座。

脚手架拆除应自上而下逐层进行，严禁上、下同时作业。

严禁将拆卸下来的杆配件及材料从高空向地面抛掷，已吊运至地面的材料应及时运出拆除现场，以保持作业区整洁。

脚手架拆除的注意事项：

1）连墙件必须随脚手架逐层拆除，严禁先将连墙件整层或数层拆除后，再拆脚手架杆件。

2）如部分脚手架需要保留而采取分段、分立面拆除时，对不拆除部分脚手架的两端必须设置连墙件和横向斜撑。连墙件垂直距离不大于建筑物的层高，并不大于2步（4m）。横向斜撑应自底至顶层呈之字形连续布置。

3）脚手架分段拆除高差不应大于2步，如高差大于2步，应增设连墙件加固。

4）当脚手架拆至下部最后一根立杆高度（约6.5m）时，应在适当位置先搭设临时抛撑加固后，再拆除连墙件。

5）拆除立杆时，把稳上部，再松开下端的联结，然后取下。

6）拆除水平杆时，松开联结后，水平托举取下。

3. 脚手架材料的保管、整修和保养

拆下的脚手架杆、配件，应及时检验、整修和保养，并按品种、规格、分类堆放，以便运输保管。

六、落地碗扣式钢管外脚手架

碗扣式脚手架，又称多功能碗扣型脚手架，是采用定型钢管杆件和碗扣接头连接的一种承插锁固式多立杆脚手架，是我国科技人员在20世纪80年代中期根据国外的经验开发出来的一种新型多功能脚手架。具有结构简单、轴向连接，力学性能好、承载力大、接头构造合理、工作安全可靠、拆装方便、高效、操作容易、构件自重轻、作业强度低、零部件少、损耗率低、便于管理、易于运输、多种功能等优点，在我国近年来发展较快，现已广泛用于房屋、桥梁、涵洞、隧道、烟囱、水塔、大坝、大跨度网架等多种工程施工中，取得了显著的经济效益。

碗扣式脚手架在操作上免去了工人拧紧螺栓的过程，它的节点构造完全是杆件和扣件的旋转、承插、长扣啃合的，只要安装到位就达到目的，不像扣件式脚手架人工拧螺栓紧固程度靠工人用力的感觉来完成。这对脚手架结构的本身安全克服了人为的感觉因素，更能直观地体现脚手架作为一种临时结构的安全性。

（一）碗扣式钢管脚手架的构造特点

碗扣式钢管脚手架采用每隔0.6m设一套碗扣接头的定型立杆和两端焊有接头的定型横杆，并实现杆件的系列标准化。主要构件是ϕ48mm×3.5mm，Q235A级焊接钢管，其核心部件是连接各杆的带齿的碗扣接头，它由上碗扣、下碗扣、横杆接头、斜杆接头和上碗扣限位销等组成，其构造如图6-1（a）所示。

立杆上每隔0.6m安装一套碗口接头，并在其顶端焊接立杆连接管。下碗扣和限位销焊在立杆上，上碗口对应地套在钢管

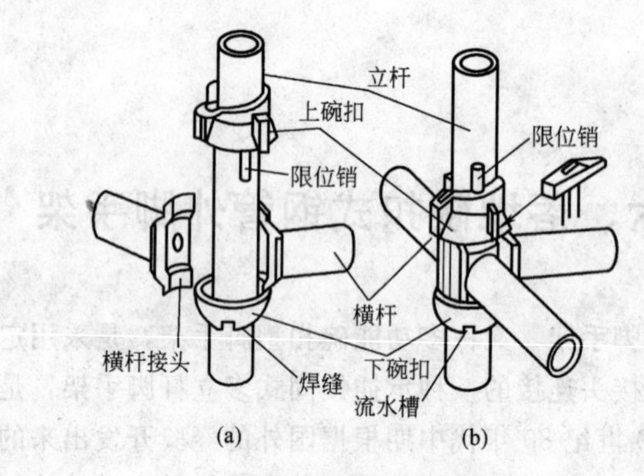

图 6-1 碗扣接头构造

(a) 连接前；(b) 连接后

上，其销槽对准限位销后即能上、下滑动。

横杆是在钢管的两端各焊接一个横杆接头而成。

连接时，只需将横杆接头插入立杆上的下碗扣圆槽内，再将上碗扣沿限位销扣下，并顺时针旋转，靠上碗扣螺旋面使之与限位销顶紧（可使用锤子敲击几下即可达到扣紧要求），从而将横杆与立杆牢固地连在一起，形成框架结构（图 6-1b）。碗扣式接头的拼装完全避免了螺栓作业。

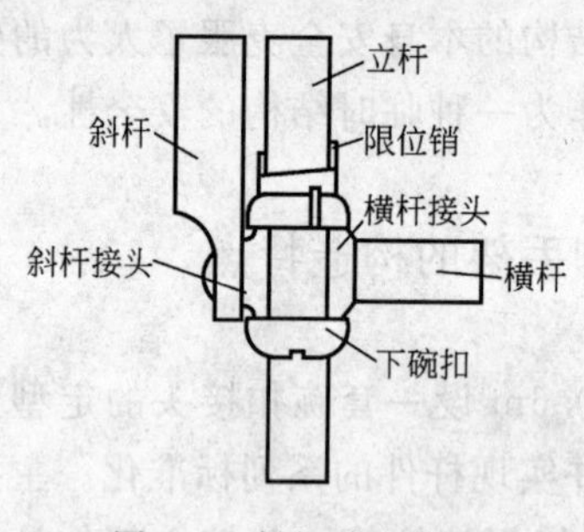

图 6-2 斜杆节点构造

碗扣接头可同时连接四根横杆，并且横杆可以互相垂直，也可以倾斜一定的角度。

斜杆是在钢管的两端铆接斜杆接头而成。同横杆接头一样可装在下碗扣内，形成斜杆节点。斜杆可绕斜杆接头转动（图 6-2）。

（二）落地碗扣式钢管脚手架的杆配件规格

碗扣式钢管脚手架的原设计杆配件，共计有 23 类，53 种规

表 6-1

碗扣式钢管脚手架杆配件规格

类别	名称	型号	规格(mm)	单重(kg)	用途
主构件	立杆	LG-180	ϕ48×3.5×1800	10.53	构架垂直承力杆
		LG-300	ϕ48×3.5×3000	17.07	
	顶杆	DG-90	ϕ48×3.5×900	5.30	支撑架(柱)顶搭垂直承力杆
		DG-150	ϕ48×3.5×1500	8.62	
		DG-210	ϕ48×3.5×2100	11.93	
	横杆	HG-30	ϕ48×3.5×300	1.67	立杆横向连接杆;框架水平承力杆
		HG-60	ϕ48×3.5×600	2.82	
		HG-90	ϕ48×3.5×900	3.97	
		HG-120	ϕ48×3.5×1200	5.12	
		HG-150	ϕ48×3.5×1500	6.82	
		HG-180	ϕ48×3.5×1800	7.43	
		HG-240	ϕ48×3.5×2400	9.73	
	单排横杆	DHG-140	ϕ48×3.5×1400	7.51	单排脚手架横向水平杆
		DHG-180	ϕ48×3.5×1800	9.05	
	斜杆	XG-170	ϕ48×2.2×1697	5.47	1.2m×1.2m 框架斜撑
		XG-216	ϕ48×2.2×2160	6.63	1.2m×1.8m 框架斜撑
		XG-234	ϕ48×2.2×2343	7.07	1.5m×1.8m 框架斜撑
		XG-255	ϕ48×2.2×2546	7.58	1.8m×1.8m 框架斜撑
		XG-300	ϕ48×2.2×3000	8.72	1.8m×2.4m 框架斜撑

续表

类别		名称		型号	规格(mm)	单重(kg)	用途
主构件		立杆底座	立杆底座	LDZ	150×150×8	1.70	立杆底部垫板
			立杆可调座	KTZ-30	0～300	6.16	立杆底部可调节高度支座
				KTZ-60	0～600	7.86	
			粗细调座	CXZ-60	0～600	6.10	立杆底部有粗细调座可调高度支座
输出构件	作业面辅助构件	间横杆		JHG-120	ϕ48×3.5×1200	6.43	水平框架之间连在两横杆间的横杆
				JHG-120+30	ϕ48×3.5(1200+300)	7.74	同上，有0.3m挑梁
				JHG-120+60	ϕ48×3.5(1200+600)	9.96	同上，有0.6m挑梁
		脚手板		JB-120	1200×270	9.05	用于施工作业层面的台板
				JB-150	1500×270	11.15	
				JB-180	1800×270	13.24	
				JB-240	2400×270	17.03	
		斜道板		XB-190	1897×540	28.24	用于搭设栈桥或斜道的铺板
		挡板		DB-120	1200×220	7.18	施工作业层防护板
				DB-150	1500×220	8.93	
				DB-180	1800×220	10.68	
		挑梁	窄挑梁	TL-30	ϕ48×3.5×300	1.68	用于扩大作业面的挑梁
			宽挑梁	TL-60	ϕ48×3.5×600	9.30	
		架梯		JT-255	2546×540	26.32	人员上、下梯子

续表

类别		名称		型号	规格(mm)	单重(kg)	用途
输出构件	用于连接的构件	立杆连接销		LLX	$\phi10$	0.104	立杆之间连接锁定用
		直角撑		ZJC	125	1.62	两相交叉的脚手架之间的连接件
		连墙撑	碗扣式	WLC	415～625	2.04	脚手架同建筑物之间连接件
			扣件式	KLC	415～625	2.00	
		高层卸荷拉结杆		GLC			高层脚手架卸荷用杆件
	其他用途辅助构件	立杆托撑	立杆托撑	LTC	200×150×5	2.39	支撑架顶部托梁座
			立杆可调托撑	KTC-60	0～600	8.49	支撑架顶部可调托梁座
		横托带	横托撑	HTC	400	3.13	支撑架横向支托撑
			可调横托撑	KHC-30	400～700	6.23	支撑架横向可调支托撑
		安全网支架		AWJ		18.69	悬挂安全网支承架
专用构件		专用构件支撑柱	支撑柱垫座	ZDZ	300×300	19.12	支撑柱底部垫座
			支撑柱转角座	ZZZ	0°～10°	21.54	支撑柱斜向支承垫座
			支撑柱可调座	ZKZ-30	0～300	40.53	支撑柱可调高度支座
		提升滑轮		THL		1.55	插入宽挑梁提升小件物料
		悬挑梁		TYL-140	$\phi48\times3.5\times1400$	19.25	用于搭设悬挂脚手架
		爬升挑梁		PTL-90+65	$\phi48\times3.5\times1500$	8.7	用于搭设爬升脚手架

格。按用途可分为主构件、辅助构件和专用构件三类，见表6-1。

1. 主构件

构成脚手架主体的杆部件，共有6类23种规格。

(1) 立杆

立杆是脚手架的主要受力杆件，由一定长度的ϕ48mm×3.5mm、Q235钢管上每隔0.6m装一套碗扣接头，并在其顶端焊接立杆连接管制成。立杆有3.0m和1.8m二种规格。

(2) 顶杆（顶部立杆）

顶端设有立杆连接管，便于在顶端插入托撑或可调托撑等，有2.1m、1.5m、0.9m三种规格。主要用于支撑架、支撑柱、物料提升架等的顶部。因其顶部有内销管，无法插入托撑，有的模板，将立杆的内销管改为下套管，取消了顶杆，实现了立杆和顶杆的统一，使用效果很好，改进后立杆规格为1.2m、1.8m、2.4m、3.0m。两种立杆的基本结构如图6-3所示。

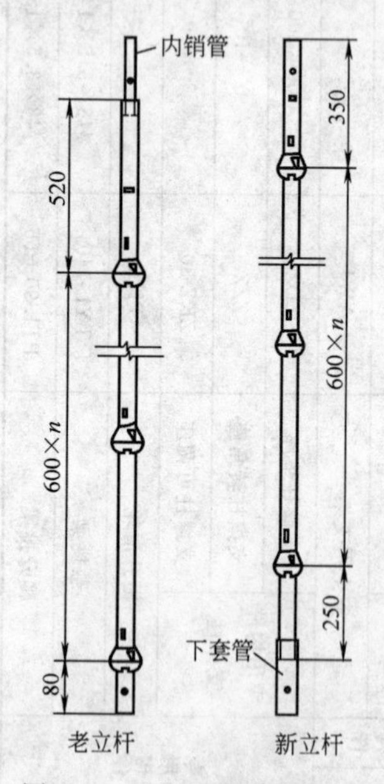

图6-3 两种立杆的基本结构

(3) 横杆

组成框架的横向连接杆件，由一定长度的ϕ48mm×3.5mm、Q235钢管两端焊接横杆接头制成。有2.4m、1.8m、1.5m、1.2m、0.9m、0.6m、0.3m等七种规格。

为适应模板早拆支撑的要求（模数为300mm的两个早拆模板间一般留50mm宽迟拆条），增加了规格为950mm、1250mm、1550mm、1850mm的横杆。

(4) 单排横杆

主要用作单排脚手架的横向水平横杆，只在 ϕ48mm×3.5mm、Q235 钢管一端焊接横杆接头，有 1.4m、1.8m 两种规格。

(5) 斜杆

斜杆是为增强脚手架的稳定性而设计的系列构件，在 ϕ48mm×2.2mm、Q235 钢管两端铆接斜杆接头制成，斜杆接头可转动，同横杆接头一样可装在下碗扣内，形成节点斜杆。有 1.69m、2.163m、2.343m、2.546m、3.0m 等五种规格，分别适用于 1.2m×1.2m、1.2m×1.8m、1.5m×1.8m、1.8m×1.8m、1.8m×2.4m 五种框架平面。

(6) 底座

是安装在立杆根部防止其下沉，并将上部荷载分散传递给地基基础的构件，有以下三种。

1) 垫座。只有一种规格（LDZ），由 150mm×150mm×8mm 钢板和中心焊接连接杆制成，立杆可直接插在上面，高度不可调。

2) 立杆可调座。由 150mm×150mm×8mm 钢板和中心焊接螺杆并配手柄螺母制成，有可调范围分别为 0.30m 和 0.60m 的两种规格。

3) 立杆粗细调座。基本上同立杆可调座，只是可调方式不同，由 150mm×150mm×8mm 钢板、立杆管、螺管、手柄螺母等制成，只有 0.60m 一种规格。

2. 辅助构件

用于作业面及附壁拉结等的杆部件，共有 13 类 24 种规格，按其用途又可分成 3 类。

(1) 用于作业面的辅助构件

1) 间横杆。为满足其他普通钢脚手板和木脚手板的需要而设计的构件，由 ϕ48mm×3.5mm、Q235 钢管两端焊接“∩”形钢板制成，可搭设于主架横杆之间的任意部位，用以减小支承间距或支撑挑头脚手板。有1.2m、(1.2+0.3)m和(1.2+0.6)m三种规格。

2）脚手板。配套设计的脚手板由2mm厚钢板制成，宽度为270mm，其面板上冲有防滑孔，两端焊有挂钩可牢靠地挂在横杆上，不会滑动。有1.2m、1.5m、1.8m和2.4m四种规格。

3）斜道板。用于搭设车辆及行人栈道，只有一种规格，坡度为1∶3，由2mm厚钢板制成，宽度为540mm，长度为1897mm，上面焊有防滑条。

4）挡脚板。挡脚板可设在作业层外侧边缘相邻两立杆间，以防止作业人员踏出脚手架。用2mm厚钢板制成，有1.2m、1.5m、1.8m三种规格。

5）挑梁。为扩展作业平台而设计的构件，有窄挑梁和宽挑梁。窄挑梁由一端焊有横杆接头的钢管制成，悬挑宽度为0.3m，可在需要位置与碗扣接头连接。宽挑梁由水平杆、斜杆、垂直杆组成，悬挑宽度为0.6m，也是用碗扣接头同脚手架连成一整体，其外侧垂直杆上可再接立杆。

6）架梯。用于作业人员上下脚手架通道，由钢踏步板焊在槽钢上制成，两端有挂钩，可牢固地挂在横杆上，有一种规格(JT-255)。其长度为2546mm，宽度为540mm，可在1.8mm×1.8m框架内架设。普通1.2m廊道宽的脚手架刚好装两组，可成折线上升，并可用斜杆、横杆作栏杆扶手。

(2) 用于连接的辅助构件

1）立杆连接销。立杆之间连接的销定构件，为弹簧钢销扣结构，由ϕ10mm钢筋制成，有一种规格(LLX)。

2）直角撑。为连接两交叉的脚手架而设计的构件，由ϕ48mm×3.5mm、Q235钢管一端焊接横杆接头，另一端焊接“∩”形卡制成，有一种规格(ZJC)。

3）连墙撑。连墙撑是使脚手架与建筑物的墙体结构等牢固连接，加强脚手架抵御风荷载及其他水平荷载的能力，防止脚手架倒塌且增强稳定承载力的构件。为便于施工，分别设计了碗扣式连墙撑和扣件式连墙撑两种形式。其中碗扣式连墙撑可直接用碗扣接头同脚手架连在一起，受力性能好；扣件式连墙撑是用钢管和扣件同脚手架相连，位置可随意设置，不受碗扣接头位置的限制，使用方便。

4）高层卸荷拉结杆。高层脚手架卸荷专用构件由预埋件、拉杆、索具螺旋扣、管卡等组成，其一端用预埋件固定在建筑物上，另一端用管卡同脚手架立杆连接，通过调节中间的索具螺旋扣，把脚手架吊在建筑物上，达到卸荷目的。

（3）其他用途辅助构件

1）立杆托撑。插入顶杆上端，用作支撑架顶托，以支撑横梁等承载物。由“U”形钢板焊接连接管制成，有一种规格（LTC）。

2）立杆可调托撑。作用同立杆托撑，只是长度可调，有一种规格（KTC-60）长 0.6m，可调范围为 0～600mm。

3）横托撑。用作重载支撑架横向限位，或墙模板的侧向支撑构件。由 ϕ48mm×3.5mm、Q235 钢管焊接横杆接头，并装配托撑组成，可直接用碗扣接头同支撑架连在一起，有一种规格（HTC），长度为 400mm。也可根据需要加工。

4）可调横托撑。把横托撑中的托撑换成可调托撑（或可调底座）即成可调横托撑，可调范围为 0～300mm，有一种规格（KHC-30）。

5）安全网支架。固定于脚手架上，用以绑扎安全网的构件。由拉杆和撑杆组成，可直接用碗扣接头连接固定。有一种规格（AWJ）。

3. 专用构件

用作专门用途的构件，共有 4 类，6 种规格。

（1）支撑柱专用构件

由 0.3m 长横杆和立杆、顶杆连接可组成支撑柱，作为承重构杆单独使用或组成支撑柱群。为此，设计了支撑柱垫座、支撑柱转角座和支撑柱可调座等专用构件。

1）支撑柱垫座。安装于支撑柱底部，均匀传递其荷载的垫座。由底板、筋板和焊于底板上的四个柱销制成，可同时插入支撑柱的四个立杆内，从而增强支撑柱的整体受力性能。有一种规格（ZDZ）。

2）支撑柱转角座。作用同支撑柱垫座，但可以转动，使支撑柱不仅可用作垂直方向支撑，而且可以用作斜向支撑，其可调偏角为±10°。有一种规格（ZZZ）。

3）支撑柱可调座。对支撑柱底部和顶部均适用，安装于底部，作用同支撑柱垫座，但高度可调，可调范围为0～300mm；安装于顶部即为可调托撑，同立杆可调托撑，不同的是它作为一个构件需要同时插入支撑柱4根立杆内，使支撑柱成为一体。

（2）提升滑轮

为提升小物料而设计的构件，与宽挑梁配套使用。由吊柱、吊架和滑轮等组成，其中吊柱可直接插入宽挑梁的垂直杆中固定。有一种规格（THL）。

（3）悬挑架

为悬挑脚手架专门设计的一种构件，由挑杆和撑杆等组成。挑杆和撑杆用碗扣接头固定在楼内支承架上，可直接从楼内挑出。在其上搭设脚手架，不需要埋设预埋件，挑出脚手架宽度设计为0.9m。有一种规格（TYJ-140）。

（4）爬升挑梁

为爬升脚手架而设计的一种专用构件，可用它作依托，在其上搭设悬空脚手架，并随建筑物升高而爬升。由ϕ48mm×3.5mm、Q235钢管、挂销、可调底座等组成，爬升脚手架宽度为0.9m。有一种规格（PTL-90+65）。

（三）杆配件材料的质量要求

碗扣式钢管脚手架的杆件均采用Q235A钢制作的ϕ48mm钢

管，在立杆上每隔600mm安装一套碗扣接头，下碗扣焊在钢管上，上碗扣套在钢管上。横杆和斜杆两端的接头等均采用焊接工艺，因此对杆件及配件的质量要求应满足以下要求：

1）杆件的钢管应无裂缝、凹陷、锈蚀现象。

2）焊接质量要求焊缝饱满，没有咬肉、夹渣、裂纹等。

3）立杆最大弯曲变形小于1/500，横杆、斜杆的最大变形要求1/250。

4）可调配件的螺纹部分应完好、无滑丝、无严重锈蚀，焊缝无脱开等。

5）脚手板、斜脚手板以及梯子等构件的挂钩及面板应无裂纹，无明显变形，焊接应牢固。

6）碗扣式钢管脚手架其他材料的质量要求同扣件式钢管脚手架。

（四）碗扣式钢管脚手架的组合类型与适用范围

碗扣式钢管脚手架可方便地搭设单、双排外脚手架，拼拆快速，特别适合于搭设曲面脚手架和高层脚手架。

双排碗扣式钢管脚手架，一般立杆横距（即脚手架廊道宽度）1.2m，步距1.8m，立杆纵距根据建筑物结构、脚手架搭设高度及荷载等具体要求确定，可选用0.9m、1.2m、1.5m、1.8m和2.4m等多种尺寸。按施工作业要求与施工荷载的不同，可组合成轻型架、普通型架和重型架三种形式，它们的组架构造尺寸及适用范围见表6-2。

碗扣式双排钢管脚手架组合形式 表6-2

脚手架形式	立杆横距(m)×立杆纵距(m)×横杆步距(m)	适用范围
轻型架	1.2×2.4×1.8	装修、维护等作业
普通型架	1.2×1.5(或1.8)×1.8	砌墙、模板工程等结构施工，最常用
重型架	1.2×0.9(或1.2)×1.8	重载作业或高层外脚手架中的底部架

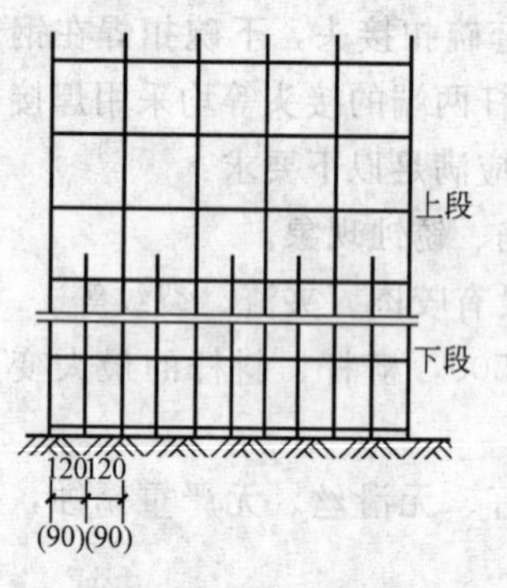

图 6-4 分段组架布置

对于高层脚手架，为了提高其承载能力和搭设高度，可以采取上、下分段，每段立杆纵距不等的组架方式。如图 6-4 所示。下段立杆纵距用 0.9m 或 1.2m，上段用 1.8m 或 2.4m。即每隔一根立杆取消一根，用 1.8m 或 2.4m 的横杆取代 0.9m 或 1.2m 横杆。

单排碗扣式钢管脚手架单排横杆长度有 1.4m（DHG140）和 1.8m（DHG180）两种，立杆与建筑物墙体之间的距离可根据施工具体要求在 0.7～1.5m 范围内调节。脚手架步距一般取 1.8m，立杆纵距则根据荷载选取。

单排碗扣式钢管脚手架按作业顶层荷载要求，可组合成Ⅰ、Ⅱ、Ⅲ三种形式，它们的组架构造尺寸及适用范围见表 6-3。

碗扣式单排钢管脚手架组合形式 **表 6-3**

脚手架形式	立杆纵距(m)×横杆步距(m)	适用范围
Ⅰ型架	1.8×0.8	一般外装修、维护等作业
Ⅱ型架	1.2×1.2	一般施工
Ⅲ型架	0.9×1.2	重载施工

（五）落地碗扣式钢管脚手架的主要尺寸及一般规定

为确保施工安全，对落地碗扣式钢管脚手架的搭设尺寸作了一般规定与限制，见表 6-4。

碗扣式钢管脚手架搭设一般规定　　　　表 6-4

序号	项目名称	规定内容
1	架设高度 H	$H \leqslant 20m$ 普通架子按常规搭设 $H > 20m$ 的脚手架必须作出专项施工设计并进行结构验算
2	荷载限制	砌筑脚手架≤2.7kN/m²，装修架子为 1.2～2.0kN/m² 或按实际情况考虑
3	基础作法	基础应平整、夯实，并有排水措施。立杆应设有底座，并用 0.05m×0.2m×2m 的木脚手板通垫 $H > 40m$ 的架子应进行基础验算并确定铺垫措施
4	立杆纵距	一般为 1.2～1.5m。超过此值应进行验证
5	立杆横距	≤1.2m
6	步距高度	砌筑架子＜1.2m，装修架子＜1.8m
7	立杆垂直偏差	$H < 30m$ 时，＜1/500 架高；$H > 30m$ 时，＜1/1000 架高
8	小横杆间距	砌筑架子＜1m，装修架子＜1.5m
9	架高范围内垂直作业的要求	铺设板不超过 3～4 层，砌筑作业不超过 1 层，装修作业不超过 2 层
10	作业完毕后，横杆保留程度	靠立杆处的横向水平杆全部保留，其余可拆除
11	剪刀撑	沿脚手架转角处往里布置，每 4～6 根为一组，与地面夹角为 45°～60°
12	与结构拉结	每层设置，垂直间距离＜4.0m，水平间距离＜4.0～6.0m
13	垂直斜拉杆	在转角处向两端布置 1～2 个廊间
14	护身栏杆	$H=1m$，并设 $h=0.25m$ 的挡脚板
15	连接件	凡 $H > 30m$ 的高层架子，下部 $1/2H$ 均用齿形碗扣

注：1. 脚手架的宽度 l_0 一般取 1.2m；跨度 l 常用 1.5m；架高 $H \leqslant 20m$ 的装修脚手架，l 亦可取 1.8m；$H > 40m$ 时，l 宜取 1.2m。

2. 搭设高度 H 与主杆纵横间距有关：当立杆纵向、横向间距为 1.2m×1.2m 时，架高 H 应控制在 60m 左右；1.5m×1.2m 时，架高 H 不宜超过 50m。

（六）落地碗扣式钢管脚手架的组架构造与搭设

落地碗扣式钢管脚手架应从中间向两边搭设，或两层同时按同一方向进行搭设，不得采用两边向中间合拢的方法搭设。否则中间的杆件会因为误差而难以安装。

脚手架的搭设顺序为：

安放立杆底座或立杆可调底座→树立杆、安放扫地杆→安装底层（第一步）横杆→安装斜杆→接头销紧→铺放脚手板→安装上层立杆→紧立杆连接销→安装横杆→设置连墙件→设置人行梯→设置剪刀撑→挂设安全网。

1. 树立杆、安放扫地杆

根据脚手架施工方案处理好地基后，在立杆的设计位置放线，即可安放立杆垫座或可调底座，并树立杆。

为避免立杆接头处于同一水平面上，在平整的地基上脚手架底层的立杆应选用 3.0m 和 1.8m 两种不同长度的立杆互相交错、参差布置。以后在同一层中采用相同长度的同一规格的立杆接长。到架子顶部时再分别用 1.8m 和 3.0m 两种不同长度的立杆找齐。

在地势不平的地基上，或者是高层及重载脚手架应采用立杆可调底座，以便调整立杆的高度。当相邻立杆地基高差小于 0.60m，可直接用立杆可调座调整立杆高度，使立杆碗扣接头处于同一水平面内；当相邻立杆地基高差大于 0.6m 时，则先调整立杆节间 [即对于高差超过 0.6m 的地基，立杆相应增长一个节间 (0.60m)]，使同一层碗扣接头高差小于 0.6m，再用立杆可调座调整高度，使其处于同一水平面内（图 6-5)。

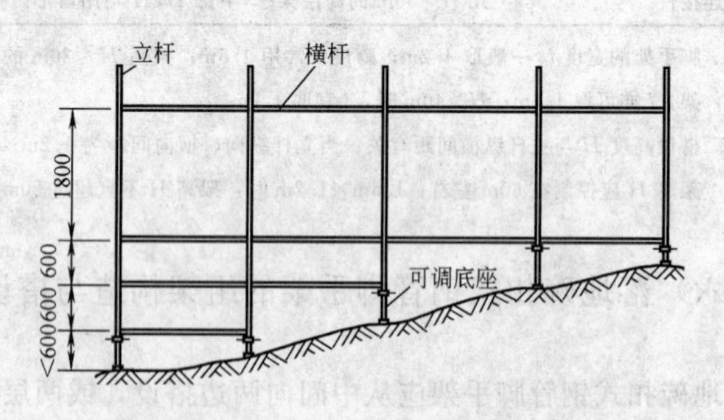

图 6-5 地基不平时立杆及其底座的设置

在树立杆时应及时设置扫地杆，将所树立杆连成一整体，以保证立杆的整体稳定性。立杆同横杆的连接是靠碗扣接头锁定，连接时，先将立杆上碗扣滑至限位销以上并旋转，使其搁在限位销上，将横杆接头插入立杆下碗扣，待应装横杆接头全部装好后，落下上碗扣并予以顺时针旋转锁紧。

2. 安装底层（第一步）横杆

碗扣式钢管脚手架的步距为 600mm 的倍数，一般采用 1.8m，只有在荷载较大或较小的情况下，才采用 1.2m 或 2.4m。

横杆与立杆的连接安装方法同上。

单排碗扣式脚手架的单排横杆一端焊有横杆接头，可用碗扣接头与脚手架连接固定，另一端带有活动夹板，将横杆与建筑结构整体夹紧。其构造如图 6-6 所示。

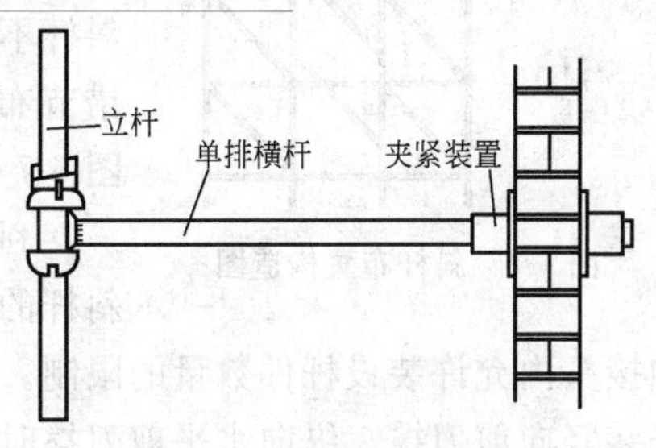

图 6-6 单排横杆设置构造

碗扣式钢管脚手架的底层组架最为关键，其组装的质量直接影响到整架的质量，因此，要严格控制搭设质量。当组装完两层横杆（即安装完第一步横杆）后，应进行下列检查。

1）检查并调整水平框架（同一水平面上的四根横杆）的直角度和纵向直线度（对曲线布置的脚手架应保证立杆的正确位置）。

2）检查横杆的水平度，并通过调整立杆可调座使横杆间的水平偏差小于 $1/400L$。

3）逐个检查立杆底脚，并确保所有立杆不能有浮地松动现象。

4）当底层架子符合搭设要求后，检查所有碗扣接头，并予以锁紧。

在搭设过程中，应随时注意检查上述内容，并调整。

3. 安装斜杆和剪刀撑

斜杆可增强脚手架结构的整体刚度，提高其稳定承载能力。

斜杆可采用碗扣式钢管脚手架配套的系列斜杆，也可以用钢管和扣件代替。

当采用碗扣式系列斜杆时，斜杆同立杆连接的节点可装成节点斜杆（即斜杆接头同横杆接头装在同一碗扣接头内）或非节点斜杆（即斜杆接头同横杆接头不装在同一碗扣接头内）。一般斜杆应尽可能设置在框架节点上。若斜杆不能设置在节点上时，应呈错节布置，装成非节点斜杆，如图 6-7 所示。

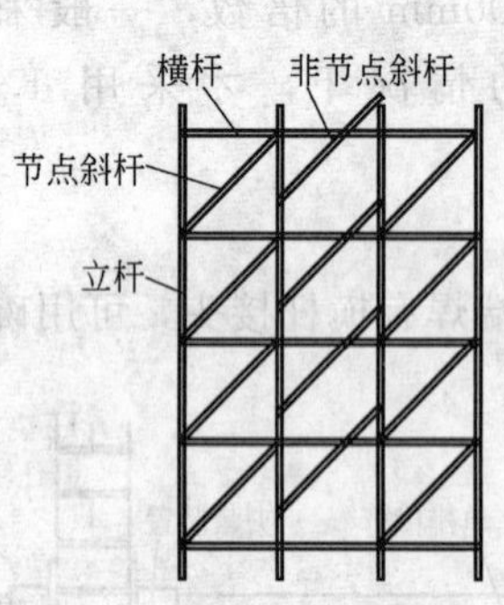

图 6-7　斜杆布置构造图

利用钢管和扣件安装斜杆时，斜杆的设置更加灵活，可不受碗扣接头内允许装设杆件数量的限制。特别是设置大剪刀撑，包括安装竖向剪刀撑、纵向水平剪刀撑时，还能使脚手架的受力性能得到改善。

（1）横向斜杆（廊道斜杆）

在脚手架横向框架内设置的斜杆称为横向斜杆（廊道斜杆）。由于横向框架失稳是脚手架的主要破坏形式，因此，设置横向斜杆对于提高脚手架的稳定强度尤为重要。

对于一字形及开口形脚手架，应在两端横向框架内沿全高连续设置节点斜杆；高度 30m 以下的脚手架，中间可不设横向斜杆；30m 以上的脚手架，中间应每隔 5～6 跨设一道沿全高连续设置的横向斜杆；高层建筑脚手架和重载脚手架，除按上述构造要求设置横向斜杆外，荷载≥25kN 的横向平面框架应增设横向斜杆。

用碗扣式斜杆设置横向斜杆时，在脚手架的两端框架可设置节点斜杆（图 6-8a），中间框架只能设置成非节点斜杆（图 6-8b）。

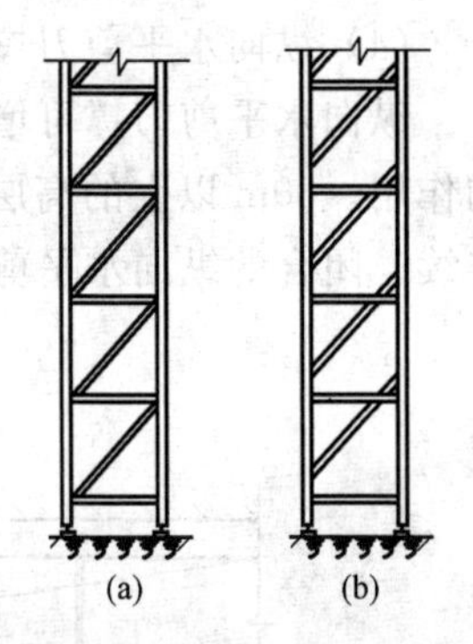

图 6-8 横向斜杆的设置

当设置高层卸荷拉结杆时，必须在拉结点以上第一层加设横向水平斜杆，以防止水平框架变形。

（2）纵向斜杆

在脚手架的拐角边缘及端部，必须设置纵向斜杆，中间部分则可均匀地间隔分布，纵向斜杆必须两侧对称布置。

脚手架中设置纵向斜杆的面积与整个架子面积的比值要求见表 6-5。

纵向斜杆布置数量 **表 6-5**

架高	<30m	30m～50m	>50m
设置要求	>1/4	>1/3	>1/2

（3）竖向剪刀撑

竖向剪刀撑的设置应与纵向斜杆的设置相配合。

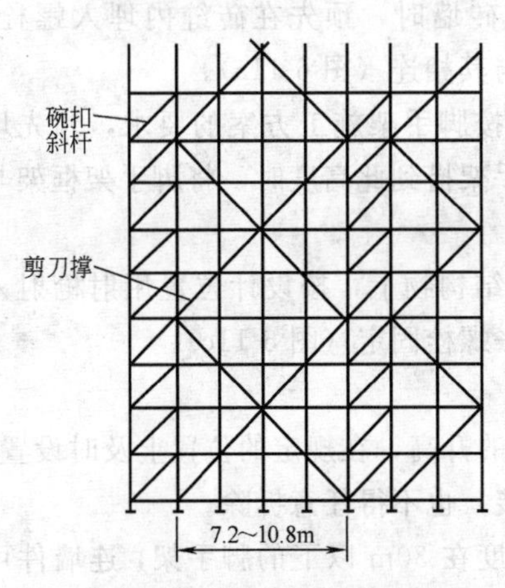

图 6-9 竖向剪刀撑设置构造

高度在 30m 以下的脚手架，可每隔 4～6 跨设一道沿全高连续设置的剪刀撑，每道剪刀撑跨越 5～7 根立杆，设剪刀撑的跨内可不再设碗扣式斜杆。

30m 以上的高层建筑脚手架，应沿脚手架外侧及全高方向连续布置剪刀撑，在两道剪刀撑之间设碗扣式纵向斜杆，其设置构造如图 6-9 所示。

(4) 纵向水平剪刀撑

纵向水平剪刀撑可增强水平框架的整体性和均匀传递连墙撑的作用。30m 以上的高层建筑脚手架应每隔 3～5 步架设置一层连续、闭合的纵向水平剪刀撑，如图 6-10 所示。

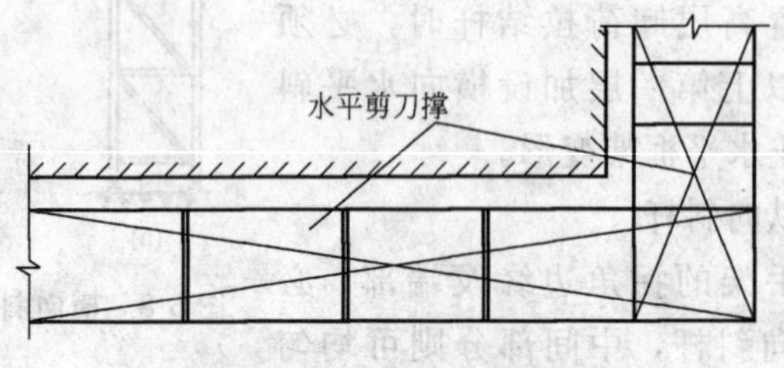

图 6-10　纵向水平剪刀撑布置

4. 设置连墙件（连墙撑）

连墙撑是脚手架与建筑物之间的连接件，除防止脚手架倾倒，承受偏心荷载和水平荷载作用外，还可加强稳定约束、提高脚手架的稳定承载能力。

(1) 连墙件构造

连墙件的构造有以下 3 种：

1) 砖墙缝固定法。砌筑砖墙时，预先在砖缝内埋入螺栓，然后将脚手架框架用连结杆与其相连（图 6-11a）。

2) 混凝土墙体固定法。按脚手架施工方案的要求，预先埋入钢件，外带接头螺栓，脚手架搭到此高度时，将脚手架框架与接头螺栓固定（图 6-11b）。

3) 膨胀螺栓固定法。在结构物上，按设计位置用射枪射入膨胀螺栓，然后将框架与膨胀螺栓固定（图 6-11c）。

(2) 连墙件设置要求

1) 连墙件必须随脚手架的升高，在规定的位置上及时设置，不得在脚手架搭设完后补安装，也不得任意拆除。

2) 一般情况下，对于高度在 30m 以下的脚手架，连墙件可按四跨三步设置一个（约 40m²）；对于高层及重载脚手架，则要

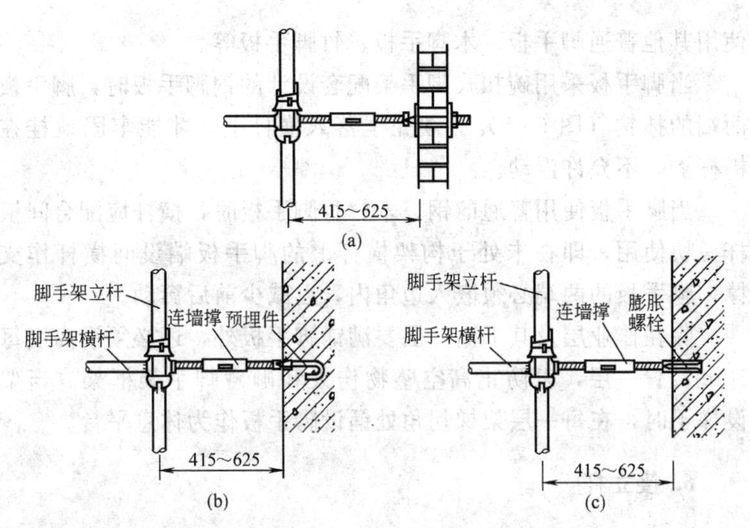

图 6-11　连墙件构造

适当加密，50m 以下的脚手架至少应三跨三步布置一个（约 $25m^2$）；50m 以上的脚手架至少应三跨二步布置一个（约 $20m^2$）。

3）单排脚手架要求在二跨三步范围内设置一个。

4）在建筑物的每一楼层都必须设置连墙件。

5）连墙件的布置尽量采用梅花形布置，相邻两点的垂直间距≤4.0m，水平距离≤4.5m。

6）凡设置宽挑梁、提升滑轮、高层卸荷拉结杆及物料提升架的地方均应增设连墙件。

7）凡在脚手架设置安全网支架的框架层处，必须在该层的上、下节点各设置一个连墙件，水平每隔两跨设置一个连墙件。

8）连墙件安装时要注意调整脚手架与墙体间的距离，使脚手架保持垂直，严禁向外倾斜。

9）连墙件应尽量连接在横杆层碗扣接头内，同脚手架、墙体保持垂直。偏角范围≤15°。

5. 脚手板安放

脚手板可以使用碗扣式脚手架配套设计的钢制脚手板，也可使用其他普通脚手板、木脚手板、竹脚手板等。

当脚手板采用碗扣式脚手架配套设计的钢脚手板时，脚手板两端的挂钩（图 6-15）必须完全落入横杆上，才能牢固地挂在横杆上，不允许浮动。

当脚手板使用普通的钢、木、竹脚手板时，横杆应配合间横杆一块使用，即在未处于构架横杆上的脚手板端设间横杆作支撑，脚手板的两端必须嵌入边角内，以减少前后窜动。

除在作业层及其下面一层要满铺脚手板外，还必须沿高度每10m 设置一层，以防止高空坠物伤人和砸碰脚手架框架。当架设梯子时，在每一层架梯拐角处铺设脚手板作为休息平台。

6. 接立杆

立杆的接长是靠焊于立杆顶部的连接管承插而成。立杆插好后，使上部立杆底端连接孔同下部立杆顶部连接孔对齐，插入立杆连接销锁定即可。

安装横杆、斜杆和剪刀撑，重复以上操作，并随时检查、调整脚手架的垂直度。

脚手架的垂直度一般通过调整底部的可调底座、垫薄钢片、调整连墙件的长度等来达到。

7. 斜道板和人行架梯安装

(1) 斜道板安装

作为行人或小车推行的栈道，一般规定在 1.8m 跨距的脚手架上使用，坡度为 1∶3，在斜道板框架两侧设置横杆和斜杆作为扶手和护栏，而在斜脚手板的挂钩点（图 6-12 中 *A*、*B*、*C* 处）必须增设横杆。其布置如图 6-12 所示。

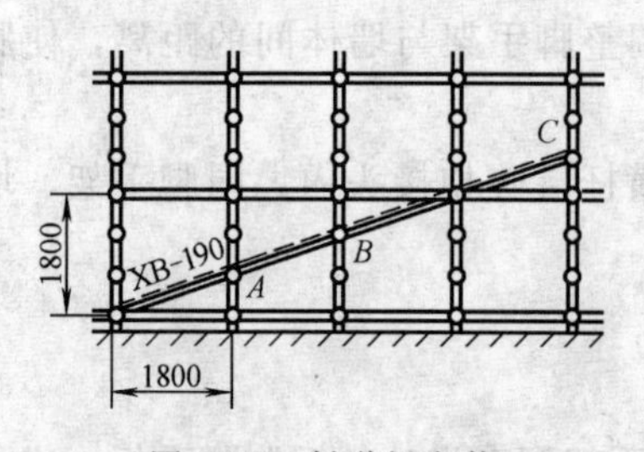

图 6-12　斜道板安装

(2) 人行架梯安装

人行架梯设在 1.8m×1.8m 的框架内，上面有挂钩，可以直接挂在横杆上。

架梯宽为 540mm，一般在 1.2m 宽的脚手架内布置两个成折线形架设上升，在脚手架靠梯子一侧安装斜杆和横杆作为扶手。人行架梯转角处的水平框架上应铺脚手板作为平台，立面框架上安装横杆作为扶手，如图 6-13 所示。

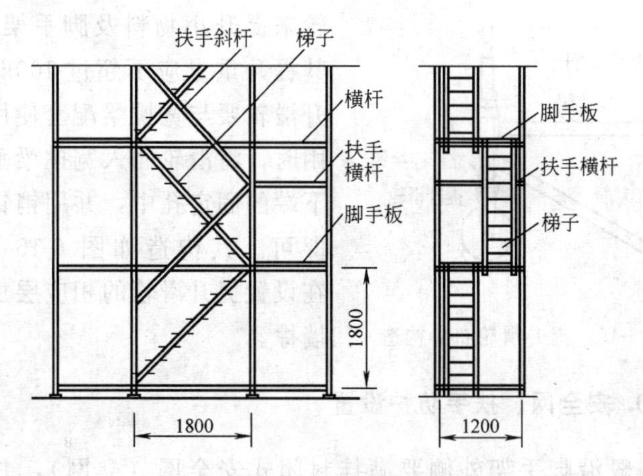

图 6-13 架梯设置

8. 挑梁和简易爬梯的设置

当遇到某些建筑物有倾斜或凹进、凸出时，窄挑梁上可铺设一块脚手板；宽挑梁上可铺设两块脚手板，其外侧立柱可用立杆接长，以便装防护栏杆和安全网。挑梁一般只作为作业人员的工作平台，不允许堆放重物。在设置挑梁的上、下两层框架的横杆层上要加设连墙撑，如图 6-14 所示。

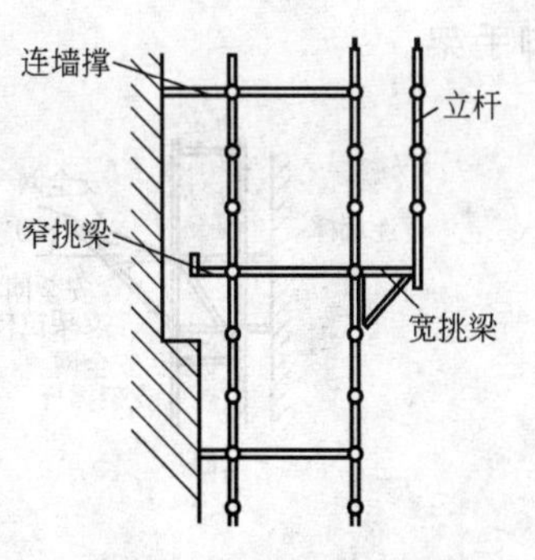

图 6-14 挑梁设置构造

把窄挑梁连续设置在同一立

杆内侧每个碗扣接头内，可组成简易爬梯，爬梯步距为 0.6m，设置时在立杆左右两跨内要增加防护栏杆和安全网等安全防护设施，以确保人员上下安全。

9. 提升滑轮设置

随着建筑物的逐渐升高，不方便运料时，可采用物料提升滑轮来提升小物料及脚手架物件，其提升重量应不超过 100kg。提升滑轮要与宽挑梁配套使用。使用时，将滑轮插入宽挑梁垂直杆下端的固定孔中，并用销钉锁定即可。其构造如图 6-15 所示。在设置提升滑轮的相应层加设连墙撑。

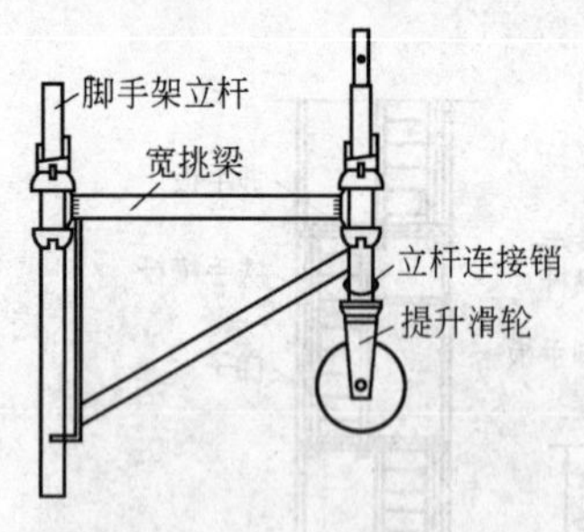

图 6-15　提升滑轮布置构造

10. 安全网、扶手防护设置

一般沿脚手架外侧要满挂封闭式安全网（立网），并应与脚手架立杆、横杆绑扎牢固，绑扎间距应不大于 0.3m。根据规定在脚手架底部和层间设置水平安全网。碗扣式脚手架配备有安全网支架，可直接用碗扣接头固定在脚手架上，安装极方便。其结构布置如图 6-16 所示。扶手设置参考扣件式脚手架。

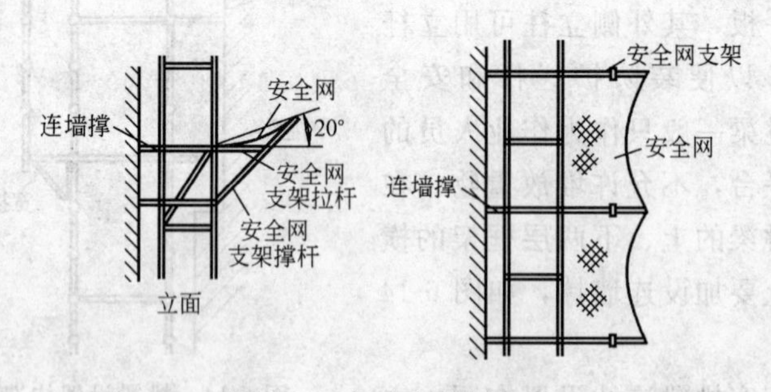

图 6-16　挑出安全网布置

11. 高层卸荷拉结杆设置

高层卸荷拉结杆主要是为减轻脚手架荷载而设计的一种构件，其设置依脚手架高度和荷载而定，一般每 30m 高卸荷一次。但总高度在 50m 以下的脚手架可不用卸荷。

卸荷层应将拉结杆同每一根立杆连接卸荷，设置时，将拉结杆一端用预埋件固定在墙体上，另一端固定在脚手架横杆层下碗扣底下，中间用索具螺旋调节拉力，以达到悬吊卸荷目的，其构造形式如图 6-17 所示。卸荷层要设置水平廊道斜杆，以增强水平框架刚度。此外，还应用横托撑同建筑物顶紧，且其上、下两层均应增设连墙撑。

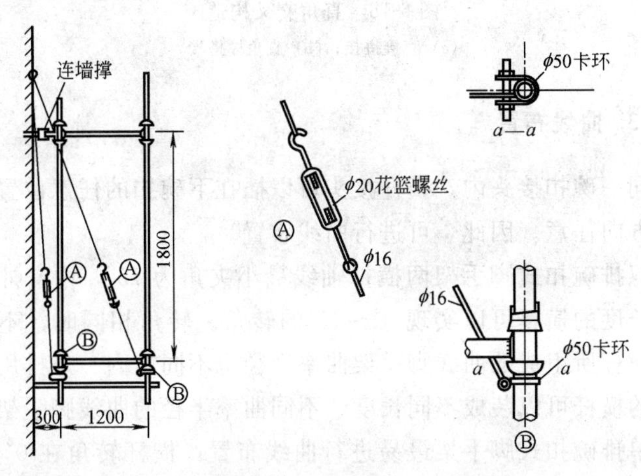

图 6-17 卸荷拉结杆布置

12. 直角交叉

对一般方形建筑物的外脚手架在拐角处两直角交叉的排架要连在一起，以增强脚手架的整体稳定性。

连接形式有两种：一种是直接拼接法，即当两排脚手架刚好整框垂直相交时，可直接将两垂直方向的横杆连接在一碗扣接头内，从而将两排脚手架连在一起，构造如图 6-18（a）所示；另一种是直角撑搭接法，当受建筑物尺寸限制，两垂直方向脚手架非整框垂直相交时，可用直角撑 ZJC 实现任意部位的直角交叉。连接时将一端同脚手架横杆装在同一接头内，另一端卡在相垂直的脚手架横杆上，如图 6-18（b）所示。

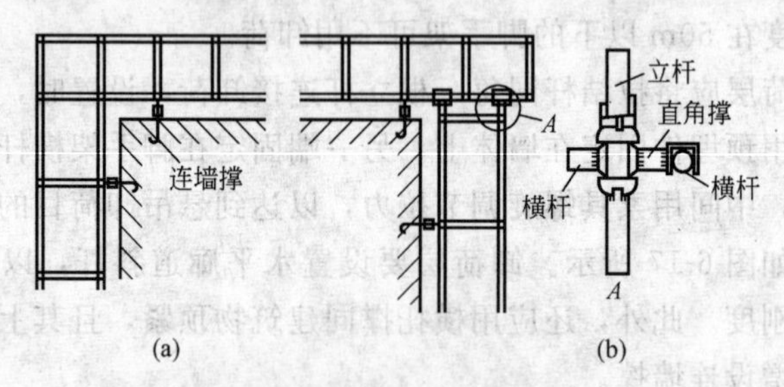

图 6-18　直角交叉构造

（a）直接拼接；（b）直角撑搭接

13. 曲线布置

同一碗扣接头内，横杆接头可以插在下碗扣的任意位置，即横杆方向任意。因此，可进行曲线布置。

双排碗扣式脚手架两横杆轴线最小夹角为 75°，内、外排用同样长度的横杆可以实现 0°～15°的转角。转角相同时，不同长度的横杆所组成的曲线脚手架曲率半径也不同。内、外排用不同长度的横杆可以装成不同长度、不同曲率半径的曲线脚手架。

单排碗扣式脚手架最易进行曲线布置，横杆转角在 0°～30°之间任意设置（即两纵向横杆之间的夹角为 180°～150°），特别适用于烟囱、水塔、桥墩等圆形构筑物。当进行圆曲线布置时，两纵向横杆之间的夹角最小为 150°，故搭设成的圆形脚手架最少为 12 边形。

实际布架时，可根据曲线曲率及荷载要求，选择弦长（即纵向横杆长）和弦切角 θ（即横杆转角）。曲线脚手架的斜杆应用碗扣式斜杆，其设置密度应不小于整架的 1/4。对于截面沿高度变化的建筑物，可以用不同单排横杆以适应立杆至墙间距离的变化，其中1.4m单横杆，立杆至墙间距离在0.7～1.1m范围内可调，1.8m的单排横杆，立杆至墙间距离在1.1～1.5m范围内可调。当这两种单排横杆不能满足要求时，可以增加其他任意长度的单排横杆，其长度可按两端铰接的简支梁计算设计。

（七）碗扣式钢管脚手架的材料用量

碗扣式钢管双排脚手架的材料用量计算公式见表6-6。

碗扣式钢管双排脚手架的材料用量计算公式　　表6-6

脚手架杆部件名称		杆部件型号	数量计算公式（A—长度；H—高度）	备注
基本框架构件	3.0m立杆	LG-300	$2(A+a)(H-1.8)/(3a)$	每根立柱除用一根1.8m立柱交错布置外，其余全部采用3.0m立杆
	1.8m立杆	LG-180	$2(A+a)/a$	
	1.2m横杆	HG-120	$(A+a)(H+1.8)/(1.8a)$	廊道横杆
	横杆	HG-c	$2A(H+1.8)/(1.8a)$	长度c=1.2m,1.5m,1.8m,2.4m
	斜杆	XG-d	$AH/(1.8a)/2$	长度d=216cm,234cm,255cm,300cm
	立杆底座	LDZ(KTZ)	$2(A+a)/a$	立杆底座可用垫座或可调座
	立杆连接销	LLX	$2(A+a)(H-1.8)/(3a)$	
	连墙件	LC	$(A+3a)(H+5.4)/16.2$	按三跨三层布置一个
作业层和防护杆件	安全网支架	AWJ	$(A+2a)/2a$	按每两跨一个计
	安全网	AW	$2.5A$	单位：m^2
	脚手板	JB-a	$5A/a$	长度c=1.2m,1.5m,1.8m,2.4m
	窄挑梁	TL-30	A/a	

注：1. 表中脚手架杆部件数量是按立杆横距b为1.2m，纵距为a，步距h为1.8m计算的。

2. A—脚手架纵向长度；H—脚手架高度；a—立杆纵距（取0.9m，1.2m，1.5m，1.8m或2.4m）。

3. 表中只列出了基本框架主构件和一层作业层及安全防护构件用量计算公式。实际计算时，还应考虑作业层数以及廊道斜杆等。

为便于进行碗扣式双排脚手架的杆部件用量计算，表 6-7 列出了不同立杆纵距时，每平方米脚手架立面各种杆部件用量及总重量。

每平方米脚手架立面各杆部件用量及其重量　　表 6-7

1.2m	杆部件型号	LG-180	LG-300	HG-120		XG-216	LLX	脚手架用量 18.224kg/m²
	数量(m)	1.667		1.389		0.231	0.556	
	重量(kg)	9.485		7.112		1.532	0.095	
1.5m	杆部件型号	LG-180	LG-300	HG-120	HG-150	XG-234	LLX	脚手架用量 15.515kg/m²
	数量(m)	1.333		0.37	0.741	0.185	0.444	
	重量(kg)	7.585		1.891	4.653	1.308	0.075	
1.8m	杆部件型号	LG-180	LG-300	HG-120	HG-180	XG-255	LLX	脚手架用量 13.718kg/m²
	数量(m)	1.111		0.309	0.617	0.154	0.370	
	重量(kg)	6.322		1.582	4.584	1.167	0.063	
2.4m	杆部件型号	LG-180	LG-300	HG-120	HG-240	XG-300	LLX	脚手架用量 11.487kg/m²
	数量(m)	0.833		0.231	0.463	0.116	0.278	
	重量(kg)	4.740		1.183	4.505	1.012	0.047	

注：1. 表中数值是按立杆横距 b 为 1.2m，步距 h 为 1.8m，斜杆是按外侧隔框布置计算的。

2. 为方便起见，立杆数值以米（m）计，实际应用时，再根据需要折算成 3.0m 或 1.8m 立杆数量。

3. 表中数值未列出连墙件、脚手板、挑梁、廊道斜杆、纵向及水平剪刀撑等杆部件用量，使用时根据实际需要计算。

碗扣式单排脚手架的杆部件用量见表 6-8。

碗扣式单排脚手架的杆部件用量计算公式　　表 6-8

杆部件名称	杆部件型号	数量计算公式	备　注
3.0m 立杆	LG-300	$(A/a+1)(H-1.8)/3$	每根立柱除用一根 1.8m 立柱交错布置外，其余全部采用 3.0m 立杆
1.8m 立杆	LG-180	$A/a+1$	
长 b 的单排立杆	DHG-b	$(H/a+1)(H/1.8+1)$	b=1.4m，1.8m
长 a 的单排立杆	HG-a	$A/a(H/1.8+1)$	a=0.9m，1.2m，1.5m，1.8m，2.4m

续表

杆部件名称	杆部件型号	数量计算公式	备　注
斜杆	XG-d	$A\times H/(3.6a)$	d＝170cm，216cm，234cm，255cm，300cm
立杆底座	LDZ(KTZ)	$A/a+1$	立杆底座可用立杆垫座，或立杆可调座
立杆连接销	LLX	$(A/a+1)(H-1.8)/3$	

注：1. 表中脚手架杆部件数量是按立杆纵距为 a，步距 h 为 1.8m 计算的。

2. A—单排脚手架纵向长度；H—单排脚手架高度；a—横杆长度（即立杆纵距，取 0.9m，1.2m，1.5m，1.8m 或 2.4m）；b—单横杆长度；d—斜杆长度。

（八）脚手架的检查、验收和安全使用管理

落地碗扣式钢管脚手架搭设质量的检查、验收及安全使用管理，参照落地扣件式钢管脚手架相关规定。施工现场进行安全检查时采用的检查评分表为《落地式外脚手架检查评分表》。

七、落地门式钢管外脚手架

门式钢管脚手架也称门型脚手架，属于框组式钢管脚手架的一种，是在 20 世纪 80 年代初由国外引进的一种多功能脚手架，是国际上应用最为普遍的脚手架之一。已形成系列产品，结构合理，承载力高，品种齐全，各种配件多达 70 多种。可用来搭设各种用途的施工作业架子，如外脚手架、里脚手架、活动工作台、满堂脚手架、梁板模板的支撑和其他承重支撑架、临时看台和观礼台、临时仓库和工棚以及其他用途的作业架子。

门式钢管脚手架的搭设高度：当两层同时作业的施工总荷载不超过 $3kN/m^2$ 时，可以搭设 60m 高；当总荷载为 $3\sim5kN/m^2$ 时，则限制在 45m 以下。

（一）落地门式钢管外脚手架的基本结构和主要杆配件

门式钢管脚手架是由门式框架（门架）、交叉支撑（十字拉杆）、连接棒、挂扣式脚手板或水平架（平行架、平架）、锁臂等组成基本结构（图 7-1）。再设置水平加固杆、剪刀撑、扫地杆、封口杆、托座与底座，并采用连墙件与建筑物主体结构相连的一种标准化钢管脚手架。如图 7-2 所示。

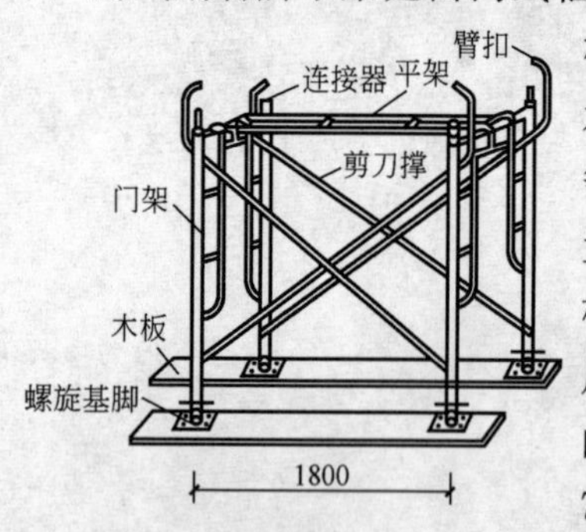

图 7-1 门式钢管脚手架的基本组合单元

门架之间的连接，在垂直方向使用连接棒和锁臂接高，在脚

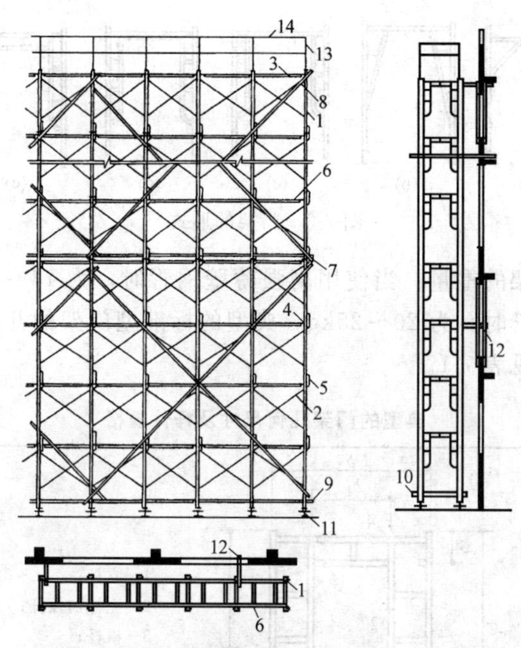

图 7-2 门式钢管脚手架的组成

1—门架；2—交叉支撑；3—脚手板；4—连接棒；5—锁臂；6—水平架；7—水平加固杆；8—剪刀撑；9—扫地杆；10—封口杆；11—底座；12—连墙件；13—栏杆；14—扶手

手架纵向使用交叉支撑连接门架立杆，在架顶水平面使用水平架或挂扣式脚手板。这些基本单元相互连接，逐层叠高，左右伸展，再设置水平加固件、剪刀撑及连墙件等，便构成整体门式脚手架。

门式钢管脚手架的主要杆配件有如下几种。

1. 门架

门式钢管脚手架的主要构件由立杆、横杆及加强杆焊接组成，有多种不同形式。图 7-3 中带“耳”形加强杆的形式已得到广泛应用，成为门架典型的形式，主要用于构成脚手架的基本单元。典型的标准型门架的宽度为 1.219m，高度有 1.9m 和 1.7m

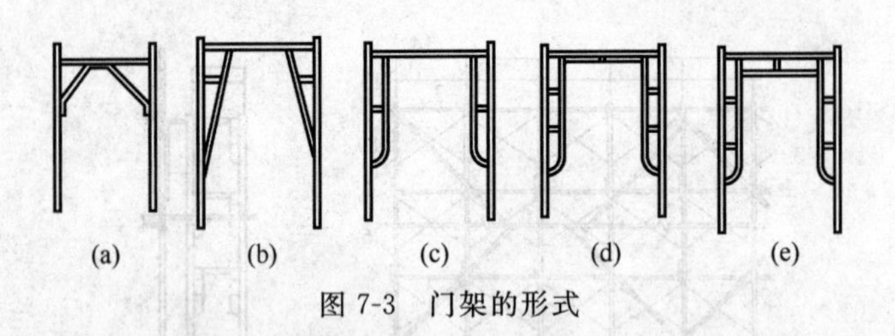

图 7-3　门架的形式

两种。门架的重量：当使用高强薄壁钢管时，为 13～16kg；使用普通钢管时，为 20～25kg。典型的标准型门架的几何尺寸及杆件规格见表 7-1。

典型的门架几何尺寸及杆件规格　　　　表 7-1

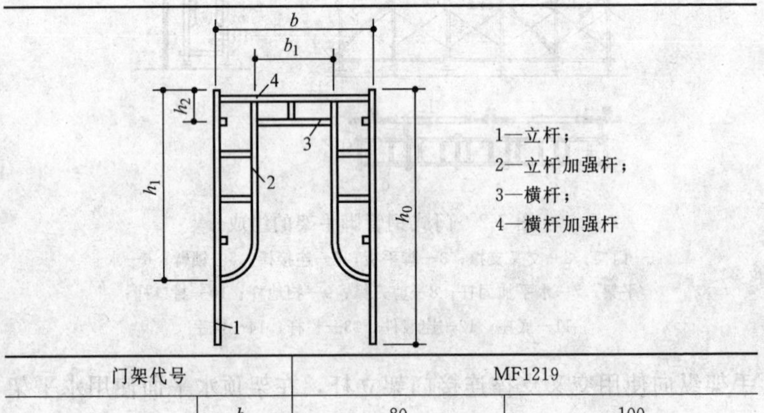

门架代号		MF1219	
门架几何尺寸(mm)	h_2	80	100
	h_0	1930	1900
	b	1219	1200
	b_1	750	800
	h_1	1536	1550
杆件外径壁厚(mm)	1	ϕ42.0×2.5	ϕ48.0×3.5
	2	ϕ26.8×2.5	ϕ26.8×2.5
	3	ϕ42.0×2.5	ϕ48.0×3.5
	4	ϕ26.8×2.5	ϕ26.8×2.5

简易门架的宽度较窄，用于窄脚手板。窄形门架的宽度只有

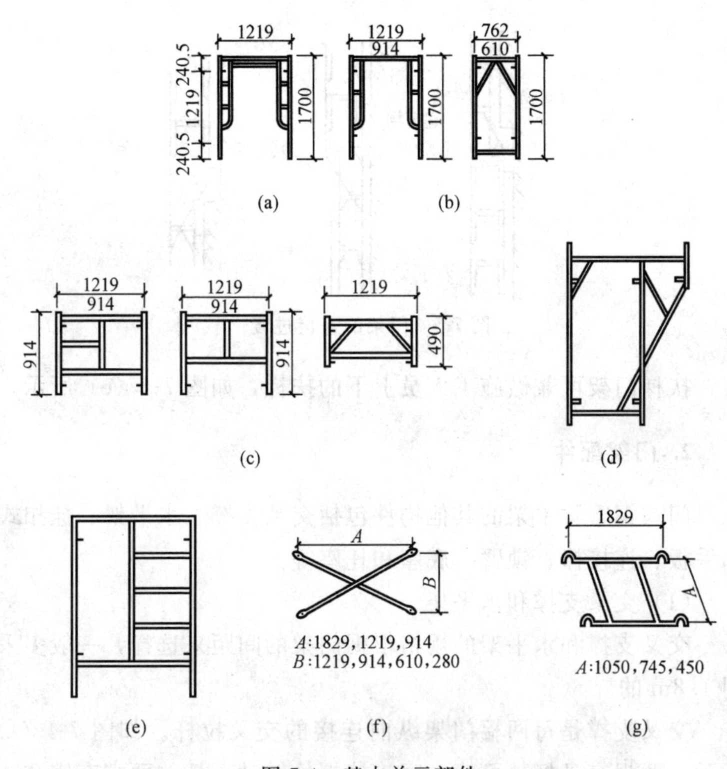

图 7-4 基本单元部件

(a) 标准门架；(b) 简易门架；(c) 调节门架；(d) 连接门架；
(e) 扶梯门架；(f) 交叉支撑；(g) 水平架

0.6m 或 0.8m，高度为 1.7m，如图 7-4（b）所示。主要用于装修、抹灰等轻作业。

调节门架主要用于调节门架竖向高度，以适应作业层高度变化时的需要。调节门架的宽度和门架相同，高度有 1.5m、1.2m、0.9m、0.6m、0.4m 等几种，它们的形式如图 7-4（c）所示。

连接门架是连接上、下宽度不同门架之间的过渡门架。上窄下宽或上宽下窄，并带有斜支杆的悬臂支撑部分（图 7-4d）。可以上部宽度与窄形门架相同，下部与标准门架相同；也可以相反，如图 7-5 所示。

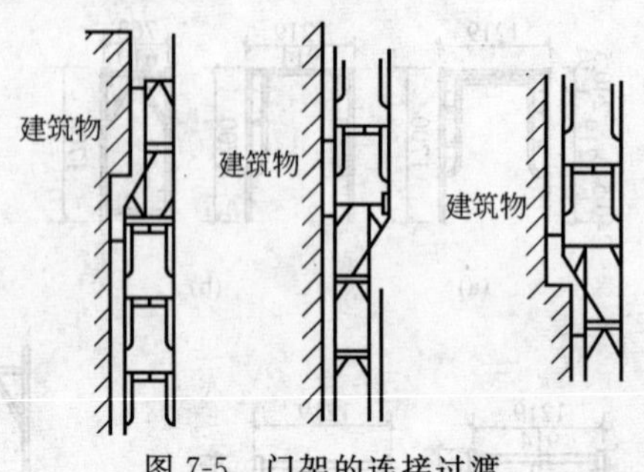

图 7-5　门架的连接过渡

扶梯门架可兼做施工人员上下的扶梯，如图 7-4（e）所示。

2. 门架配件

门式钢管脚手架的其他构件包括交叉支撑、水平架、挂扣式脚手板、连接棒、锁臂、底座和托座等。

（1）交叉支撑和水平架

交叉支撑和水平架的规格根据门架的间距来选择，一般多采用 1.8m 的。

交叉支撑是每两榀门架纵向连接的交叉拉杆。如图 7-4（f）所示，两根交叉杆件可绕中间连接螺栓转动，杆的两端有销孔。

水平架是在脚手架非作业层上代替脚手板而挂扣在门架横杆上的水平构件。由横杆、短杆和搭钩焊接而成，可与门架横杆自锚连接。构造如图 7-4（g）所示。

（2）底座和托座

1）底座。底部门架立杆下端插放其中，传力给基础，扩大了立杆的底脚。底座有三种，如图 7-6 所示。

可调底座由螺杆、调节扳手和底板组成。固定底座，并且可以调节脚手架立杆的高度和脚手架整体的水平度、垂直度。可调高 200～550mm，主要用于支模架以适应不同支模高度的需要，脱模时可方便地将架子降下来。用于外脚手架时，能适应不平的地面，可用其将各门架顶部调节到同一水平面上（图 7-6a）。

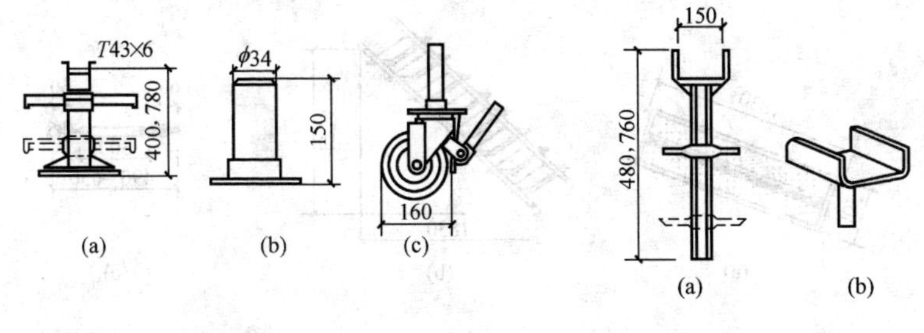

图 7-6　底座

图 7-7　托座

(a) 可调 U 形顶托；

(b) 简易 U 形顶托

简易底座由底板和套管两部分焊接而成，只起支承作用，无调高功能，使用它时要求地面平整（图 7-6b）。

带脚轮底座多用于操作平台，以满足移动的需要（图 7-6c）。

2）托座。托座有平板和 U 形两种，置于门架竖杆的上端，多带有丝杠以调节高度，主要用于支模架（图 7-7）。

（3）其他部件

其他部件有脚手板、梯子、扣墙器、栏杆、连接棒、锁臂和脚手板托架等，如图 7-8 所示。

挂扣式脚手板一般为钢脚手板，其两端带有挂扣，搁置在门架的横梁上并扣紧。在这种脚手架中，脚手板还是加强脚手架水平刚度的主要构件，脚手架应每隔 3～5 层设置一层脚手板。

梯子为设有踏步的斜梯，分别扣挂在上下两层门架的横梁上。

扣墙器和扣墙管都是确保脚手架整体稳定的拉结件。扣墙器为花篮螺栓构造，一端带有扣件与门架竖管扣紧，另一端有螺杆锚入墙中，旋紧花篮螺栓，即可把扣墙器拉紧。扣墙管为管式构造，一端的扣环与门架拉紧，另一端为埋墙螺栓或夹墙螺栓，锚入或夹紧墙壁。

托架分定长臂和伸缩臂两种形式，可伸出宽度为 0.5～

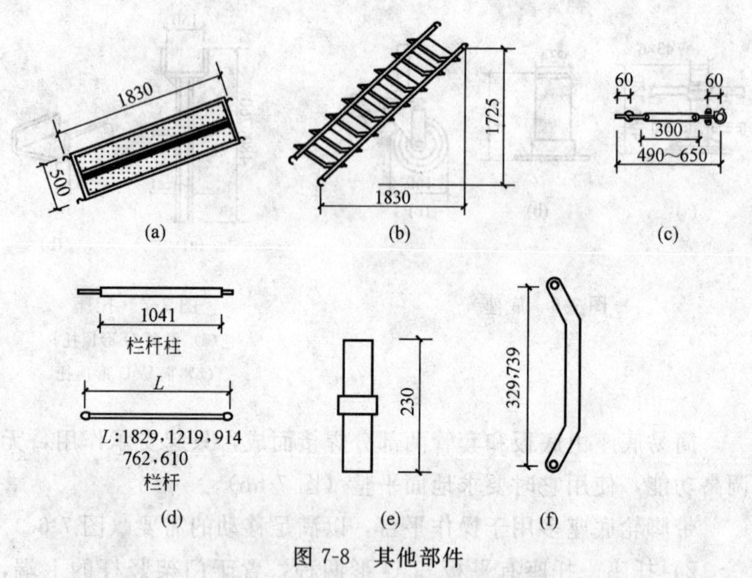

图 7-8　其他部件

(a) 钢脚手板；(b) 梯子；(c) 扣墙管；(d) 栏杆和栏杆柱；(e) 连接棒；(f) 锁臂

1.0m，以适应脚手架距墙面较远时的需要。

小桁架（栈桥梁）用来构成通道。

连接扣件亦分三种类型：回转扣、直角扣和筒扣，每一种类型又有不同规格，以适应相同管径或不同管径杆件之间的连接。

（二）脚手架杆配件的质量和性能要求

门架及其配件的规格、性能和质量应符合现行行业标准《门式钢管脚手架》的规定。新购门架及配件应有出厂合格证明书与产品标志。周转使用的门架及其配件应按表 7-2 的规定进行类别判定、维修和使用。

1. 门架及配件的外观焊接质量及表面涂层的要求

门架及配件的外观焊接质量及表面涂层质量应符合表 7-2 所

列要求。

门架及配件的外观焊接质量及表面涂层的要求　　表 7-2

项目	内　容	要　求
外观要求	门架钢管	表面应无裂纹、凹陷、锈蚀，不得用接长钢管
	水平架、脚手板、钢梯的搭钩	应焊接或铆接牢固
	各杆件端头压扁部分	不得出现裂纹
	销钉孔、铆钉孔	应采用钻孔，不得使用冲孔
	脚手板、钢梯踏步板	应有防滑功能
尺寸要求	门架及配件尺寸	必须按设计要求确定
	锁销直径	不应小于 13mm
	交叉支撑销孔孔径	不得大于 16mm
	连接棒、可调底座的螺杆及固定底座的插杆	插入门架立杆中的长度不得小于 95mm
	挂扣式脚手板、钢梯踏步板	厚度不小于 1.2mm，搭钩厚度不应小于 7mm
焊接要求	门架各杆件焊接	应采用手工电弧焊，若能保证焊接强度不降低，也可采用其他焊接方法
	门架立杆与横杆的焊接螺杆、插管与底板的焊接	必须采用周围焊接
	焊缝高度	不得小于 2mm
	焊缝表面	应平整光滑，不得有漏焊、焊穿、裂缝和夹渣
	焊缝内气孔	气孔直径不应大于 1.0mm，每条焊缝内的气孔数量不得超过 2 个
	焊缝立体金属咬肉	咬肉深度不得超过 0.5mm，长度总和不应超过焊缝长度的 10%
表面涂层要求	门架	宜采用镀锌处理
	连接棒、锁臂、可调底座、脚手板、水平架和钢梯的搭钩	应采用表面镀锌处理，镀锌表面应光滑，连接处不得有毛刺、滴瘤和多余结块
	门架及其他未镀锌配件	不镀锌表面应刷涂、喷涂或浸涂防锈漆两道，面漆一道，也可采用磷化烤漆。油漆表面应均匀，无漏涂、流淌、脱皮、裂纹等缺陷

2. 连接钢管及扣件的质量要求

水平加固杆、封口杆、扫地杆、剪刀撑及脚手架转角处的连接杆等宜采用 ϕ42mm×2.5mm 焊接钢管，也可采用 ϕ48mm×3.5mm 焊接钢管。其材质在保证可焊性的条件下应符合现行国家标准《碳素结构钢》中 Q235A 钢的规定，相应的扣件规格也应分别为 ϕ42mm、ϕ48mm 或 ϕ42mm、ϕ48mm。

钢管应平直，平直度允许偏差为管长的 1/500；两端面应平整，不得有斜口、毛口；严禁使用有硬伤（硬弯、砸扁等）及严重锈蚀的钢管。

扣件的性能质量应符合现行国家标准《钢管脚手架扣件》(GB 15831—1995) 中有关规定。

3. 杆配件基本尺寸的允许偏差

门架及配件的基本尺寸的允许偏差见表 7-3。

门架、配件基本尺寸的允许偏差　　表 7-3

名称	项目		允许偏差(mm)		主要项目	一般项目
			优等品	合格品		
门架	高度 h		±1.0	±1.5		
	宽度 b(封闭端)					
	对角线差		2.0	3.5		
	平面度		4.0	6.0		
	两钢管相交轴线差		±1.0	±2.0		
	立杆端面与立杆轴线垂直度		0.3	0.3		
	锁销与立杆轴线位置度		±1.0	±1.5		
	锁销间距离 L_1		±1.0	±1.5		
	锁销直径		±0.3	±0.3		
配件	水平架脚手板钢梯	两搭钩中心间距离 l	±1.5	±2.0		
		宽度 b	±2.0	±3.0		
		平面度	4.0	6.0		
	交叉支撑	两孔中心间距离 l	±1.5	±2.0		

续表

名称	项目		允许偏差(mm)		主要项目	一般项目
			优等品	合格品		
配件	交叉支撑	孔中心至销钉距离	±1.5	±2.0		
		孔直径	±0.3	±0.5		
		孔与钢管轴线	±1.0	±1.5		
	连接撑	长度 l	±3.0	±5.0		
		套环高度 b	±1.0	±1.5		
		套环端面与钢管垂直度	0.3	0.3		
	锁臂	两孔中心间距 l	±1.5	±2.0		
		宽度 b	±1.5	±2.0		
		孔直径	±0.3	±0.5		
	底座、托座	长度 l	±3.0	±5.0		
		螺杆的直线度	±1.0	±1.0		
		手柄端面与螺杆垂直度	$L/200$	$L/200$		
		插管、螺杆与底板的垂直度				

4. 门架及配件的性能要求

门架及配件的性能要求见表7-4。

门架及配件的性能要求　　表7-4

名称	项目		规定值	
			平均值	最小值
门型架	立杆抗压承载能力(kN)	高度 h=1900mm	70	65
		高度 h=1700mm	75	70
		高度 h=1500mm	80	75
	横杆跨中挠度(mm)		10	
	锁销承载能力(kN)		6.3	6
配件	水平架、脚手板	抗弯承载能力(kN)	5.4	4.9
		跨中挠度(mm)	10	
		搭钩(4个)承载能力(kN)	20	18

续表

名称	项　目		规定值	
			平均值	最小值
配件	水平架、脚手板	挡板(4个)抗脱承载能力(kN)	3.2	3
	交叉支撑抗压承载能力(kN)		7.5	7
	连接棒抗拉承载能力(kN)		10	9.5
	锁臂	抗拉承载能力(kN)	6.3	5.8
		拉伸变形(mm)	2	
	连墙杆抗拉和抗压承载能力(kN)		10	9
	可调底座抗压承载能力(kN)	$l_1 \leqslant$ 200mm	45	40
		200 $< l_1 \leqslant$ 250mm	42	38
		250 $< l_1 \leqslant$ 300mm	40	36
		$l_1 >$ 300mm	38	34

注：表中的平均值与最小值必须同时满足

5. 周转使用的脚手架构配件的质量类别判定及维修使用

脚手架在施工中经多次周转使用后，门架与配件难免会产生变形和损伤，为了确保门架及配件的正常使用功能和安全可靠性，应在每次使用前，首先经直观检查挑出需要鉴别的构配件，参照表 7-5～表 7-9 的标准，对门架及配件的外观、质量、变形、损伤、锈蚀程度等进行质量类别判定。

(1) 门架及配件的质量分类及处理规定

门架及配件按其质量状况可分为 A、B、C、D 四类。A 类为维修保养；B 类为更换修理；C 类为经性能试验确定类别；D 类为报废。具体规定如下。

A 类：有轻微变形损伤锈蚀。经清除粘附砂浆泥土等污物、除锈、重新油漆等保养工作后可继续使用。

B 类：有一定程度变形或损伤（如弯曲、下凹），锈蚀轻微。应经矫正、平整、更换部件、修复、补焊、除锈、油漆等修理保养后继续使用。

C类：锈蚀较严重。应抽样进行荷载试验后确定能否使用。试验按现行行业标准《门式钢管脚手架》（JGJ 76—1991）第6节有关规定进行。经试验确定可使用者应按B类要求经修理保养后使用；不能使用者则按D类处理。

D类：有严重变形、损伤或锈蚀。不得修复，应报废处理。

其中，严重弯曲变形是指局部弯曲变形严重的死弯、硬弯，平整后仍有明显伤痕，会造成承载力严重削弱。

严重损伤、裂缝是指主要受力杆件（立杆、横杆等）有裂纹等，非主要部位、零件裂纹损伤严重，修复后仍不能满足正常使用。

锈蚀严重是指有贯穿孔洞，大面积片状锈蚀及经试验承载力严重降低。

门架及配件总数少于或等于300件时，C类品中随机抽样的样本数量不得少于3件，总数大于300件时不得少于5件。

（2）门架及配件的质量类别判定

门架及配件的质量类别应分别根据表7-5～表7-9所列的质量分类规定进行判定。判定方法为：A类为各项都符合A类标准；B类为有1项以上B类情况，但没有C类和D类情况；C类为有1项以上C类情况，但没有D类情况；D类为有1项以上D类情况。

门架质量分类 **表7-5**

部位及项目		A类	B类	C类	D类
立杆	弯曲(门架平面外)	≤4mm	＞4mm	—	—
	裂纹	无	微小	—	有
	下凹	无或轻微	有	—	≥4mm
	壁厚	≥2.5mm	—	—	＜2.5mm
	端面不平整	无或轻微	较严重	—	—
	锁销损坏	无	损伤或脱落	—	—
	锁销间距	±1.5mm	≥±1.5mm	—	—
	锈蚀	无或轻微	有	较严重 （鱼鳞状）	严重 （贯穿孔洞）

续表

部位及项目		A类	B类	C类	D类
立杆	立杆(中—中)尺寸变形	±5mm	＞+5mm ＜−5mm	—	—
	下部堵塞	无或轻微	较严重	—	—
	立杆下部长度	≤400mm	＞400mm	—	—
横杆	弯曲	无或轻微	严重	—	—
	裂纹	无	轻微	—	有
	下凹	无或轻微	≤3mm	—	＞3mm
	锈蚀	无或轻微	有	较严重	严重
	壁厚	≥2mm	—	—	＜2mm
加强杆	弯曲	无或轻微	有	—	—
	裂纹	无	有	—	—
	下凹	无或轻微	有	—	—
	锈蚀	无、轻微或较严重	严重	—	—
其他	焊接脱落	无	一定程度	严重	—

交叉支撑质量分类 **表 7-6**

部位及项目	A类	B类	C类	D类
弯曲	≤300mm	＞300mm	—	—
端部孔周裂纹	无	有	—	严重
下凹	无、轻微	有	—	严重
中部铆钉脱落	无	有	—	—
锈蚀	无、轻微	有	—	严重

连接棒质量分类表 **表 7-7**

部位及项目	A类	B类	C类	D类
弯曲	无、轻微	—	—	严重
锈蚀	无、轻微	有	较严重	严重
套环脱落	无	有	—	—
套环倾斜	≤1.0mm	＞1.0mm	—	—

可调底座、可调托座质量分类表　　表 7-8

部位及项目		A类	B类	C类	D类
螺杆	螺牙活损	无、轻微	有	—	严重
	弯曲	无	轻微	—	严重
	锈蚀	无、轻微	轻微	较重	严重
扳手、螺母	扳手断裂	无	有	—	—
	螺母转动困难	无	有	—	严重
	锈蚀	无、轻微	有	较重	严重
底板	翘曲	无、轻微	有	—	—
	与螺杆不垂直	无、轻微	有	—	—
	锈蚀	无、轻微	有	较重	严重

脚手架、水平架质量分类表　　表 7-9

部位及项目		A类	B类	C类	D类
面板	裂纹	无或轻微	有	较严重	严重
	下凹	无或轻微	有	较严重	—
	锈蚀	无或轻微	有	较严重	—
	壁厚	≥1.0mm	—	—	<1.0mm
水平梁杆	弯曲	无	一定程度	—	严重
	下凹	无或轻微	较严重	—	—
	锈蚀	无或轻微	有	较严重	严重
	裂纹	无	轻微	—	严重
	水平梁壁厚	≥2.0mm	—	—	<2.0mm
	短横梁型钢壁厚	≥1.0mm	—	—	<1.0mm
	水平杆、短横杆壁厚	≥2.0mm	—	—	<2.0mm
搭钩零件	裂纹	无	—	—	—
	锈蚀	无或轻微	有	较重	严重
	铆钉损坏	无	损伤、脱落	—	—
	弯曲	无	轻微	—	严重
	下凹	无或轻微	有	—	严重
	锁扣损坏	无	脱落、损伤	—	—
其他	脱焊	无	轻微	—	严重
	整体变形翘曲	无或轻微	一定程度	—	严重

门架及配件经挑选后，应按质量分类和判定方法分别做出标志。再经维修、保养、修理后必须标明“检验合格”的明显标志和检验日期，不得与未经检验和处理的门架及配件混放或混用。

（三）落地门式钢管外脚手架的搭设

门式钢管脚手架的搭设应自一端延伸向另一端，由下而上按步架设，并逐层改变搭设方向，以减少架设误差。不得自两端同时向中间进行或相向搭设，以避免接合部位错位，难于连接。

脚手架的搭设速度应与建筑结构施工进度相配合，一次搭设高度不应超过最上层连墙杆三步，或自由高度不大于6m，以保证脚手架的稳定。

一般门式钢管脚手架的搭设顺序为：

铺设垫木（板）→拉线、安放底座→自一端起立门架并随即装交叉支撑（底步架还需安装扫地杆、封口杆）→安装水平架（或脚手板）→安装钢梯→(需要时，安装水平加固杆)→装设连墙杆→照上述步骤逐层向上安装→按规定位置安装剪刀撑→安装顶部栏杆→挂立杆安全网。

1. 铺设垫木（板）、安放底座

脚手架的基底必须平整坚实，并作好排水，确保地基有足够的承载能力，在脚手架荷载作用下不发生塌陷和显著的不均匀沉降。回填土地面必须分层回填，逐层夯实。落地式脚手架的基础根据土质和搭设高度，可按表7-10的要求进行处理。当土质与表中不符合时，应按现行国家标准《建筑地基基础设计规范》的有关规定经计算确定处理。

门架立杆下垫木的铺设方式：

当垫木长度为1.6～2.0m时，垫木宜垂直于墙面方向横铺。

当垫木长度为4.0m时，垫木宜平行于墙面方向顺铺。

门式钢管脚手架地基基础要求　　表 7-10

搭设高度（m）	地基土质		
	中低压缩性且压缩性均匀	回填土	高压缩性或压缩性不均匀
≤25	夯实原土，重力密度要求 15.5kN/m³。立杆底座置于面积不小于 0.075m² 的混凝土垫块或垫木上	土夹石或灰土回填夯实、立杆底座置于面积不小于 0.1m² 混凝土垫块或垫木上	夯实原土，铺设宽度不小于 200mm 的通长槽钢或垫木
26～35	混凝土垫块或垫木面积不小于 0.1m²，其余同上	砂夹石回填夯实，其余同上	夯实原土，铺设厚度不小于 200mm 的砂垫层，其余同上
36～60	混凝土垫块或垫木面积不小于 0.15m²，或铺通长槽钢或垫木，其余同上	砂夹石回填夯实，混凝土垫块或垫木面积不小于 0.15m²，或铺通长槽钢或木板	夯实原土，铺 150mm 道渣夯实，再铺通长槽钢或垫木，其余同上

2. 立门架、安装交叉支撑、安装水平架或脚手板

在脚手架的一端将第一榀和第二榀门架立在底座上后，纵向立即用交叉支撑连接两榀门架的立杆，门架的内外两侧安装交叉支撑，在顶部水平面上安装水平架或挂扣式脚手板，搭成门式钢管脚手架的一个基本结构，如图 7-1 所示。以后每安装一榀门架，应及时安装交叉支撑、水平架或脚手板，依次按此步骤沿纵向逐跨安装搭设。

搭设要求如下所述。

(1) 门架

不同规格的门架不得混用；同一脚手架工程，不配套的门架与配件也不得混合使用。

门架立杆离墙面的净距不宜大于 150mm，大于 150mm 时，应采取内挑架板或其他防护的安全措施。不用三角架时，门架的里立杆边缘距墙面约 50～60mm（图 7-9a）；用三角架时，门架里立杆距墙面 550～600mm（图 7-9b）。

底步门架的立杆下端应设置固定底座或可调底座。

(2) 交叉支撑

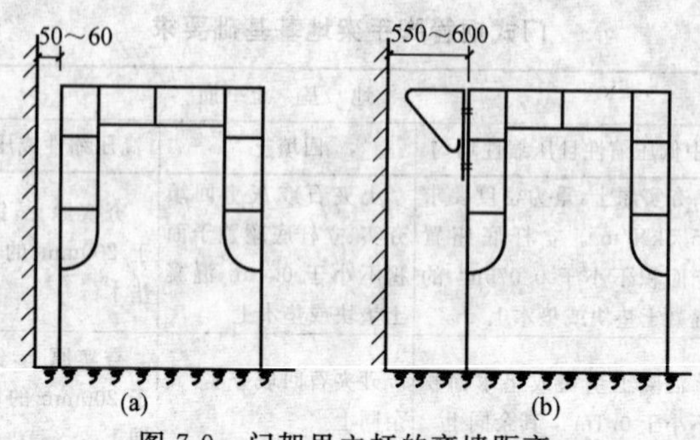

图 7-9 门架里立杆的离墙距离

门架的内外两侧均应设置交叉支撑，其尺寸应与门架间距相匹配，并应与门架立杆上的锁销销牢。

(3) 水平架

在脚手架的顶层门架上部、连墙件设置层、防护棚设置层必须连续设置水平架。

脚手架高度 $H \leqslant 45$m 时，水平架至少两步一设；$H > 45$m 时，水平架应每步一设。不论脚手架高度，在脚手架的转角处，端部及间断处的一个跨距范围内，水平架均应每步一设。

水平架可由挂扣式脚手板或门架两侧的水平加固杆代替。

(4) 脚手板

第一层门架顶面应铺设一定数量的脚手板，以便在搭设第二层门架时，施工人员可站在脚手板上操作。

在脚手架的操作层上应连续满铺与门架配套的挂扣式脚手板，并扣紧挂扣，用滑动挡板锁牢，防止脚手板脱落或松动。

采用一般脚手板时，应将脚手板与门架横杆用铅丝绑牢，严禁出现探头板，并沿脚手架高度每步设置一道水平加固杆或设置水平架，加强脚手架的稳定。

(5) 安装封口杆、扫地杆

在脚手架的底步门架立杆下端应加封口杆、扫地杆。封口杆是连接底步门架立杆下端的横向水平杆件，扫地杆是连接底步门架立杆下端的纵向水平杆件。扫地杆应安装在封口杆下方。

(6) 脚手架垂直度和水平度的调整

脚手架的垂直度（表现为门架竖管轴线的偏移）和水平度（架平面方向和水平方向）对于确保脚手架的承载性能至关重要（特别是对于高层脚手架）。门式脚手架搭设的垂直度和水平度允许偏差见表 7-11。

门式钢管脚手架搭设的垂直度和水平度允许偏差 表 7-11

项目		允许偏差(mm)
垂直度	每步架	$h/1000$ 及 ± 2.0
	脚手架整体	$H/600 \pm 50$
水平度	一跨距内水平架两端高差	$\pm l/600$ 及 ± 3.0
	脚手架整体	$\pm L/600$ 及 ± 50

注：h—步距；H—脚手架高度；l—跨距；L—脚手架长度

其注意事项为：严格控制首层门型架的垂直度和水平度。在装上以后要逐片地、仔细地调整好，使门架立杆在两个方向的垂直偏差都控制在 2mm 以内，门架顶部的水平偏差控制在 3mm 以内。随后在门架的顶部和底部用大横杆和扫地杆加以固定。搭完一步架后应按规范要求检查并调整其水平度与垂直度。接门架时上下门架立杆之间要对齐，对中的偏差不宜大于 3mm。同时注意调整门架的垂直度和水平度。另外，应及时装设连墙杆，以避免架子发生横向偏斜。

(7) 转角处门架的连接

脚手架在转角之处必须作好连接和与墙拉结，以确保脚手架的整体性，处理方法为：在建筑物转角处的脚手架内、外两侧按步设置水平连接杆，将转角处的两门架连成一体（图 7-10）。水平连接杆必须步步设置，以使脚手架在建筑物周围形成连续闭合结构，或者利用回转扣直接把两片门架的竖管扣结起来。

水平连接杆钢管的规格应与水平面加固杆相同，以便于用扣件连接。

水平连接杆应采用扣件与门架立杆及水平加固杆扣紧。

另外，在转角处适当增加连墙件的布设密度。

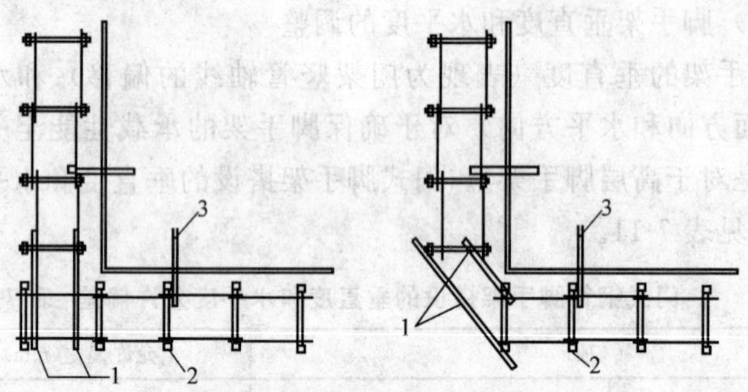

图 7-10　转角处脚手架连接

1—连接钢管；2—门架；3—连墙杆

3. 斜梯安装

作业人员上下脚手架的斜梯应采用挂扣式钢梯，钢梯的规格应与门架规格配套，并与门架挂扣牢固。

脚手架的斜梯宜采用“之”字形式，一个梯段宜跨越两步或三步，每隔四步必须设置一个休息平台。斜梯的坡度应在30°以内（图 7-11）。斜梯应设置护栏和扶手。

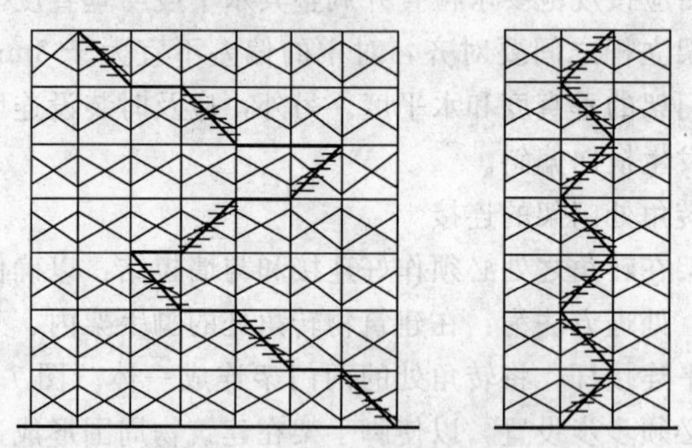

图 7-11　上人楼梯段的设置形式

4. 安装水平加固杆

门式钢管脚手架中，上、下门架均采用连接棒连接，水平杆件采用搭扣连接，斜杆采用锁销连接，这些连接方法的紧固性较差，致使脚手架的整体刚度较差，在外力作用下，极易发生失稳。因此必须设置一些加固件，以增强脚手架刚度。门式脚手架的加固件主要有：剪刀撑、水平加固杆件、扫地杆、封口杆、连墙件（图 7-12），沿脚手架内外侧周围封闭设置。

水平加固杆是与墙面平行的纵向水平杆件。为确保脚手架搭设的安全，以及脚手架整体的稳定性，水平加固杆必须随脚手架的搭设同步搭设。

当脚手架高度超过 20m 时，为防止发生不均匀沉降，脚手架最下面 3 步可以每步设置一道水平加固杆（脚手架外侧），3 步以上每隔 4 步设置一道水平加固杆，并宜在有连墙件的水平层连续设置，以形成水平闭合圈，对脚手架起环箍作用，增强脚手架的稳定性。水平加固杆采用 ϕ48mm 钢管用扣件在门架立杆的内侧与立杆扣牢。

5. 设置连墙件

为避免脚手架发生横向偏斜和外倾，加强脚手架的整体稳定性、安全可靠性，脚手架必须设置连墙件。

连墙件的搭设按规定间距必须随脚手架搭设同步进行，不得漏设，严禁滞后设置或搭设完毕后补做。

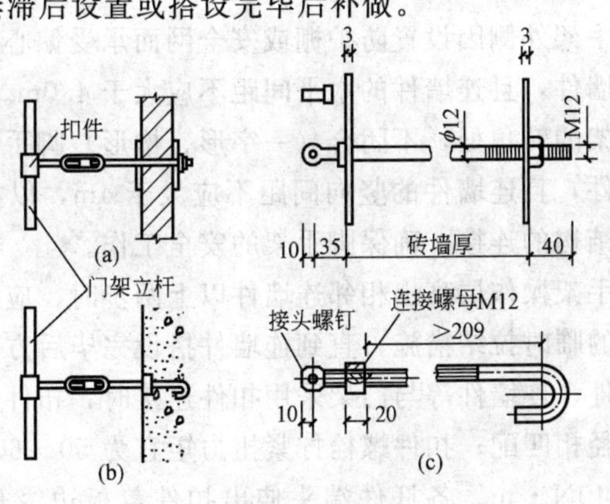

图 7-12　连墙件构造

连墙件由连墙件和锚固件组成，其构造因建筑物的结构不同有夹固式、锚固式和预埋连墙件几种方法，如图 7-12 所示。

连墙件的最大间距，在垂直方向为 6m，在水平方向为 8m。一般情况下，连墙件竖向每隔三步，水平方向每隔 4 跨设置一个。高层脚手架应适当增加布设密度，低层脚手架可适当减少布设密度，连墙件间距规定应满足表 7-12 的要求。

连墙件竖向、水平间距 **表 7-12**

脚手架搭设高度(m)	基本风压 w_0(kN/m²)	连墙件间距(m)	
		竖向	水平方向
≤45	≤0.55	≤6.0	≤8.0
≤45	>0.55	≤4.0	≤6.0
45～60		≤4.0	≤6.0

连墙件应能承受拉力与压力，其承载力标准值不应小于 10kN；连墙件与门架、建筑物的连接也应具有相应的连接强度。

连墙件宜垂直于墙面，不得向上倾斜，连墙件埋入墙身的部分必须锚固可靠。

连墙件应连于上、下两榀门架的接头附近，靠近脚手架中门架的横杆设置，其距离不宜大于 200mm。

在脚手架外侧因设置防护棚或安全网而承受偏心荷载的部位应增设连墙件，且连墙件的水平间距不应大于 4.0m。

脚手架的转角处，不闭合（一字形、槽形）脚手架的两端应增设连墙件，且连墙件的竖向间距不应大于 4m，以加强这些部位与主体结构的连接，确保脚手架的安全工作。

当脚手架操作层高出相邻连墙件以上两步时，应采用确保脚手架稳定的临时拉结措施，直到连墙件搭设完毕后方可拆除。

加固件、连墙件等与门架采用扣件连接时，扣件规格应与所连钢管外径相匹配；扣件螺栓拧紧扭力矩宜为 50～60N·m，并不得小于 40N·m。各杆件端头伸出扣件盖板边缘长度不应小于 100mm。

6. 搭设剪刀撑

为了确保脚手架搭设的安全，以及脚手架的整体稳定性，剪刀撑必须随脚手架的搭设同步搭设。

剪刀撑采用 ϕ48mm 钢管，用扣件在脚手架门架立杆的外侧与立杆扣牢，剪刀撑斜杆与地面倾角宜为 45°～60°，宽度一般为 4～8m，自架底至顶连续设置。剪刀撑之间净距不大于 15m（图 7-13）。

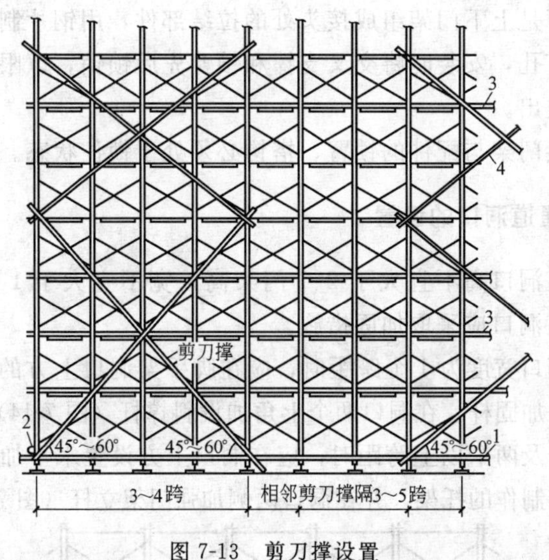

图 7-13　剪刀撑设置

1—纵向扫地杆；2—横向封口杆；3—水平加固杆；4—剪刀撑

剪刀撑斜杆若采用搭接接长，搭接长度不宜小于 600mm，且应采用两个扣件扣紧。

脚手架的高度 $H>20$m 时，剪刀撑应在脚手架外侧连续设置。

7. 门架竖向组装

上、下榀门架的组装必须设置连接棒和锁臂，其他部件（如栈桥梁等）则按其所处部位相应地及时安装。

搭第二步脚手架时，门架的竖向组装、接高用连接棒，其直径应比立杆内径小 1～2mm，安装时连接棒应居中插入上、下门架的立杆中，以使套环能均匀地传递荷载。

连接棒采用表面油漆涂层时，表面应涂油，以防使用期间锈蚀，拆卸时难以拔出。

门式脚手架高度超过 10m 时，应设置锁臂，如采用自锁式弹销式连接棒时，可不设锁臂。

锁臂是上下门架组成接头处的拉结部件，用钢片制成，两端钻有销钉孔，安装时将交叉支撑和锁臂先后锁销，以限制门架及连接棒拔出。

连接门架与配件的锁臂、搭钩必须处于锁住状态。

8. 通道洞口的设置

通道洞口高不宜大于 2 个门架高，宽不宜大于 1 个门架跨距，通道洞口应采取加固措施。

当洞口宽度为 1 个跨距时，应在脚手架洞口上方的内、外侧设置水平加固杆，在洞口两个上角加设斜撑杆（图 7-14）。当洞口宽为两个及两个以上跨距时，应在洞口上方设置水平加固杆及专门设计和制作的托架，并在洞口两侧加强门架立杆（图 7-15）。

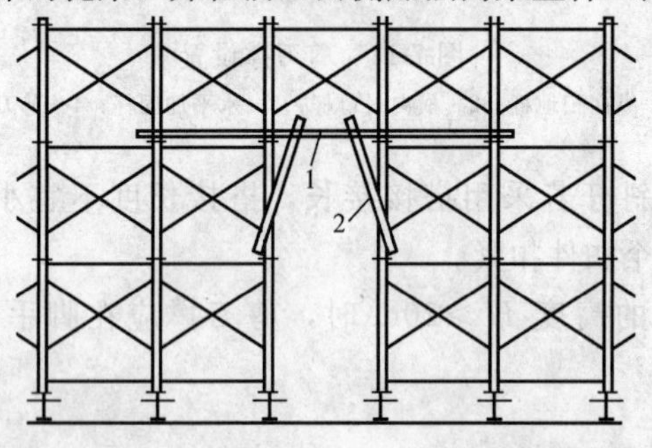

图 7-14　通道洞口加固示意

1—水平加固管；2—斜撑杆

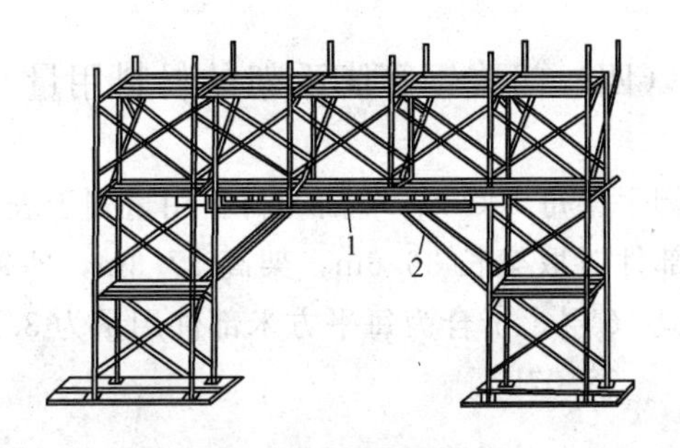

图 7-15　宽通道洞口加固示意

1—托架梁；2—斜撑杆

9. 安全网、扶手安装

安全网及扶手等设置参照扣件式脚手架。

10. 分段搭设与卸载构造

当不能落地架设或搭设高度超过规定（45m 或轻载的 60m）时，可分别采取从楼板伸出支挑构造的分段搭设方式或支挑卸载方式，如图 7-16 所示。或者采取其他挑支方式，并经过严格设计（包括对支承建筑结构的验算）后予以实施。

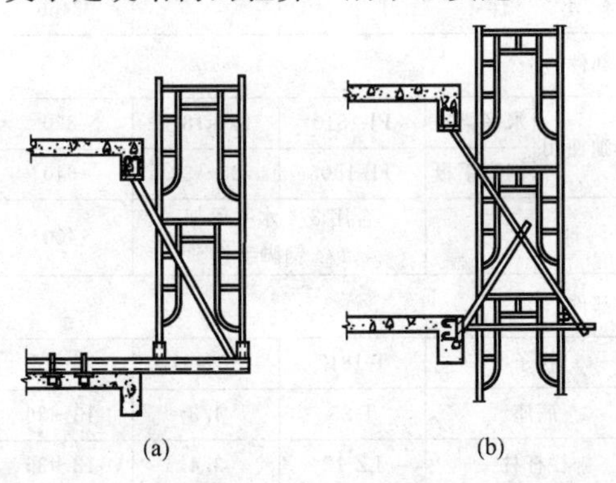

图 7-16　非落地支承形式

(a) 分段搭设构造；(b) 分段卸荷构造

（四）门式钢管脚手架的材料用量

一般外脚手架每 1000m² 墙面的材料用量列于表 7-13 中。计算标准用量部件时取架长 36.6m，架高 27.3m，即每层用 21 榀门架，共搭设 16 层。折合为每平方米部件用量为 3.23～4.0 件，重量为 19.44～28.07kg。

1000m² 外脚手架的材料（部件）用量　　表 7-13

序号	部件名称	规格	单重(kg)	数量(件)	总重(kg)
一、标准用量部件					
1	标准门架	MJ-1217	16～24.5	336	5376～8232
2	交叉支撑	JG-1812	5.2～5.7	640	3328～3648
3	连接棒	JF-2	0.6～0.7	630	378～441
4	锁臂	CB-7	0.65～0.8	630	410～504
5	长剪刀撑	ϕ48mm～80mm	30.72	40	1229
6	回转扣件	ZK-4843[②]	1.4	120	168
7	扣墙管	KG-10	2.5～4	30	75～120
8	直角扣件	TK-4343	1.4	30	42
	小　计			2456	11006～14384
二、同时使用的部件					
9	单独使用　水平梁架	PJ-1810	14～18.5	320	4480～5920
10	单独使用　钢脚手板	TB-1805	20～22	640	12800～14080
小　计		合用 3/4 水平梁架 1/4 钢脚手板		400	6560～7960
三、数量不定的部件					
11	梯子	T-1817	32～41	9～28	288～1148
12	底座	T-25	4.3	13～36	56～155
13	栏杆柱	LZ-12	3.4	13～36	44～122
14	栏杆	LG-18	1.8	24～70	43～126
15	水平加固杆	ϕ48mm～40mm	15.36	54～180	829～2765

（五）落地门式钢管外脚手架的检查、验收和安全使用管理

1. 落地门式钢管外脚手架的检查、验收

脚手架搭设前，工程技术负责人应按施工方案要求，结合施工现场作业条件和队伍情况，向搭设和使用人员做技术和安全作业要求的交底，并确定指挥人员。

对门架、配件、加固件应按规范要求进行检查、验收，严禁使用不合格的门架、配件。

脚手架搭设完毕或分段搭设完毕，应按照施工方案和规范要求对脚手架的搭设质量逐项进行检查、验收，验收合格后方可投入使用。

高度≤20m 的脚手架，应由单位工程负责人组织有关技术、安装人员进行验收。高度＞20m 的脚手架，应由上一级技术负责人随工程进行分阶段组织单位工程负责人及有关的技术安全人员进行检查验收。验收时应具备下列文件：

1）施工组织设计文件；

2）脚手架构配件的出厂合格证或质量分类合格标志；

3）脚手架工程的施工记录及质量检查记录；

4）脚手架搭设过程中出现的重要问题及处理记录；

5）脚手架工程的施工验收报告。

脚手架工程的验收，除查验有关文件外，还应进行现场检查，现场检查应着重以下几项，并记入施工验收报告。

1）构配件和加固件是否齐全，质量是否合格，连接和挂扣是否紧固可靠；

2）安全网的张挂及扶手的设置是否齐全；

3）基础是否平整、坚实，支垫是否符合规定；

4）连墙件的数量、位置和设置是否符合要求；

5）垂直度及水平度是否合格。

落地门式钢管外脚手架的检查、验收可参照落地扣件式钢管外脚手架检查、验收的内容。但门式钢管脚手架垂直度、水平度的允许偏差应符合表 7-11 中所列要求。

2. 落地门式钢管脚手架使用的安全管理

落地门式钢管脚手架的使用安全管理与落地扣件式钢管脚手架的相同。但在进行安全生产检查时的检查评分表为表 7-14。

门式脚手架检查评分表　　表 7-14

序号	检查项目		扣分标准	应得分数	扣减分数	实得分数
1	保证项目	施工方案	脚手架无施工方案，扣 10 分 施工方案不符合规范要求，扣 5 分 脚手架高度超过规范规定，无设计计算书或未经上级审批，扣 10 分	10		
2		架体基础	脚手架基础不平、不实、无垫木，扣 10 分 脚手架底部不加扫地杆，扣 5 分	10		
3		架体稳定	不按规定间距与墙体拉结的每有一处扣 5 分 拉结不牢固的每有一处扣 5 分 不按规定设置剪刀撑的扣 5 分 不按规定高度作整体加固的扣 5 分 门架立杆垂直偏差超过规定的扣 5 分	10		
4		杆件、锁件	未按说明书规定组装，有漏装杆件和锁件的扣 6 分 脚手架组装不牢，每一处紧固不合要求的扣 1 分	10		
5		脚手板	脚手板不满铺，离墙大于 10cm 以上的扣 5 分 脚手板不牢、不稳、材质不合要求的扣 5 分	10		
6		交底与验收	脚手架搭设无交底，扣 6 分 未办理分段验收手续，扣 4 分 无交底记录，扣 5 分	10		
		小计		60		
7	一般项目	架体防护	施工层外侧未设置 1.2m 高防护栏杆和 18cm 高的挡脚板，扣 5 分 架体外侧未挂密目式安全网或网间不严密，扣 8～10 分	10		

续表

序号	检查项目		扣分标准	应得分数	扣减分数	实得分数
8	一般项目	材质	杆件变形严重的扣10分 局部开焊的扣10分 杆件锈蚀未刷防锈漆的扣5分	10		
9		荷载	施工荷载超过规定的扣10分 脚手架荷载堆放不均匀的每有一处扣5分	10		
10		通道	不设置上下专用通道的扣10分 通道设置不符合要求的扣5分	10		
		小计		40		
检查项目合计				100		

另外，沿脚手架外侧严禁任意攀登。施工期间不得拆除下列杆件：

1）交叉支撑、水平架；

2）连墙件；

3）加固杆件：如剪刀撑、水平加固杆、扫地杆、封口杆等；

4）栏杆。

当因作业需要临时拆除交叉支撑或连墙件时，应经主管部门批准并应符合下列规定：

1）交叉支撑只能在门架一侧局部拆除，临时拆除后，在拆除交叉支撑的门架上、下层面应满铺水平架或脚手板。作业完成后，应立即恢复拆除的交叉支撑；拆除时间较长时，还应加设扶手或安全网。

2）只能拆除个别连墙件，在拆除前、后应采取安全措施，并应在作业完成后立即恢复；不得在竖向或水平向同时拆除两个及两个以上连墙件。

外脚手架的外表面应满挂安全网（或使用长条塑料编织篷布），并与门架竖杆和剪刀撑结牢，每5层门架加设一道水平安全网。顶层门架之上应设置栏杆。

门式脚手架上不宜使用手推车。材料的水平运输应利用楼板层或用塔式起重机直接吊运至作业地点。

脚手架在使用期间应设专人负责进行经常检查和保修工作，在主体结构施工期间，一般应每3d检查一次；主体结构完工后，最多每7d也要检查一次。每次检查都应对杆件有无发生变形、连接点是否松动、连墙拉结是否可靠以及门架立杆基础是否发生沉陷等进行全面检查，发现问题应立即采取措施，以确保使用安全。

拆除架子时应自上而下进行，部件拆除的顺序与安装顺序相反。不允许将拆除的部件直接从高空掷下。应将拆下的部件分品种捆绑后，使用垂直吊运设备将其运至地面，集中堆放保管。

门式脚手架部件的品种规格较多。必须由专门人员（或部门）管理，以减少损坏。凡杆件变形和挂扣失灵的部件均不得继续使用。

（六）脚手架拆除

1. 准备工作

门式钢管脚手架拆除的准备工作和安全防护措施同扣件式钢管脚手架。

2. 门式钢管脚手架拆除

脚手架经单位工程负责人检查验证并确认不再需要时，方可拆除。并由单位工程负责人进行拆除安全技术交底。

拆除脚手架时，应设置警戒区和警戒标志，并由专职人员负责警戒。

门式钢管脚手架的拆除，应在统一指挥下，按后装先拆、先装后拆的顺序自上而下逐层拆除，每一层从一端的边跨开始拆向另一端的边跨，先拆扶手和栏杆，然后拆脚手架或水平架、扶梯，再拆水平加固杆、剪刀撑，接着拆除交叉支撑，顶部的连墙件，同时拆卸门架。

注意事项：

1）脚手架同一步（层）的构配件和加固件应按先上后下，先外后内的顺序进行拆除，最后拆连墙件和门架。

2）在拆除过程中，脚手架的自由悬臂高度不得超过 2 步，当必须超过 2 步时，应加设临时拉结。

3）连墙杆、通长水平杆、剪刀撑等必须在脚手架拆卸到相关的门架时方可拆除，严禁先拆。

4）工人必须站在临时设置的脚手板上进行拆卸作业，并按规定使用安全防护用品。

5）拆卸连接部件时，应将锁座上的锁板、卡钩上的锁片旋转至开启位置，然后开始拆除，不得硬拉，严禁敲击。

6）拆除工作中，严禁使用榔头等硬物击打、撬挖，拆下的连接棒应放入袋内，锁臂应先传递至地面并放室内堆存。

7）拆下的门架、钢管与配件，应成捆用机械吊运或由井架传送至地面，防止碰撞，严禁抛掷。

3. 脚手架材料的整修、保养

拆下的门架及配件，应清除杆件及螺纹上的沾污物，并及时分类、检验、整修和保养，按品种、规格、分类整理存放，妥善保管。

八、悬挑式外脚手架

悬挑式外脚手架一般应用在建筑施工中以下三种情况：

1）±0.000以下结构工程回填土不能及时回填，而主体结构工程必须立即进行，否则将影响工期；

2）高层建筑主体结构四周为裙房，脚手架不能直接支承在地面上；

3）超高层建筑施工，脚手架搭设高度超过了架子的容许搭设高度，因此将整个脚手架按容许搭设高度分成若干段，每段脚手架支承在由建筑结构向外悬挑的结构上。

（一）悬挑式外脚手架的类型和构造

悬挑式脚手架根据悬挑支承结构的不同，分为支撑杆式悬挑脚手架和挑梁式悬挑脚手架两类。

1. 支撑杆式悬挑脚手架

支撑杆式悬挑脚手架的支承结构不采用悬挑梁（架），直接用脚手架杆件搭设。

（1）支撑杆式双排脚手架

如图8-1（a）所示为支撑杆式挑脚手架，其支承结构为内、外两排立杆上加设斜撑杆，斜撑杆一般采用双钢管，而水平横杆加长后一端与预埋在建筑物结构中的铁环焊牢，这样脚手架的荷载通过斜杆和水平横杆传递到建筑物上。

如图8-1（b）所示悬挑脚手架的支承结构是采用下撑上拉方法，在脚手架的内、外两排立杆上分别加设斜撑杆。斜撑杆的

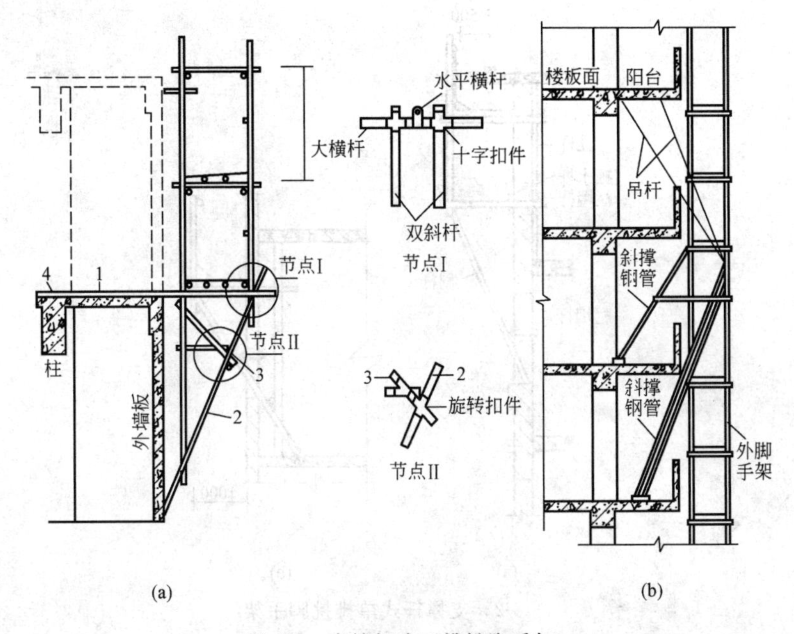

图 8-1　支撑杆式双排挑脚手架

1—水平横杆；2—双斜撑杆；3—加强短杆；4—预埋铁环

下端支在建筑结构的梁或楼板上，并且内排立杆的斜撑杆的支点比外排立杆斜撑杆的支点高一层楼。斜撑杆上端用双扣件与脚手架的立杆连接。

此外，除了斜撑杆，还设置了拉杆，以增强脚手架的承载能力。

支撑杆式悬挑脚手架搭设高度一般在 4 层楼高 12m 左右。

(2) 支撑杆式单排悬挑脚手架

如图 8-2（a）所示为支撑杆式单排悬挑脚手架，其支承结构为从窗门挑出横杆，斜撑杆支撑在下一层的窗台上。如无窗台，则可先在墙上留洞或预埋支托铁件，以支承斜撑杆。

如图 8-2（b）所示支撑杆式挑脚手架的支承结构是从同一窗口挑出横杆和伸出斜撑杆，斜撑杆的一端支撑在楼面上。

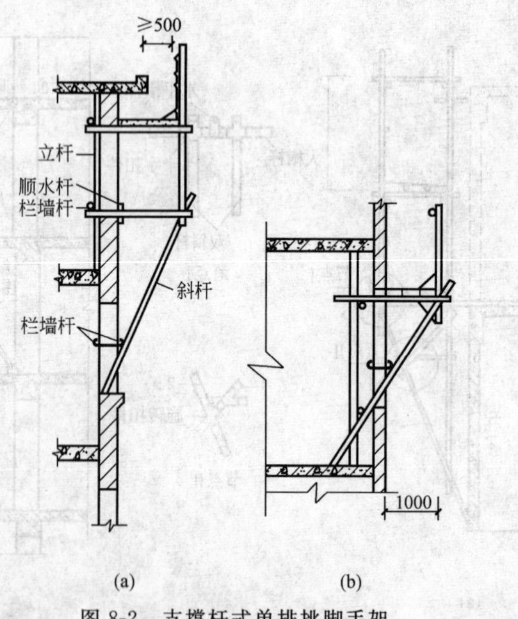

图 8-2 支撑杆式单排挑脚手架

2. 挑梁式悬挑脚手架

挑梁式悬挑脚手架采用固定在建筑物结构上的悬挑梁（架），并以此为支座搭设脚手架，一般为双排脚手架。此种类型脚手架搭设高度一般控制在 6 个楼层（20m）以内，可同时进行 2～3 层作业，是目前较常用的脚手架形式。

（1）下撑挑梁式

如图 8-3 所示是下撑挑梁式悬挑脚手架支承结构。

在主体结构上预埋型钢挑梁，并在挑梁的外端加焊斜撑压杆组成挑架。各根挑梁之间的间距不大于 6m，并用两根型钢纵梁相连，然后在纵梁上搭设扣件式钢管脚手架。

当挑梁的间距超过 6m 时，可用型钢制作的桁架（图 8-4）来代替图 8-3 中的挑梁、斜撑压杆组成的挑架，但这种形式下挑梁的间距也不宜大于 9m。

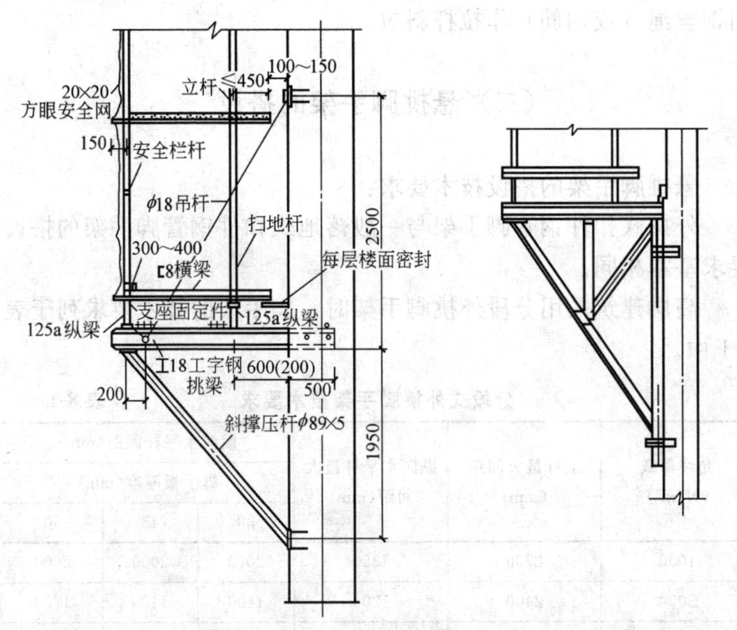

图 8-3　下撑挑梁式悬挑脚手架　　　　图 8-4　桁架挑式悬挑脚手架

（2）斜拉挑梁式

如图 8-5 所示为挑梁式悬挑脚手架，以型钢作挑梁，其端头

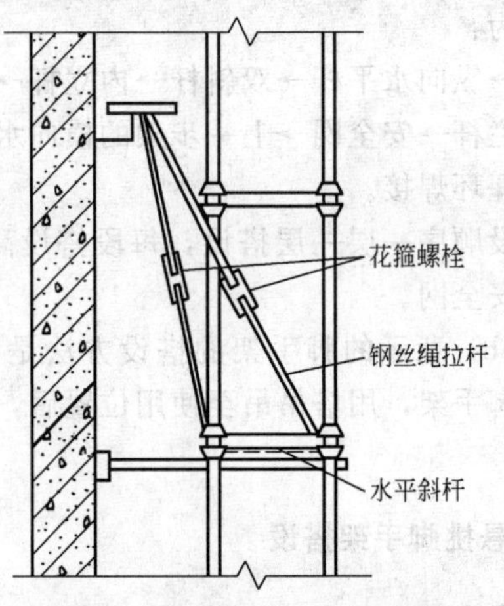

图 8-5　斜拉挑梁式悬挑脚手架

用钢丝绳（或钢筋）作拉杆斜拉。

（二）悬挑脚手架的搭设

悬挑脚手架的搭设技术要求：

外挑式扣件钢管脚手架与一般落地式扣件钢管脚手架的搭设要求基本相同。

高层建筑采用分段外挑脚手架时，脚手架的技术要求列于表 8-1 中。

分段式外挑脚手架技术要求　　表 8-1

允许荷载（N/m^2）	立杆最大间距（mm）	纵向水平杆最大间距（mm）	横向水平杆间距（mm）		
			脚手板厚度（mm）		
			30	43	50
1000	2700	1350	2000	2000	2000
2000	2400	1200	1400	1400	1750
3000	2000	1000	2000	2000	2200

1. 支撑杆式悬挑脚手架搭设

搭设顺序为：

水平横杆→纵向水平杆→双斜杆→内立杆→加强短杆→外立杆→脚手板→栏杆→安全网→上一步架的横向水平杆→连墙杆→水平横杆与预埋环焊接。

按上述搭设顺序一层一层搭设，每段搭设高度以 6 步为宜，并在下面支设安全网。

如图 8-1（b）所示的脚手架的搭设方法是预先拼装好一定的高度的双排脚手架，用塔吊吊至使用位置后，用下撑杆和上撑杆将其固定。

2. 挑梁式悬挑脚手架搭设

搭设顺序为：

安置型钢挑梁（架）→安装斜撑压杆、斜拉吊杆（绳）→安放纵向钢梁→搭设脚手架或安放预先搭好的脚手架。

每段搭设高度以12步为宜。

挑梁、拉杆与结构的连接可参考如图8-6～图8-9所示的方法。

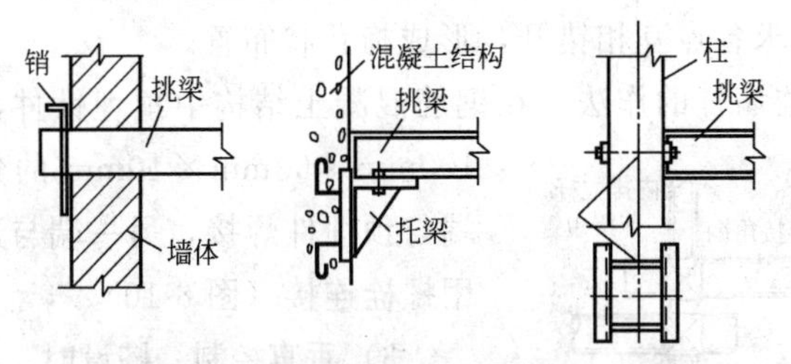

图8-6　支撑式挑梁与结构的连接

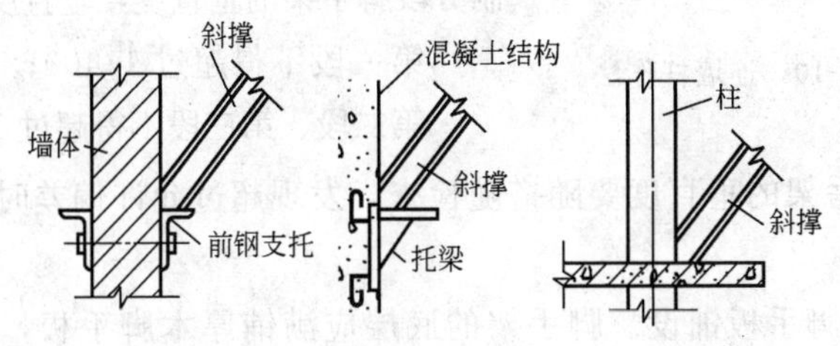

图8-7　支撑杆下端支点构造

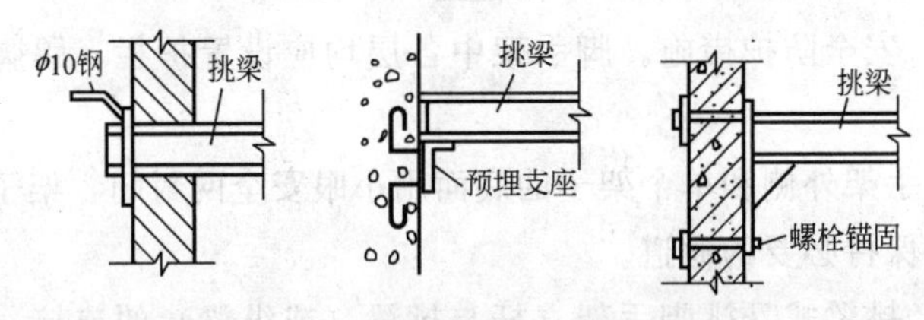

图8-8　斜拉式挑梁与结构的连接

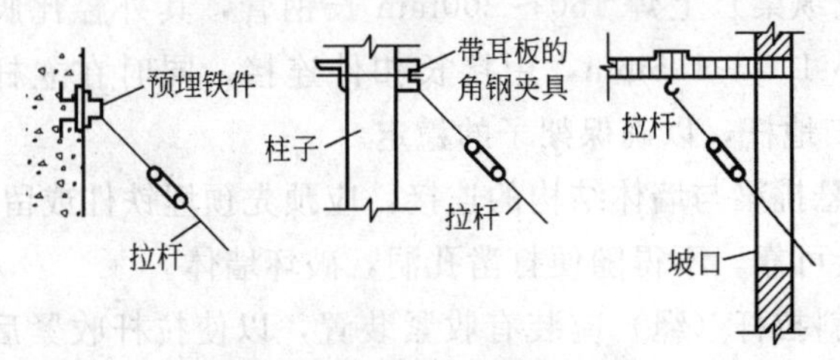

图8-9　斜拉杆与结构连接

3. 施工要点

1）连墙杆的设置。根据建筑物的轴线尺寸，在水平方向应每隔3跨（隔6m）设置一个，在垂直方向应每隔3～4m设置一个，并要求各点互相错开，形成梅花状布置。

2）连墙杆的作法。在钢筋混凝土结构中预埋铁件，然后用100mm×63mm×10mm的角钢，一端与预埋件焊接，另一端与连接短管用螺栓连接（图8-10）。

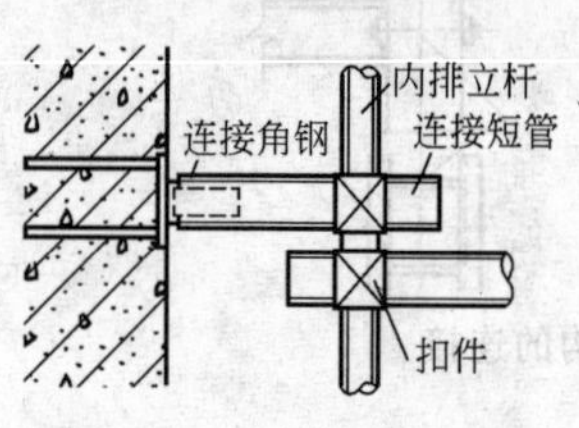

图8-10　连墙杆作法

3）垂直控制。搭设时，要严格控制分段脚手架的垂直度，垂直度偏差：

第一段不得超过1/400；

第二段、第三段不得超过1/200。

脚手架的垂直度要随搭随检查，发现超过允许偏差时，应及时纠正。

4）脚手板铺设。脚手架的底层应满铺厚木脚手板，其上各层可满铺薄钢板冲压成的穿孔轻型脚手板。

5）安全防护措施。脚手架中各层均应设置护栏、踢脚板和扶梯。

脚手架外侧和单个架子的底面用小眼安全网封闭，架子与建筑物要保持必要的通道。

6）挑梁式悬挑脚手架立杆与挑梁（或纵梁）的连接，应在挑梁（或纵梁）上焊150～200mm长钢管，其外径比脚手架立杆内径小1.0～1.5mm，用接长扣件连接，同时在立杆下部设1～2道扫地杆，以确保架子的稳定。

7）悬挑梁与墙体结构的连接，应预先预埋铁件或留好孔洞，保证连接可靠，不得随便打凿孔洞，破坏墙体。

8）斜拉杆（绳）应装有收紧装置，以使拉杆收紧后能承担荷载。

（三）悬挑脚手架的检查、验收和安全使用管理

脚手架分段或分部位搭设完，必须按相应的钢管脚手架安全技术规范的要求进行检查、验收，经检查验收合格后，方可继续搭设和使用，在使用中应严格执行有关安全规程。

脚手架使用过程中要加强检查，并及时清除架子上的垃圾和剩余料，注意控制使用荷载，禁止在架子上过多集中堆放材料。

表 8-2 是悬挑脚手架安全检查的评分表。

悬挑式脚手架检查评分表 **表 8-2**

序号	检查项目		扣分标准	应得分数	扣减分数	实得分数
1	保证项目	施工方案	脚手架无施工方案、设计计算书或未经上级审批的扣 10 分 施工方案中搭设方法不具体的扣 6 分	10		
2		悬挑梁及架体稳定	外挑杆件与建筑结构连接不牢固的每有一处,扣 5 分 悬挑梁安装不符合设计要求的每有一处,扣 5 分 立杆底部固定不牢的每有一处,扣 3 分 梁体未按规定与建筑结构拉结的每一处扣 5 分	20		
3		脚手板	脚手板铺设不严、不牢,扣 7～10 分 脚手板材质不符合要求,扣 7～10 分 每有一处探头板,扣 2 分	10		
4		荷载	脚手架荷载超过规定,扣 10 分 施工荷载堆放不均匀每有一处,扣 5 分	10		
5		交底与验收	脚手架搭设不符合方案要求,扣 7～10 分 每段脚手架搭设后,无验收资料,扣 5 分 无交底记录,扣 5 分	10		
		小计		60		
6	一般项目	杆件间距	每 10 延长米立杆间距超过规定,扣 5 分 大横杆间距超过规定,扣 5 分	10		
7		架体防护	施工层外侧未设置 1.2m 高防护栏杆和未设 18cm 高的挡脚板,扣 5 分 脚手架外侧不挂密目式安全网或网间不严密,扣 7～10 分	10		

续表

序号	检查项目		扣 分 标 准	应得分数	扣减分数	实得分数
8	一般项目	层间防护	作业层下无平网或其他保护防护的扣10分 防护不严的扣5分	10		
9		脚手架转数	杆件直径、型钢规格及材质不符合要求的扣7～10分	10		
		小计		40		
检查项目合计				100		

九、吊篮脚手架

吊篮脚手架是通过在建筑物上特设的支承点固定挑梁或挑架，利用吊索悬挂吊架或吊篮进行砌筑或装饰工程施工的一种脚手架，是高层建筑外装修和维修作业的常用脚手架。

（一）吊篮脚手架的类型和基本构造

吊篮脚手架分手动吊篮脚手架和电动吊篮脚手架两类。

吊篮脚手架的特点：节约材料，节省劳力，缩短工期，操作方便灵活，技术经济效益较好。

1. 手动吊篮脚手架

手动吊篮脚手架由支承设施、吊篮绳、安全绳、手扳葫芦和吊架（或吊篮）组成（图 9-1），利用手扳葫芦进行升降。

（1）支承设施

一般采用建筑物顶部的悬挑梁或桁架，必须按设计规定与建筑结构固定牢靠，挑出的长度应保证吊篮绳垂直地面（图 9-2a），如挑出过长，应在其下面加斜撑（图 9-2b）。

吊篮绳：可采用钢丝绳或钢筋链杆。钢筋链杆的直径不小于16mm，每节链杆长 800mm，每 5～10 根链杆相互连成一组，使用时用卡环将各组连接成所需的长度。

安全绳：安全绳应采用直径不小于 13mm 的钢丝绳。

（2）吊篮、吊架

1）组合吊篮一般采用用 ϕ48mm 钢管焊接成吊篮片，再把吊篮片（图 9-3 中是四片）用 ϕ48mm 钢管扣接成吊篮，吊篮片间

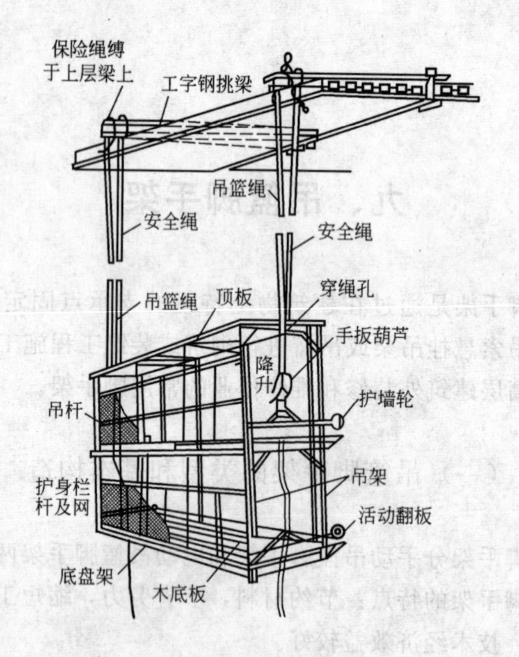

图 9-1　手动吊篮脚手架

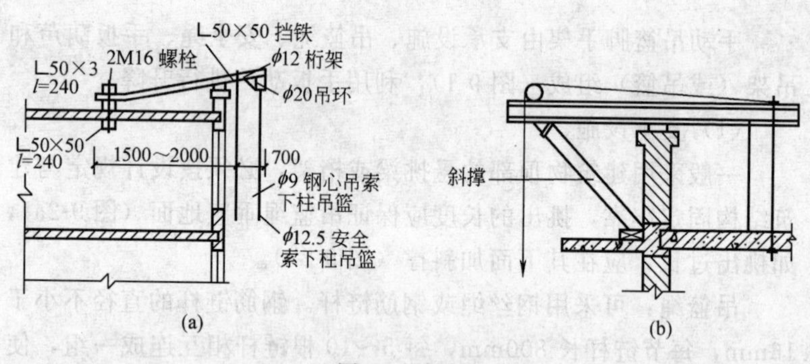

图 9-2　挑梁

距为 2.0～2.5m，吊篮长不宜超过 8.0m，以免重量过大。

如图 9-4 所示是双层、三层吊篮片的形式。

2）框架式吊架。框架式吊架（图 9-5）用 ϕ50mm×3.5mm 钢管焊接制成，主要用于外装修工程。

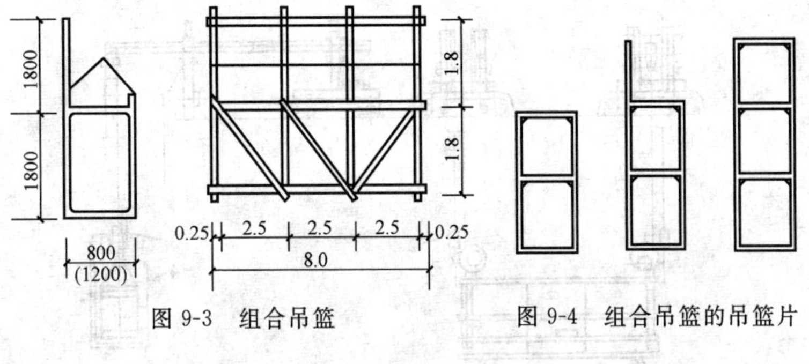

图 9-3　组合吊篮　　　　图 9-4　组合吊篮的吊篮片

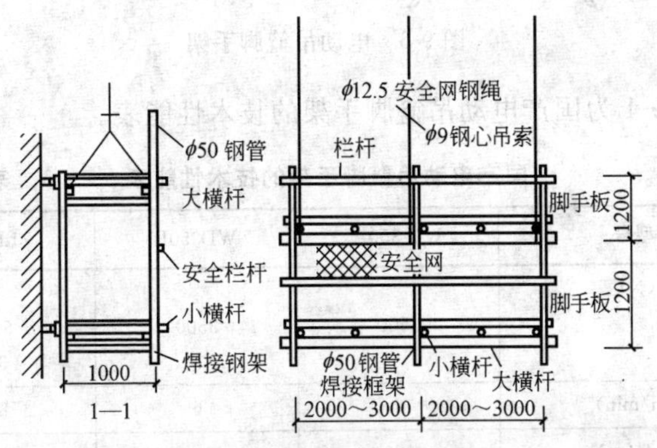

图 9-5　框架式吊架

3）桁架式工作平台。桁架式工作平台一般由钢管或钢筋制成桁架结构，并在上面铺上脚手板，常用长度有 3.6m、4.5m、6.0m 等几种，宽度一般为 1.0～1.4m。这类工作台主要用于工业厂房或框架结构的围墙施工。

吊篮里侧两端应装置可伸缩的护墙轮，使吊篮在工作时能与结构面靠紧，以减少吊篮的晃动。

2. 电动吊篮脚手架

电动吊篮脚手架由屋面支承系统、绳轮系统、提升机构、安全锁和吊篮（或吊架）组成（图 9-6）。目前吊篮脚手架都是工厂化生产的定性产品。

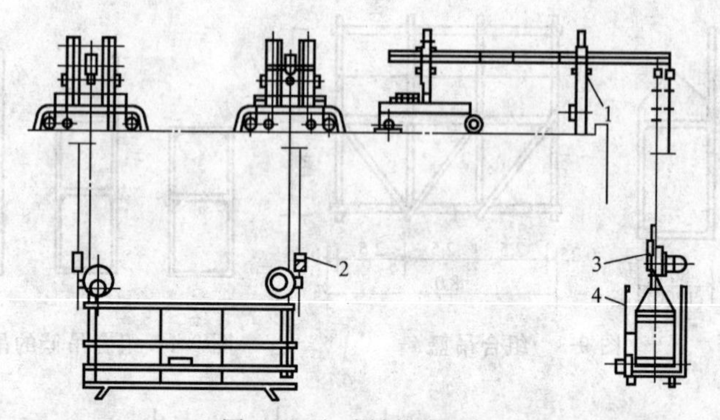

图 9-6 电动吊篮脚手架

表 9-1 为国产电动吊篮脚手架的技术性能表。

国产电动吊篮脚手架的技术性能表　　表 9-1

型号	WD-350A	WD350B	ZLD-500
额定载重量(N) 标准篮 加长篮	 3500	 3500	 5000 360
提升速度(m/min)	6	6	8.8
最大提升高度(m)	100	100	100
电动机功率(kW)	2×0.75	2×0.75	2×0.8
型号			DZl21-4
制动力矩(N·m)			11
电缆线型号	YHC3×2.5+1×1.5	YHC3×2.5+1×1.5	YHC3+2.5mm²+1×2.5mm²
钢丝绳规格	6×(31)－9.3－170	6×(31)－9.3－170	7×19－9.75－170－1－左右交
破断拉力(kN)			60
工作吊篮尺寸(mm)	2400×700×1200	3800×950×2080	3000×700×1040(标准) 6000×700×1040(加长)
安全锁型号			SAL500
吊篮自重(N)	2500	3200	3300(标准) 4400(加长)
屋面支承系统结构自重(N)			11800

(1) 屋面支承系统

屋面支承系统由挑梁、支架、脚轮、配重以及配重架等组成。如图 9-7 所示为移动挑梁式支承系统。如图 9-8 所示为移动桁架式支承系统。

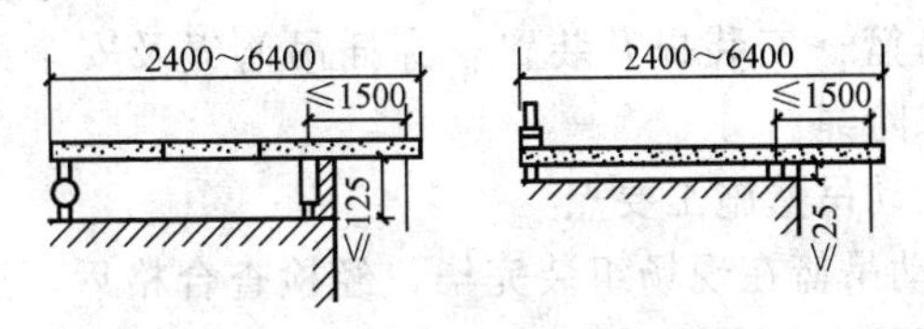

图 9-7 移动挑梁式支承系统

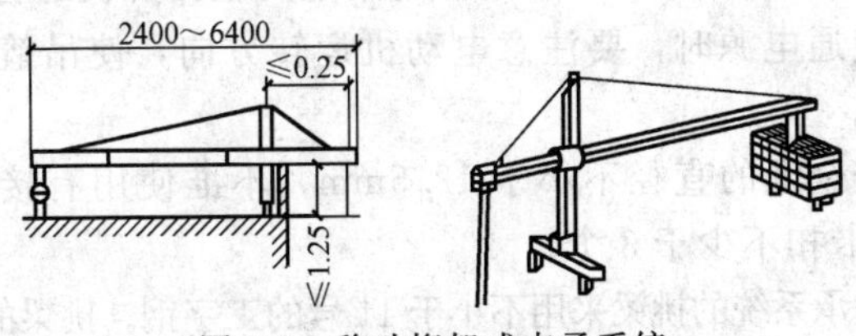

图 9-8 移动桁架式支承系统

(2) 吊篮

吊篮由底篮、栏杆、挂架和附件等组成。宽度标准为 2.0m、2.5m、3m 三种。

(3) 安全锁

保护吊篮中操作人员不致因吊篮意外坠落而受到伤害。

(二) 吊篮脚手架的搭设与拆除

1. 施工准备

1) 根据施工方案，工程技术负责人必须逐级向操作人员进行技术交底。

2) 根据有关规程要求，对吊篮脚手架的材料进行检查验收，不合格材料不得使用。

2. 吊篮脚手架搭设

（1）搭设顺序

确定支承系统的位置→安置支承系统→挂上吊篮绳及安全绳→组装吊篮→安装提升装置→穿插吊篮绳及安全绳→提升吊篮→固定保险绳。

（2）电动吊篮施工要点

1）电动吊篮在现场组装完毕，经检查合格后，运到指定位置，接上钢丝绳和电源试车，同时由上部将吊篮绳和安全绳分别插入提升机构及安全锁中，吊篮绳一定要在提升机运行中插入。

2）接通电源时，要注意电动机运转方向，使吊篮能按正确方向升降。

3）安全绳的直径不小于 12.5mm，不准使用有接头的钢丝绳，封头卡扣不少于 3 个。

4）支承系统的挑梁采用不小于 14 号的工字钢。挑梁的挑出端应略高于固定端。挑梁之间纵向应采用钢管或其他材料连结成一个整体。

5）吊索必须从吊篮的主横杆下穿过，连接夹角保持 45°并用卡子将吊钩和吊索卡死。

6）承受挑梁拉力的预埋铁环，应采用直径不小于 16mm 的圆钢，埋入混凝土的长度大于 360mm，并与主筋焊接牢固。

3. 吊篮脚手架拆除

吊篮脚手架拆除顺序为：

将吊篮逐步降至地面→拆除提升装置→抽出吊篮绳→移走吊篮→拆除挑梁→解掉吊篮绳、安全绳→将挑梁及附件吊送到地面。

（三）吊篮脚手架的验收、检查和安全使用管理

1. 吊篮脚手架的验收

无论是手动吊篮还是电动吊篮，搭设完毕后都要由技术、安

全等部门依据规范和设计方案进行验收，验收合格后方可使用。电动吊篮安装验收记录表见表 9-2。

电动吊篮安装验收记录　　　　表 9-2

编号：　　　　　　　　　　　　　　　年　　月　　日

工程名称				承包单位		
施工地点				分包单位		
安装单位				项目负责人		
安装负责人				查统一编号		
电动吊装	型号		平台长度	米	稳定载重量	
项目	检查内容及要求					结论
					左	
					右	
					左	
					右	
					左	
					右	
					左	
					右	
验收结论				项目负责人签字		

2. 吊篮脚手架的检查

在吊篮脚手架使用前，必须进行如下项目的检查，检验合格后方可使用。

1）屋面支承系统的悬挑长度是否符合设计要求，与结构的联结是否牢固可靠，配套的位置和配套量是否符合设计要求。

2）检查吊篮绳、安全绳、吊索。

3）五级及五级以上大风及大雨、大雪后应进行全面检查。

施工现场安全生产检查时，对吊篮脚手架的检查评分见表9-3。

吊篮脚手架检查评分表　　表 9-3

序号	检查项目		扣分标准	应得分数	扣减分数	实得分数
1	保证项目	施工方案	无施工方案、无设计计算书或未经上级审批，扣10分 施工方案不具体、指导性差，扣5分	10		
2		制作组装	挑梁锚固或配重等抗倾覆装置不合格，扣10分 吊篮组装不符合设计要求，扣7～10分 电动(手扳)葫芦使用非合格产品，扣10分 吊篮使用前未经荷载试验，扣10分	10		
3		安全装置	升降葫芦无保险卡或失效的扣20分 升降吊篮无保险绳或失效的扣20分 无吊钩保险的扣8分 作业人员未系安全带或安全带挂在吊篮升降用的钢丝绳上，扣17～20分	20		
4		脚手板	脚手板铺设不满、不牢，扣5分 脚手板材质不合要求，扣5分 每有一处探头板，扣2分	5		
5		升降操作	操作升降的人员不固定和未经培训，扣10分 升降作业时有其他人员在吊篮内停留，扣10分 两片吊篮连在一起同时升降无同步装置或虽有但达不到同步的扣10分	10		
6		交底与验收	每次提升后未经验收上人作业的扣5分 提升及作业未经交底的扣5分	5		
		小计		60		

续表

序号	检查项目		扣分标准	应得分数	扣减分数	实得分数
7	一般项目	防护	吊篮外侧防护不符合要求的扣7～10分 外侧立网封闭不整齐的扣4分 单片吊篮升降两端头无防护的扣10分	10		
8		防护顶板	多层作业无防护顶板的扣10分 防护顶板设置不符合要求，扣5分	10		
9		架体稳定	作业时吊篮未与建筑结构拉牢，扣10分 吊篮钢丝绳斜拉或吊篮离墙空隙过大，扣5分	10		
10		荷载	施工荷载超过设计规定的扣10分 荷载堆放不均匀的扣5分	10		
		小计		40		
检查项目合计				100		

3. 吊篮安全管理

1）吊篮组装前施工负责人、技术负责人要根据工程情况编制吊篮组装施工方案和安全措施，并组织验收。

2）组装吊篮所用的料具，要认真验选，用焊件组合的吊篮，焊件要经技术部门检验合格，方准使用。

3）吊篮脚手架使用荷载不准超过120kg/m^2（包括人体重）。吊篮上的人员和材料要对称分布，不得集中在一头，保证吊篮两端负载平衡。

4）吊篮脚手架提升时，操作人员不准超过2人。

5）严禁在吊篮的防护以外和护头棚上作业，任何人不准擅自拆改吊篮，因工作需要必须改动时，要将改动方案报技术、安全部门和施工负责人批准后，由架子工拆改，架子工拆改后经有关部门验收后，方准使用。

6）五级大风天气，严禁作业。在大风、大雨、大雪等恶劣天气过后，施工人员要全面检查吊篮，保证安全使用。

十、外挂脚手架

外挂脚手架是采用型钢焊制成定型钢架，用挂钩等措施挂在建筑结构内预先埋设的钩环或预留洞中穿设的挂钩螺栓，随结构施工逐层往上提升，直至结构完成。外挂脚手架结构简单，装拆方便，耗工用料较少，架子轻便，可用塔吊移置，施工快速，费用低，在外装修阶段可以改成吊篮使用，较为经济实用。但由于稳定性差，如使用不当易发生事故。目前主要用于多层建筑的外墙粉刷、勾缝等作业。

（一）外挂脚手架的基本构造

常见的外挂脚手架由三角形架、大小横杆、立杆，安全防护栏杆、安全网、穿墙螺栓、吊钩等组成。由两个或几个这样的三角架组成一榀，由脚手管固定，并以此为基础搭设防护架和铺设脚手板。

外挂脚手架可根据结构形式的不同，而采用不同的挂架。

砌筑时可以采用图 10-1（a）、（b）所示的两种构造。

装修时可以采用图 10-2 和图 10-3 所示的构造。

（二）外挂脚手架的搭设

按设计的跨度在地面将外挂架组装材料备齐。

检查外挂预留孔，是否按平面布置图留设，确认无误并等到外墙混凝土强度达到 7.5MPa 时，可进行外挂架施工。

将穿墙螺杆从墙外穿入预留孔内，上垫片，带上双螺母，逐

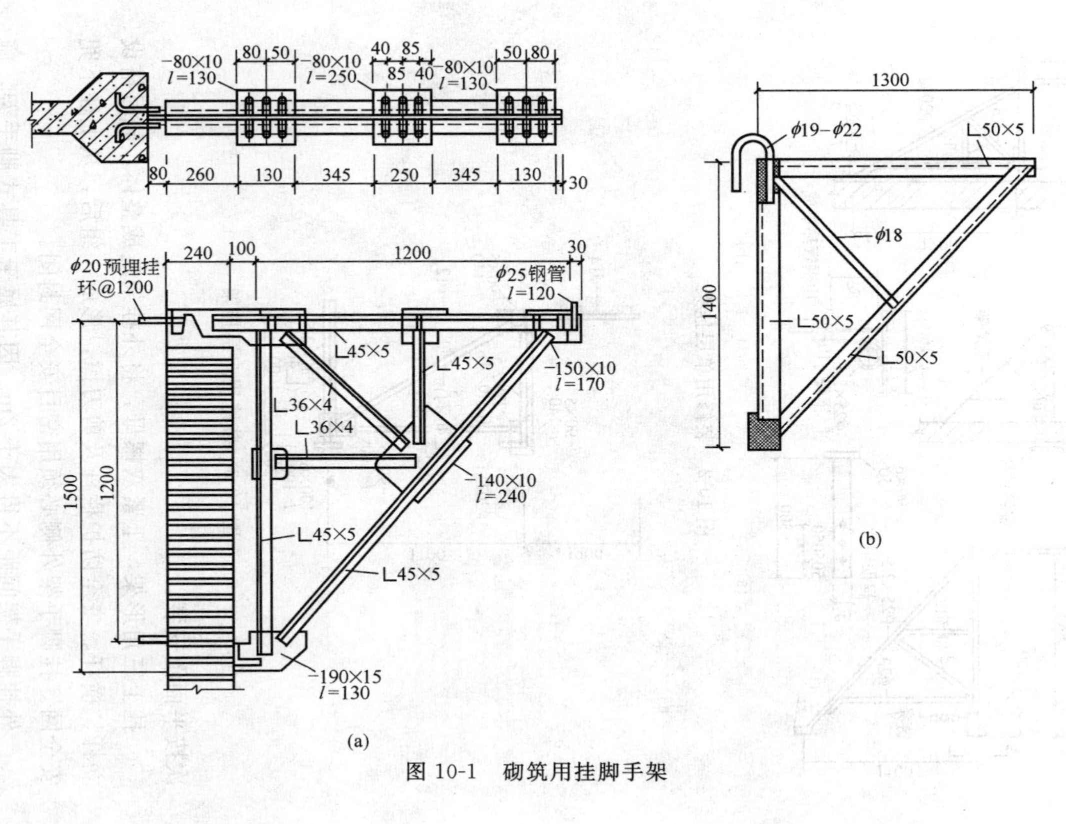

图 10-1　砌筑用挂脚手架

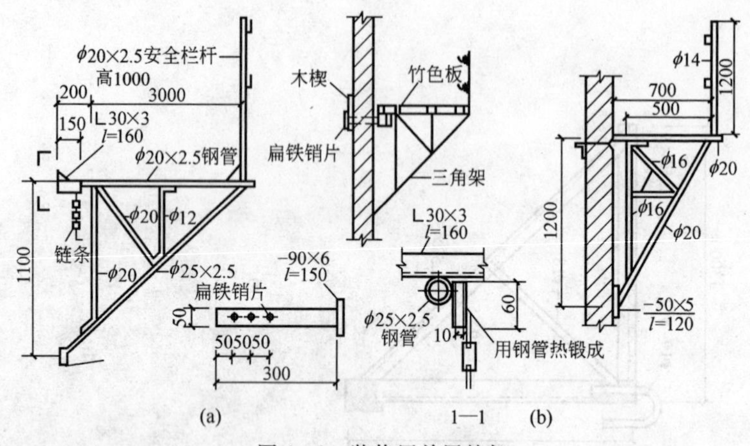

图 10-2 装修用单层挂架

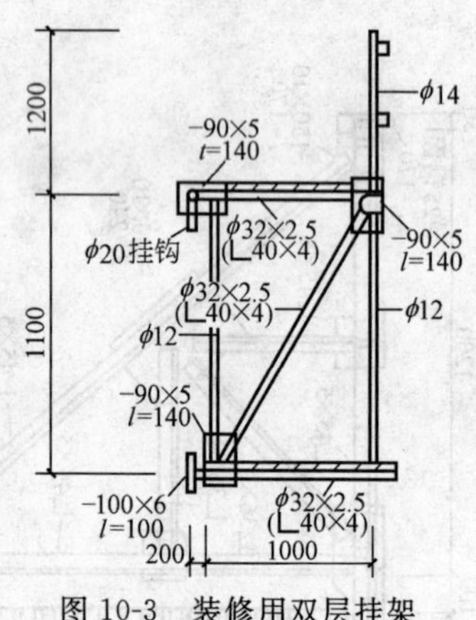

图 10-3 装修用双层挂架

次按平面图安装。

挂上三角形架，上紧双螺母，将外挂架连成整体，同时搭设立杆、横杆、安全防护栏杆及剪刀撑，形成一组后，从上往下兜安全网。挂脚手架外侧必须用密目安全网封闭。

外挂脚手架间距不得大于 2m。因其属于工具式脚手架，施工荷载为 1kN/m^2，不得超载使用。一般每跨不大于 2m，作业人员不超过 2 人，也不能有过多存料，避免荷载集中。

（三）外挂脚手架的提升

当上层墙体混凝土强度符合承载设计要求后，将穿墙拉杆穿入上层预留孔内，然后准备用塔吊提升挂架。

外挂架提升时，要先挂吊钩，然后才允许松螺母。注意挂架在提升时不要相互钩挂，此时将挂架提升到上一层用螺栓固定住，然后依次逐组提升。

提升时要统一指挥，严禁任何人站在外挂架上，地面要划出安全区，安全区内严禁站人。

（四）外挂脚手架的检查验收

脚手架进场搭设前，应由施工负责人确定专人按施工方案质量要求逐片检验，对不合格的挂架进行修复，修复后仍不合格者应报废处理。

外挂架搭设完毕后要逐项检查，无误后应在接近地面做荷载试验，按 2kN/m^2 均布荷载试压不少于 4h，以检验悬挂点的强度、焊接及预埋件的质量，然后经技术、安全等人员联合验收合格后方可使用。

对检验和试验都应有正式格式和内容要求的文字资料，并由负责人签字。

正式搭设或使用前，应由施工负责人进行详细交底并进行检查，防止发生事故。

其安全检查评分表见表 10-1。

（五）外挂脚手架的拆除

拆除时先由塔吊吊住并让钢丝绳受力，然后松开墙体内侧螺母，卸下垫片，这时人站在挂架下层平台内将穿墙螺杆从墙外侧

挂脚手架检查评分表 **表 10-1**

序号	检查项目		扣 分 标 准	应得分数	扣减分数	实得分数
1	保证项目	施工方案	脚手架无施工方案、设计计算书扣 10 分 施工方案未经审批,扣 10 分 施工方案措施不具体、指导性差,扣 5 分	10		
2		制作组装	架体制作与组装不符合设计要求,扣 17～20 分 悬挂点无设计或设计不合理,扣 20 分 悬挂点部件制作及埋设不合设计要求,扣 15 分 悬挂点间距超过 2m,每有一处,扣 20 分	20		
3		材质	材质不符合设计要求,杆件严重变形、局部开焊,扣 10 分 杆件部件锈蚀未刷防锈漆,扣 4～6 分	10		
4		脚手板	脚手板铺设不满、不牢的扣 8 分 脚手板材质不符合要求的扣 6 分 每有一处探头板的扣 2 分	10		
5		交底与验收	脚手板进场无验收手续,扣 10 分 第一次使用前未经荷载试验,扣 8 分 每次使用前未经检查验收或资料不全,扣 6 分 无交底记录,扣 5 分	10		
		小计		60		
6	一般项目	荷载	施工荷载超过 1kN 的扣 5 分 每跨(不大于 2m)超过 2 人作业的扣 10 分	15		
7		架体防护	施工层外侧未设置 1.2m 高防护栏杆和未设 18cm 高的挡脚板,扣 5 分 脚手架外侧未用密目式安全网封闭或封闭不严,扣 12～15 分 脚手架底部封闭不严密,扣 10 分	15		
8		安装人员	安装脚手架人员未经专业培训,扣 10 分 安装人员未系安全带,扣 10 分	10		
		小计		40		
检查项目合计				100		

拔出，塔吊将外挂架吊到地面解体。

（六）外挂脚手架的安全管理

外挂架的搭设、提升和装拆必须由有操作证的架子工进行。

吊装人员要相对固定，施工时必须有书面“技术安全交底书”。

吊装就位要平稳、准确、不碰撞、不兜挂，遇有5级风时停止作业。

经常检查螺母是否松动，螺杆、安全网、吊具是否损坏，如有异常，应及时处理。

模板施工时，待模板调整完毕后，斜支撑不得受力于外挂架。

十一、附着升降脚手架

凡采用附着于工程结构、依靠自身提升设备实现升降的悬空脚手架，统称为附着升降脚手架。由于它具有沿工程结构爬升（降）的状态属性，因此，也可称为“爬升脚手架”或简称“爬架”。

（一）附着升降脚手架的工作原理和类型

1. 附着升降脚手架的工作原理

附着升降脚手架是指预先组装一定高度（一般为4层高）脚手架，将其附着在建筑工程结构的外侧，当一层主体结构施工完后，利用自身的提升设备，从下至上提升一层，施工上一层主体。在工程装饰装修阶段，再从上至下装修一层下降一层，直至装修施工完毕。附着升降脚手架可以整体提升，也可分段提升。比落地式脚手架大大节省工料。

附着升降脚手架是在挑、吊、挂脚手架的基础上增加升降功能所形成并发展起来的，是具有较高技术含量的高层建筑脚手架。操作条件大大优于单独使用的各式吊篮，所以具有良好的经济效益和社会效益。当建筑物的高度在80m以上时，其经济性则更为显著。现今已成为高层建筑施工外脚手架的主要形式。

2. 附着升降脚手架的类型

（1）按附着支承方式划分

附着支承是将脚手架附着于工程边侧结构（墙体、框架）之侧并支承和传递脚手架荷载的附着构造，按附着支承方式可划分成以下 7 种，如图 11-1 所示。

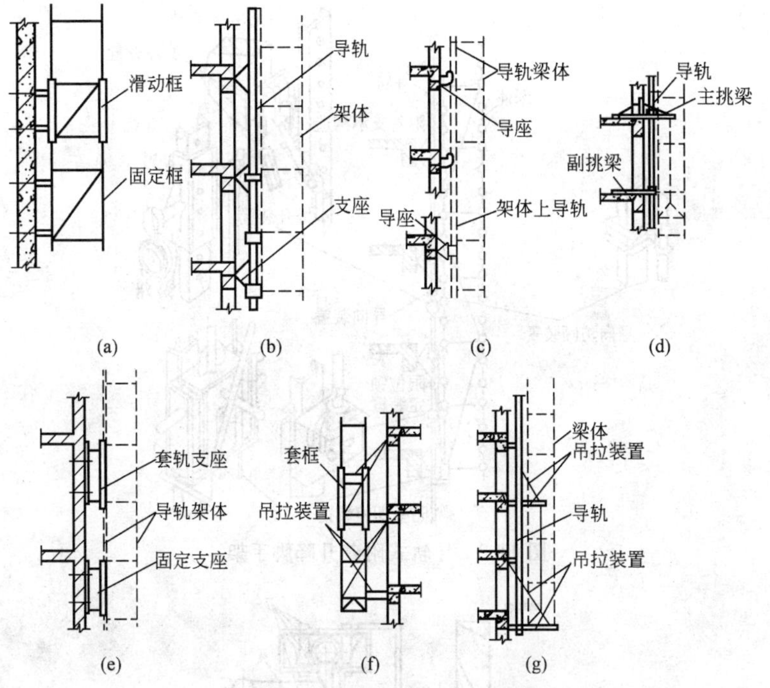

图 11-1　附着支承结构的 7 种形式示意

(a) 套框式；(b) 导轨式；(c) 导座式；(d) 挑轨式；(e) 套轨式；(f) 吊套式；(g) 吊轨式

1）套框（管）式附着升降脚手架。即由交替附着于墙体结构的固定框架和滑动框架（可沿固定框架滑动）构成的附着升降脚手架。

2）导轨式附着升降脚手架。即架体沿附着于墙体结构的导轨升降的脚手架。

3）导座式附着升降脚手架。即带导轨架体沿附着于墙体结构的导座升降的脚手架。

4）挑轨式附着升降脚手架。即架体悬吊于带防倾导轨的挑梁带（固定于工程结构的）下并沿导轨升降的脚手架。

5）套轨式附着升降脚手架。即架体与固定支座相连并沿套

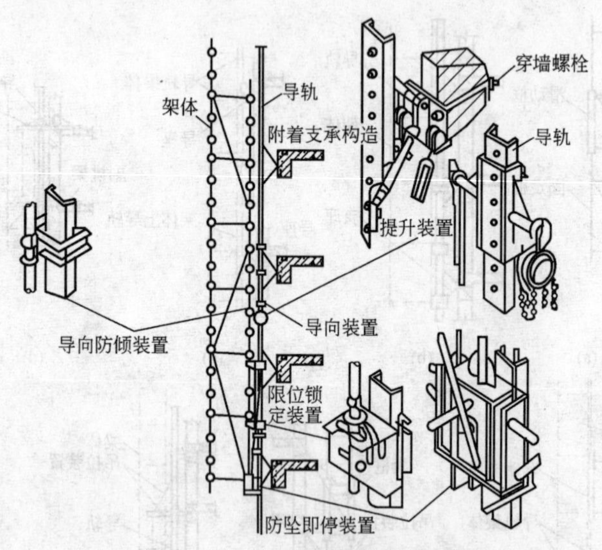

图 11-2　导轨式附着升降脚手架

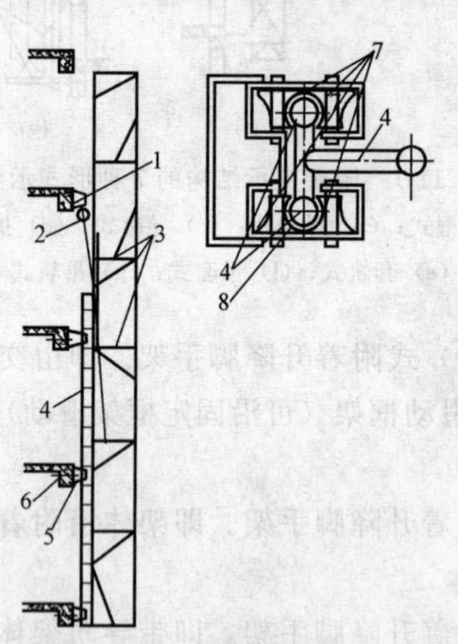

图 11-3　导座式附着升降脚手架

1—吊挂支座；2—提升设备；3—架体；4—导轨；5—导座；

6—固定螺栓；7—滚轴；8—导轨立杆

轨支座升降、固定支座与套轨支座交替与工程结构附着的升降脚手架。

6）吊套式附着升降脚手架。即采用吊拉式附着支承的、架体可沿套框升降的附着升降脚手架。

7）吊轨式附着升降脚手架。即采用设导轨的吊拉式附着支承、架体沿导轨升降的脚手架。

导轨式附着升降脚手架的基本构造如图 11-2 所示。

导座式附着升降脚手架的基本构造如图 11-3 所示。

套框（管）式附着升降脚手架的基本构造如图 11-4 所示。

套轨式附着升降脚手架的基本构造见图 11-5。

（2）按升降方式划分

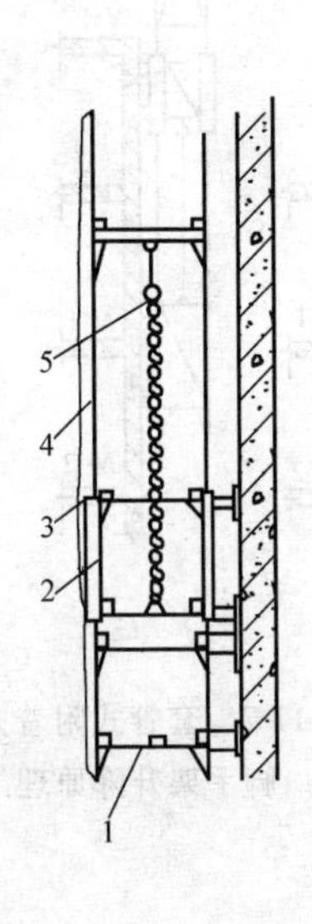

图 11-4　套框（管）式附着升降脚手架

1—固定框（大爬架）ϕ48mm×3.5mm 钢管焊接；2—滑动框（小爬架）ϕ63.5mm×4mm 钢管焊接；3—纵向水平架；4—安全网；5—提升机具（葫芦）

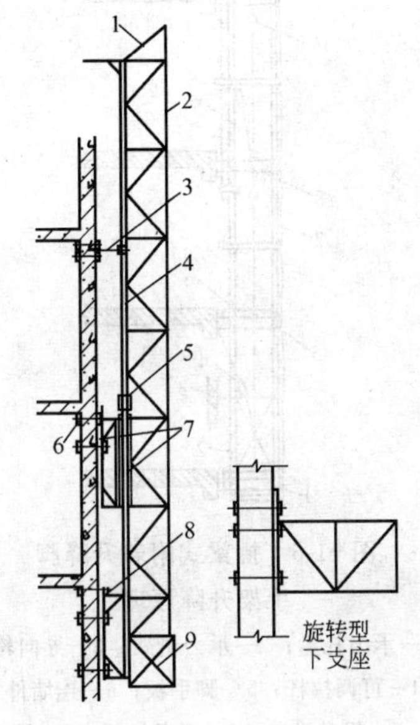

图 11-5　套轨式附着升降脚手架

1—三角挂架；2—架体；3—滚动支座；4—导轨；5—防坠装置；6—穿墙螺栓；7—滑动支座 B；8—固定支座；9—架底框架

附着升降脚手架都是由固定或悬挂、吊挂于附着支承上的各节（跨）3～7层（步）架体所构成，按各节架体的升降方式可划分为如下几种。

1）挑梁式附着升降脚手架。以固定在结构上的挑梁为支点来升降附着升降脚手架，原理如图11-6所示。

2）套管式附着升降脚手架。通过固定框和活动框的交替升降来带动架体结构升降的附着升降脚手架，原理如图11-7所示。

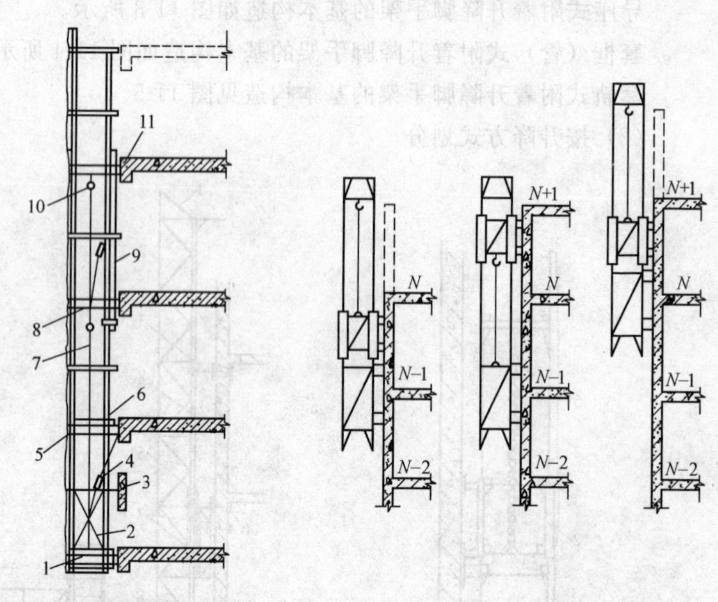

图11-6 挑梁式附着升降脚手架升降原理

1—承力托盘；2—承力桁架；3—导向轮；4—可调拉杆；5—脚手板；6—连墙件；7—提升设备；8—提升挑梁；9—导向轨；10—小葫芦；11—导轨滑套

图11-7 套管式附着升降脚手架升降原理

3）导轨式附着升降脚手架。将导轨固定在建筑物上，架体结构沿导轨升降的附着升降脚手架，原理如图11-8所示。

4）互爬式附着升降脚手架。即相邻架体互为支托并交替提

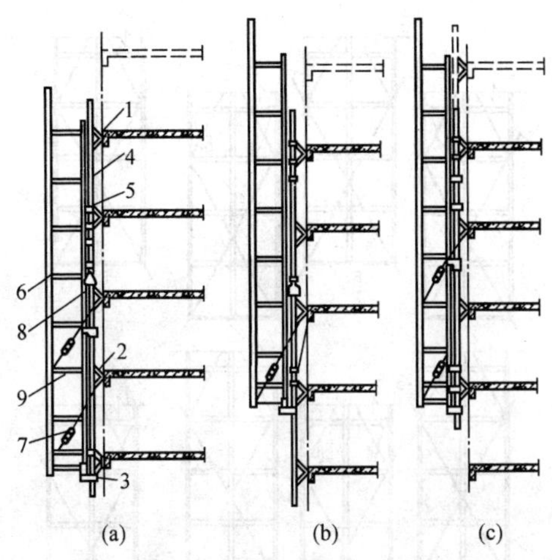

图 11-8　导轨式附着升降脚手架升降原理

(a) 爬升前；(b) 爬升后；(c) 再次爬升前

1—连接挂板；2—连墙件；3—连墙件座；4—导轨；5—限位锁；6—脚手架；7—斜拉钢丝绳；8—立杆；9—横杆

升（或落下）的附着升降脚手架。

互爬升降的附着升降脚手架的升降原理（图 11-9）是：每一个单元脚手架单独提升，当提升某一单元时，先将提升葫芦的吊钩挂在与被提升单元相邻的两架体上，提升葫芦的挂钩则钩住被提升单元底部，解除被提升单元约束，操作人员站在两相邻的架体上进行升降操作。当该升降单元升降到位后，将其与建筑物固定好，再将葫芦挂在该单元横梁上，进行与之相邻的脚手架单位的升降操作。相隔的单元脚手架可同时进行升降操作。

(3) 按提升设备划分

分为手动（葫芦）提升、电动（葫芦）提升、卷扬机提升和液压提升 4 种，其提升设备分别使用手动葫芦、电动葫芦、小型卷扬机和液压升降设备。手动葫芦只用于分段（1～2 跨架体）提升和互爬提升，不准超过两个吊点的单片脚手架的升降；电动葫芦可用于分段和整体提升；卷扬提升方式用的较少；而液压提升方式则仍处在技术不断地发展中。

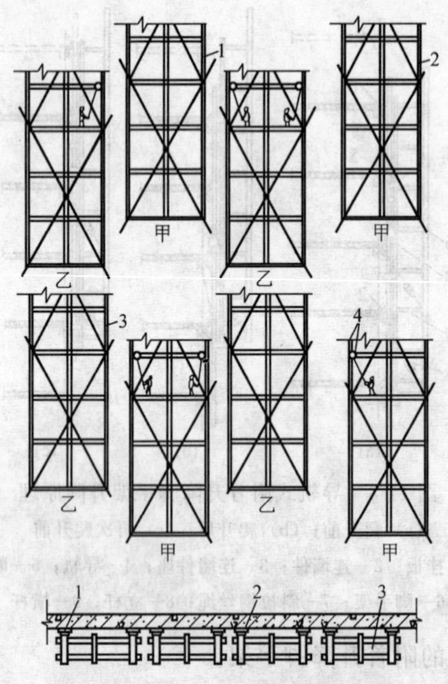

图 11-9　互爬式脚手架升降原理

1—连墙支座；2—提升横梁；3—提升单元；4—手拉葫芦

(4) 按其用途划分

分为带模板和不带模板的附着升降脚手架。

(二) 附着升降脚手架的构造与装置

附着升降脚手架实际上是把一定高度的落地式脚手架移到了空中，脚手架一般搭设四个标准层高再加上一步护身栏杆为架体的总高度。架体由承力构架支承，并通过附着装置与工程结构连接。所以附着升降脚手架的组成应包括：架体结构、附着支承装置、提升机构和设备、安全装置和控制系统几个部分。

附着升降脚手架属侧向支承的悬空脚手架，架体的全部荷载通过附着支承传给工程结构承受。其荷载传递方式为：架体的竖向荷载传给水平梁架，水平梁架以竖向主框架为支座，竖向主框架承受水平梁架的传力及主框架自身荷载，主框架荷载通过附着支承结构传给建筑结构。

1. 架体结构

由竖向主框架、水平梁架和架体板构成，如图 11-10 所示。

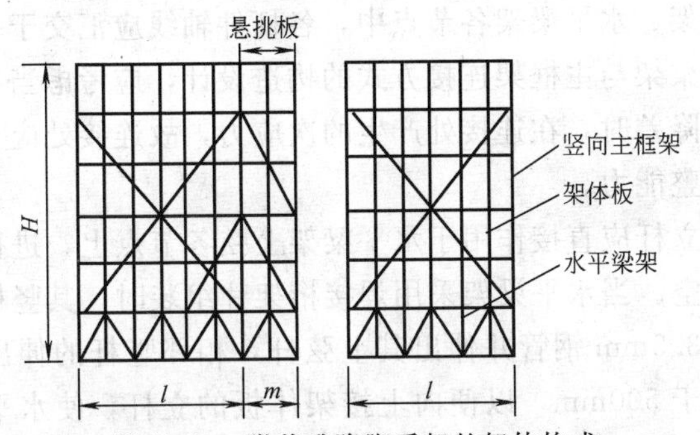

图 11-10　附着升降脚手架的架体构成

(1) 竖向主框架

竖向主框架是脚手架的重要构件，它构成架体结构的边框架，与附着支承装置连接，并将架体荷载传给工程主体结构。带导轨架体的导轨一般都设计为竖向主框架的内侧立杆。竖向主框架可作成单片框架或格构式框架，必须是刚性的框架，不允许产生变形，以确保传力的可靠性。所谓刚性，包含两方面，一是组成框架的杆件必须有足够的强度、刚度；二是杆件的节点必须是刚性，受力过程中杆件的角度不变化。

采用扣件连接组成的杆件节点是半刚性、半铰接的，荷载超过一定数值时，杆件可产生转动，所以规定支撑框架与主框架不允许采用扣件连接，必须采用焊接或螺栓连接的加强的定型框架，并与水平梁架和架体构造成整体作用，以提高架体结构的稳定性。

(2) 水平梁架

水平梁架一般设于底部，承受架体板传下来的架体荷载，并将其传给竖向主框架。水平梁架的设置也是加强架体的整体性和刚度的重要措施，因而要求采用定型焊接或组装的型钢桁架结构。不准采用钢管扣件连接。当用定型桁架不能连续设置时，局部可用脚手管连接，但其长度不大于2m，并且必须采取加强措施，确保其连接刚度和强度不低于桁架梁式结构。

里外两片相邻水平梁架的上下弦两端应加设水平剪刀撑，以增加整体刚度。

主框架、水平梁架各节点中，各杆件轴线应汇交于一点。

水平梁架与主框架连接方式的构造设计，应考虑当主框架之间出现升降差时，在连接处产生的次应力，故连接处应有一定倾斜变形调整能力。

架体立杆应直接作用于水平梁架上弦各节点上，进行可靠连接不得悬空。当水平梁架采用焊接桁架片组装时，其竖杆宜采用ϕ48mm×3.5mm钢管并伸出其上弦杆，相邻竖杆的伸出长度应相差不小于500mm，以便向上接架体板的立杆，使水平梁架和架体板形成整体。

（3）架体板

除竖向主框架和水平梁架的其余架体部分称为“架体板”，在承受风侧等水平荷载（侧力）作用时，它相当于两端支承于竖向主框架之上的一块板，同时也避免与整个架体相混淆。

脚手架架体可采用碗扣式或扣件式钢管脚手架，其搭设方法和要求与常规搭设基本相同。双排脚手架的宽度为0.9～1.1m，应符合架体宽度不大于1.2m。直线布置的架体每段脚手架下部支承跨度不应大于8m，折线或曲线布置的架体支承跨度不应大于5.4m，并且架体全高（最低层横杆至最上层护栏横杆距离）与支承跨度的乘积不大于110m^2。这样，可以使架体重心不偏高，有利于稳定。

脚手架的立杆可按1.5m设置，扣件的紧固力矩为40～50N·m，并按规定设置防倾装置。架体外立面必须沿全高设置剪刀撑。剪刀撑跨度不得大于6.0m，水平夹角为45°～60°，并应将竖向主框架、架体水平梁架和架体板连成一体。当有悬挑段时，整体式附着升降脚手架架体的悬挑长度不得大于1/2水平支承跨度和3m；单片式附着升降脚手架架体的悬挑长度不应大于1/4水平支承跨度；并以竖向主框架为中心，成对设置斜拉杆（应靠近悬挑梁端部），斜拉杆水平夹角不小于45°，以确保悬挑段的传载和安全工作的要求。

架体结构在以下部位应采取可靠的加强构造措施：

1）与附着支承结构的连接处；

2）架体上，升降机构的设置处；

3）架体上，防倾、防坠装置的设置处；

4）架体吊拉点设置处；

5）架体平面的转角处；

6）架体因碰到塔吊、施工电梯、物料平台等设施而需要断开或开洞处；

7）其他有加强要求的部位。

2. 附着支承

附着支承是附着升降脚手架的主要承载传力装置。附着升降脚手架在升降和到位后的使用过程中，都是靠附着支承附着于工程结构上来实现其稳定的。附着支承有三个作用：可靠的承受和传递架体荷载，把主框架上的荷载可靠地传给工程结构；保证架体稳定地附着在工程结构上，确保施工安全；满足提升、防倾、防坠装置的要求，包括能承受坠落时的冲击荷载。

附着支承的形式主要有挑梁式、拉杆式、导轨式、导座（或支座、锚固件）和套框（管）等5种，并可根据需要组合使用。为了确保架体在升降时处于稳定状态，避免晃动和抵抗倾覆作用，要求达到以下两项要求。

附着支承与工程结构每个楼层都必须设连接点，架体主框架沿竖向侧，架体在任何状态（使用、上升或下降）下，确保架体竖向主框架能够单独承受该跨全部设计荷载和防止坠落与倾覆作用的附着支承构造均不得少于两套。支承构造应拆装顺利，上下、前后、左右三个方向应具有对施工误差可以调节的措施，以避免出现过大的安装应力和变形。

必须设置防倾装置，即在采用非导轨或非导座附着方式（其导轨或导座既起支承和导向作用，也起防倾作用）时，必须另外附设防倾导杆。而挑梁式和吊拉式附着支承构造，在加设防倾导轨后，就变成了挑轨式和吊轨式。

附着支承或钢挑梁与工程结构的连接质量必须符合设计要求。做到严密、平整、牢固；对预埋件或预留孔应按照节点大样图做法及位置逐一进行检查，并绘制分层检测平面图，记录各层各点的检查结果和加固措施。当起用附墙支承或钢挑梁时，其设置处混凝土强度等级应有强度报告符合设计规定，并不得小于C10。由于上附着支承点处混凝土强度较低，在设计时应考虑有足够的支承面积，以保证传载的要求。

钢挑梁的选材、制作与焊接质量均按设计要求。联结螺栓不能使用板牙套制的三角形断面螺纹螺栓，必须使用梯形螺纹螺栓，以保证螺纹的受力性能，并用双螺母紧固。螺栓与混凝土之间垫板的尺寸按计算确定，并使垫板与混凝土表面接触严密。

预留孔或预埋件应垂直于表面，其中心误差应小于15mm。附着支承结构采用普通穿墙螺栓与工程结构连接时，应采用双螺母固定，螺杆露出螺母不少于3扣，垫板应经设计并不小于80mm×80mm×8mm。当附着点采用单根穿墙螺栓锚固时，应具有防止扭转的措施。严禁少装螺栓和使用不合格螺栓。

3. 提升机构和设备

目前脚手架的升降装置有四种：手动葫芦、电动葫芦、专用卷扬机、穿芯液压千斤顶。最常用的是电动葫芦，由于手动葫芦是按单个使用设计的，不能群体使用，所以当使用三个或三个以上的葫芦群吊时，手动葫芦操作无法实现同步工作，容易导致事故的发生，故规定使用手动葫芦最多只能同时使用两个吊点的单跨脚手架的升降，因为两个吊点的同步问题相对比较容易控制。

按规定，升降必须有同步装置控制。分析附着升降脚手架的事故，不管起初原因是什么，最终大多是由于架体升降过程中吊点不同步，偏差过大，提升机受力不一致造成的。所以同步装置是附着升降脚手架最关键性的装置，它可以预见隐患，及早采取预防措施防止事故发生。可以说，设置防坠装置是属于保险装置，而设置同步装置则是主动的安全装置。当脚手架的整体安全度足够时，关键就是控制平稳升降，不发生意外超载。

同步升降装置应该具备自动显示、自动报警和自动停机功能。操作人员随时可以看到各吊点显示的数据，为升降作业的安全提供可靠保障。同步装置应从保证架体同步升降和监控升降荷载的双控方法来保证架体升降的同步性，即通过控制各吊点的升降差和承载力两个方面进行控制，来达到升降的同步避免发生超载。升降时控制各吊点同步差在 3cm 以内；吊点的承载力应控制在额定承载力的 80％。当实际承载力达到和超过额定承载力的 80％时，该吊点应自动停止升降，防止发生超载。

按照《起重机械安全规程》规定，索具、吊具的安全系数≥6。提升机具的实际承载能力安全系数应在 3～4 之间，即当相邻提升机具发生故障时，此机具不因超载同时发生故障。

4. 安全装置和控制系统

附着升降脚手架的安全装置包括防坠和防倾装置。为防止脚手架在升降情况下发生断绳、折轴等故障造成坠落事故和保障在升降情况下，脚手架不发生倾斜、晃动，必须设置防坠落和防倾斜装置。

防倾采用防倾导轨及其他适合的控制架体水平位移的构造。为了防止架体在升降过程中，发生过度的晃动和倾覆，必须在架体每侧沿竖向设置 2 个以上附着支承和升降轨道，以控制架体的晃动不大于架体全高的 1/200 和不超过 60mm。防倾斜装置必须具有可靠的刚度，必须与竖向主框架、附着支承结构或工程结构做可靠联结，连接方法可采用螺栓联结，不准采用钢管扣件或碗扣联结。竖向两处防倾斜装置之间距离不能小于 1/3 架体全高，控制架体升降过程中的倾斜度和晃动的程度，在两个方向（前后、左右）均不超过 3cm。防倾斜装置轨道与导向装置间隙应小于 5mm，在架体升降过程中始终保持水平约束，确保升降状态的稳定和安全不倾翻。

防坠装置则为防止架体坠落的装置，即在升降或使用过程中一旦因断链（绳）等造成架体坠落时，能立即动作，及时将架体制停在附着支承或其他可靠支承结构上，避免发生伤亡事故。防坠装置的制动有棘轮棘爪、楔块斜面自锁、摩擦轮斜面自锁、模块套管、偏心凸轮、摆针等多种类型（图 11-11），一般都能达到制停的要求。

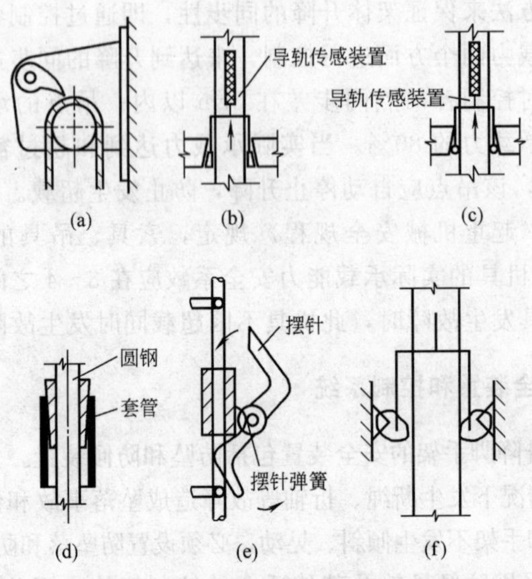

图 11-11　防坠装置的制动类型示意

(a) 棘轮棘爪型；(b) 楔块斜面自锁型；(c) 摩擦轮斜面自锁型；
(d) 模块套管型；(e) 偏心凸轮型；(f) 摆针型

防坠落装置必须灵敏可靠，应该确保从架体发生坠落开始，至架体被制动住的时间不超过 3s，在制动时间内坠落距离不大于 150mm（整体提升制动距离不大于 80mm）。防坠装置必须设置在主框架部位，由于主框架是架体的主要受力结构，又与附着支承相连，这样就可以把制动荷载及时传给工程结构承受。同时还规定了防坠装置最后应通过两处以上的附着支承（每一附着支承结构均能承担坠落荷载）向工程结构传力，主要是防止当其中有一处附着支撑有问题时，还有另一处作为传力保障。

防坠装置必须在施工现场进行足够次数（100～150 次）的坠落试验，以确认抗疲劳性及可靠度符合要求。

5. 脚手板

1）附着式升降脚手架为定型架体，故脚手板应按每层架体间距合理铺设，铺满铺严，无探头板并与架体固定绑牢。有钢丝绳穿过处的脚手板，其孔洞应规则，不能留有过大洞口。人员上下各作业层应设专用通道和扶梯。

2）架体升降时，底层脚手板设置可折起的翻板构造，保持架体底层脚手板与建筑物表面在升降和正常使用中的间隙，作业时必须封严，防止物料坠落。

3）脚手架板材质量符合要求，应使用厚度不小于 5cm 的木板或专用钢制板网，不准用竹脚手板。

6. 物料平台

物料平台必须单独设置，将其荷载独立地传递给工程结构。平台各杆件不得以任何形式与附着升降脚手架相联结，物料平台所在跨的附着升降脚手架应单独升降，并采取加强措施。

7. 防护措施

1）脚手架外侧用密目安全网（≥800 目/100cm^2）封闭，安全网的搭接处必须严密并与脚手架可靠固定。

2）各作业层都应按临边防护的要求设置上、下两道防护栏杆（上杆高度 1.2m，下杆高度 0.6m）和挡脚板（高度 180mm）。

3）最底部作业层的脚手板必须铺设严密，下方应同时采用密目安全网及平网挂牢封严，防止落人落物。

4）升降脚手架下部、上部建筑物的门窗及孔洞，也应进行封闭。

5）单片式和中间断开的整体式附着升降脚手架，在使用工况下，其断开处必须封闭并加设栏杆；在升降工况下，架体开口处必须有可靠的防止人员及物料坠落的措施。

附着升降脚手架在升降过程中，必须确保升降平稳。

（三）附着升降脚手架的搭设

现以导轨式附着升降脚手架的搭设为例，介绍附着升降脚手架的搭设过程。

导轨式附着升降脚手架由脚手架、爬升机构和提升系统组成。脚手架用碗扣式或扣件式钢管脚手架标准杆件搭设而成，搭设方法及要求同常规方法。爬升机构由导轨、导轮组、提升滑轮组、提升挂座、连墙支杆、连墙支座杆、连墙挂板、限位锁、限位锁挡块及斜拉钢丝绳等定型构件组成。提升系统可用手拉或电动葫芦提升。

导轨式附着升降脚手架对组装的要求较高，必须严格按照设计要求进行。组装顺序为：搭设操作平台→搭设底部架→搭设上部脚手架→安装导轨→在建筑物上安装连墙挂板、支杆和支杆座→安提升挂座→装提升葫芦→装斜拉钢丝绳→装限位锁→装电控操作台（仅电动葫芦用）。

附着升降脚手架的搭设应在操作工作平台上进行搭设组装。工作平台面低于楼面300～400mm。高空操作时，平台应有防护措施。操作要点如下所述。

1. 选择安装起始点、安放提升滑轮组并搭设底部架子

脚手架安装的起始点一般选在附着升降脚手架的提升机构位置不需要调整的地方。

安放提升滑轮组，并与架子中与导轨位置相对应的立杆联结，并以此立杆为准向一侧或两侧依次搭设底部架。

脚手架的步距为1.8m，最低一步架横杆步距为600mm，或者用钢管扣件增设纵向水平横杆并设纵向水平剪刀撑以增强脚手架承载能力。跨距不大于1.85m，宽度不大于1.25m。组装高度宜为3.5～4.5倍楼层高。爬升机构水平间距宜在7.4m以内，在拐角处适当加密。

与提升滑轮组相连（即与导轨位置相对应）的立杆一般是位于脚手架端部的第二根立杆，此处要设置从底到顶的横向斜杆。

底部架搭设后，对架子应进行检查、调整。要求：横杆的水平度偏差$\leqslant L/400$（L为脚手架纵向长度）；立杆的垂直度偏差$< H/500$（H为脚手架高度）；脚手架的纵向直线度偏差$< L/200$。

2. 脚手架架体搭设

以底部架为基础，配合工程施工进度搭设上部脚手架。

与导轨位置相对应的横向承力框架内沿全高设置横向斜杆，在脚手架外侧沿全高设置剪刀撑；在脚手架内侧安装爬升机械的两立杆之间设置横向斜撑（图11-12）。

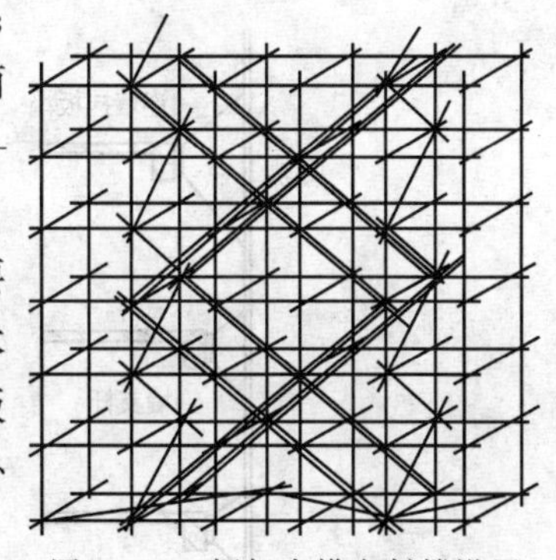

图11-12　框架内横向斜撑设置

脚手板、扶手杆除按常规要求铺放外，底层脚手板必须用木脚手板或者用无网眼的钢脚手板密铺，并要求横向铺至建筑物外墙，不留间隙。

脚手架外侧满挂安全网，并从脚手架底部兜过来固定在建筑物上。

3. 安装导轮组、导轨

在脚手架架体与导轨相对应的两根立杆上，各上、下安装两组导轮组，然后将导轨插进导轮和提升滑轮组下（图 11-13）的导孔中，如图 11-14 所示。

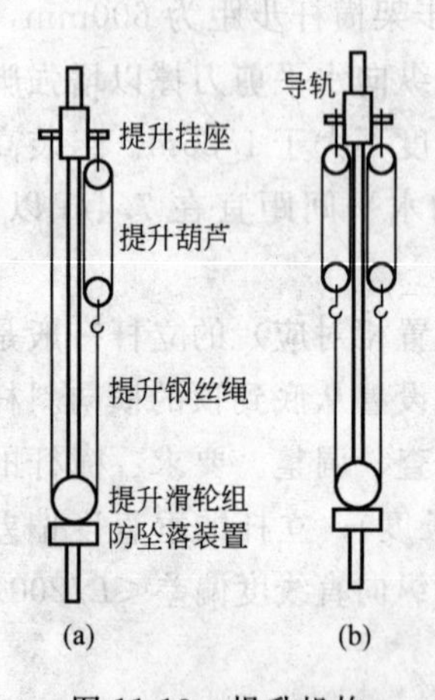

图 11-13　提升机构

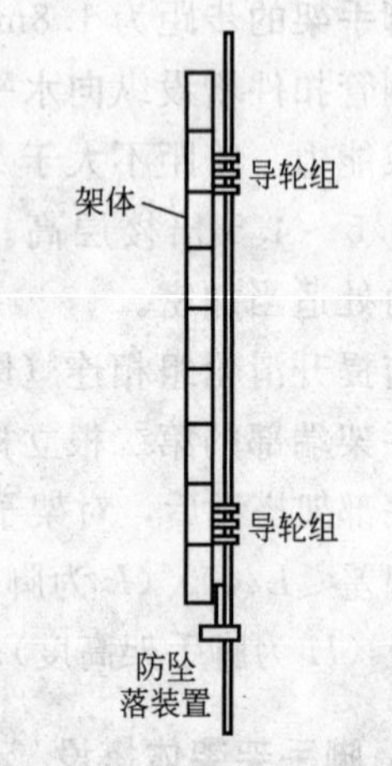

图 11-14　导轨与架体连接

在建筑物结构上安装连墙挂板、连墙支杆、连墙支座杆，再将导轨与连墙支座联结（图 11-15）。

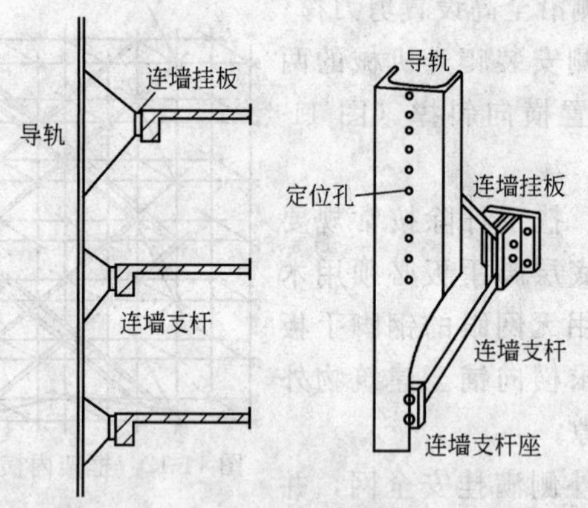

图 11-15　导轨与结构连接

当脚手架（支架）搭设到两层楼高时即可安装导轨，导轨底部应低于支架 1.5m 左右，每根导轨上相同的数字应处于同一水平上。每根导轨长度一定，有 3.0、2.8、2.0、0.9m 等几种，可竖向接长。

两根连墙杆之间的夹角宜控制在45°～150°内，用调整连墙杆的长短来调整导轨的垂直度，偏差控制在$H/400$以内。

4. 安装提升挂座、提升葫芦、斜拉钢丝绳、限位器

将提升挂座安装在导轨上（上面一组导轮组下的位置），再将提升葫芦挂在提升挂座上。当提升挂座两侧各挂一个提升葫芦时，架子高度可取3.5倍楼层高，导轨选用4倍楼层高，上下导轨之间的净距应大于1倍楼层加2.5m；当提升挂座两侧的一侧挂提升葫芦，另一侧挂钢丝绳时，架子高度可取4.5倍楼层高，导轨选用5倍楼层高，上下导轨之间的净距应大于2倍楼层高加1.8m。

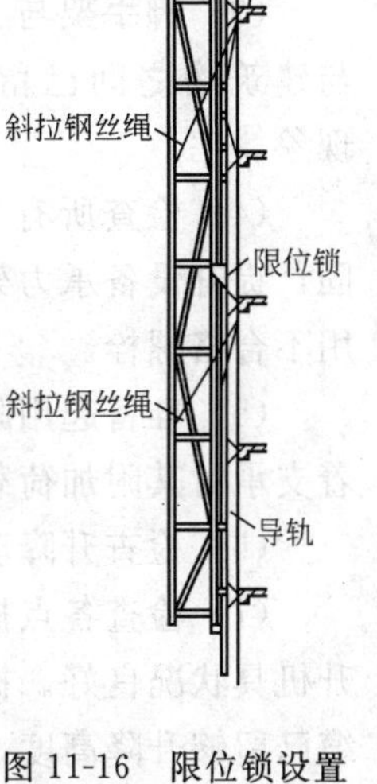

图11-16 限位锁设置

钢丝绳下端固定在支架立杆的下碗扣底部，上部用在花篮螺栓柱在连墙挂板上，挂好后将钢丝绳拉紧（图11-16）。

若采用电动葫芦则在脚手架上搭设电控柜操作台，并将电缆线布置到每个提升点，同电动葫芦连接好（注意留足电缆线长度）。

限位锁固定在导轨上，并在支架立杆的主节点下的碗扣底部安装限位锁夹。

导轨式附着升降脚手架允许三层同时作业，每层作业荷载20kN/m²。每次升降高度为一个楼层。

（四）附着升降脚手架的检查、验收和安全使用管理

1. 附着升降脚手架搭设质量的检查、验收

附着升降脚手架所用各种材料、工具和设备应具有质量合格

证、材质单等质量文件。使用前应按相关规定对其进行检验。不合格产品严禁投入使用。

附着式升降脚手架在使用过程中，每升降一层都要进行一次全面检查，每次升降都有各自不同的作业条件，所以每次都要按照施工组织设计中要求的内容进行全面检查。

附着升降脚手架组装完毕后，提升（下降）作业前，必须检查准备工作是否满足升降时的作业条件。主要检查以下内容。

（1）升降开始操作之前，确认脚手架已经验收，提出不足之处已经整改，并有验收合格手续。

（2）升降之前，应将脚手架上的材料、机具、人员撤走。

（3）脚手架与工程结构之间联结处已全部脱离，脚手板等处与建筑物之间已留出升降空隙，防止升降过程中发生碰、挂现象。

（4）检查所有节点螺栓是否紧固，附着支承是否按要求紧固，提升设备承力架是否调平，严禁少装附着固定联结螺栓和使用不合格螺栓。

（5）准备起用附着支撑处或钢挑梁处的混凝土强度应达到附着支承对其附加荷载的要求，预埋件或预留孔位置准确。

（6）检查升降动力设备是否工作正常。

（7）检查各点提升机具吊索是否处于同步状态，保证每台提升机具状况良好。提升设备的绳、链有无扭曲翻链现象。电机电缆已留够升降高度，防止拉断电缆。

（8）架体结构中采用普通脚手架杆件搭设的部分，其搭设质量要达到要求。

（9）防倾装置应按设计要求安装。

（10）防坠装置应检查其灵敏可靠性。

（11）检查各岗位施工人员是否落实到位。

（12）各种安全防护设施齐备并符合设计要求。分段提升的脚手架，两端敞开处已用密目网封闭。

（13）电源、电缆及控制柜等的设置应符合用电安全的有关规定。

（14）附着升降脚手架的施工区域应有防雷措施。

（15）附着升降脚手架应设置必要的消防及照明设施。

（16）同时使用的升降动力设备、同步与荷载控制系统及防坠装置等专项设备，应分别采用同一厂家、同一规格型号的产品。

（17）动力设备、控制设备、防坠装置等应有防雨、防砸、防尘等措施。

（18）其他需要检查的项目。

经检查合格后，方可进行升降操作。

脚手架升降过程中应注意以下问题：

（1）随时注意各机位的同步性，有专人负责检查及注意同步装置的显示结果，发现问题及时解决。

（2）注意检查提升设备运转是否正常，以及绳链有无扭曲卡链现象。

（3）注意升降过程的脚手架与建筑物之间距离的变化，防止挂拉建筑物。

（4）注意检查防倾装置受力后是否有倾斜变形，应及时调整减少架体晃动。

（5）升降过程中任何人不得停留在脚手架上，或在脚手架上操作，以防止发生事故。

附着升降脚手架升降到位，不能立即上人进行作业，必须把脚手架进行固定并达到上人作业的条件。因此必须通过以下检查项目，经验收符合要求后再上人操作。

（1）附着支承和架体已按使用状况下的设计要求固定完毕；所有螺栓联结处已按规定紧固；各承力件的预紧程度应一致。

（2）碗扣和扣件接头无松动。

（3）所有安全防护已无漏洞、齐备。

（4）所有脚手板已按规定铺牢铺严。

（5）经过塔吊、外用电梯的附墙处，对已拆除的脚手架已复位。

（6）检查架体的垂直度有无变化，防倾装置及时紧固。

（7）其他必要的检查项目。

每次验收应按施工组织设计规定内容记录检查结果，并由责任人签字。

建筑工地进行安全生产检查时，采用安全检查评分表的评分要求见表 11-1。

附着式升降脚手架（整体提升架或爬架）检查评分表

表 11-1

序号	检查项目		扣分标准	应得分数	扣减分数	实得分数
1	保证项目	使用条件	未经建设部组织鉴定并发放生产和使用证的产品,扣 10 分 不具有当地建筑安全监督管理部门发放的准用证,扣 10 分 无专项施工组织设计,扣 10 分 安全施工组织设计未经上级技术部门审批的扣 10 分 各工种无操作规程的扣 10 分	10		
2		设计计算	无设计计算书的扣 10 分 设计计算书未经上级技术部门审批的扣 10 分 设计荷载未按承重架 3.0kN/m²,装饰架 2.0kN/m²,升降状态 0.5kN/m² 取值的扣 10 分 压杆长细比大于 150,受拉杆件的长细比大于 300 的扣 10 分 主框架、支撑框架(桁架)各节点的各杆件轴线不汇交于一点的扣 6 分 无完整的制作安装图的扣 10 分	10		
3		架体构造	无定型(焊接或螺栓联结)的主框架的扣 10 分 相邻两主框架之间的架体无定型(焊接或螺栓联结)的支撑框架(桁架)的扣 10 分 主框架间脚手架的立杆不能将荷载直接传递到支撑框架上的扣 10 分 架体未按规定构造搭设的扣 10 分 架体上部悬臂部分大于架体高度的 1/3,且超过 4.5m 的扣 8 分 支撑框架未将主框架作为支座的扣 10 分	10		

续表

序号	检查项目		扣分标准	应得分数	扣减分数	实得分数
4	保证项目	附着支撑	主框架未与每个楼层设置连接点的扣10分 钢挑架与预埋钢筋环连接不严密的扣10分 钢挑架上的螺栓与墙体连接不牢固或不符合规定的扣10分 钢挑架焊接不符合要求的扣10分	10		
5		升降装置	无同步升降装置或有同步升降装置但达不到同步升降的扣10分 索具、吊具达不到6倍安全系数的扣10分 有两个以上吊点升降时，使用手拉葫芦（导链）的扣10分 升降时架体只有一个附着支撑装置的扣10分 升降时架体上站人的扣10分	10		
6		防坠落、导向防倾斜装置	无防坠装置的扣10分 防坠装置设在与架体升降的同一个附着支撑装置上，且无两处以上的扣10分 无垂直导向和防止左右、前后倾斜的防倾装置的扣10分 防坠装置不起作用的扣7～10分	10		
		小计		60		
7	一般项目	分段验收	每次提升前，无具体的检查记录的扣6分 每次提升后、使用前无验收手续或资料不全的扣7分	10		
8		脚手板	脚手板铺设不严不牢的扣3～5分 离墙空隙未封严的扣3～5分 脚手板材质不符合要求的扣3～5分	10		
9		防护	脚手架外侧使用的密目式安全网不合格的扣10分 操作层无防护栏杆的扣8分 外侧封闭不严的扣5分 作业层下方封闭不严的扣5～7分	10		
10		操作	不按施工组织设计搭设的扣10分 操作前未向现场技术人员和工人进行安全交底的扣10分 作业人员未经培训，未持证上岗又未定岗位的扣7～10分 安装、升降、拆除时无安全警戒线的扣10分 荷载堆放不均匀的扣5分 升降时架体上有超过2000N重的设备的扣10分	10		
		小计		40		
检查项目合计				100		

2. 附着升降脚手架的使用与安全管理

国务院建设行政主管部门对从事附着升降脚手架工程的施工单位实行资质管理，未取得相应资质证书的不得施工。

使用前，应根据工程结构特点、施工环境、条件及施工要求编制“附着升降脚手架专项施工组织设计”，并根据有关规定要求办理使用手续，备齐相关文件资料。

附着式升降脚手架的安装搭设都必须按照施工组织设计的要求及施工图进行，安装后应经验收并进行荷载试验，确认符合设计要求时，方可正式使用。

组装前，根据专项施工组织设计要求，配备合格人员，明确岗位职责，并对有关施工人员进行安全技术交底。在每次升降以及拆卸前也应根据专项施工组织设计要求对施工人员进行安全技术交底。

按照有关规范、标准及施工组织设计中制定的安全操作规程，进行培训考核，专业工种应持证上岗并明确责任。

附着升降脚手架在首层组装前应设置安装平台，安装平台要有保障施工人员安全的防护设施，安装平台的水平精度和承载能力应满足架体安装的要求。

脚手架的提升机具是按各起吊点的平均受力布置，所以架体上荷载应尽量均布平衡，防止发生局部超载。规定升降时架体上活荷载为 $0.5kN/m^2$，是指不能有人在脚手架上停留和大宗材料堆放，也不准有超过 2000N 重的设备等。

附着升降脚手架的安装应符合以下规定：

（1）水平梁架及竖向主框架在两相邻附着支承结构处的高差应不大于 20mm；

（2）竖向主框架和防倾导向装置的垂直偏差应不大于 5‰ 和 60mm；

（3）预留穿墙螺栓孔和预埋件应垂直于结构外表面，其中心误差应小于 15mm。

附着升降脚手架的升降操作必须遵守以下规定：

(1) 严格执行升降作业的程序规定和技术要求。

(2) 严格控制并确保架体上的荷载符合设计规定。

(3) 所有妨碍架体升降的障碍物必须拆除。

(4) 所有升降作业要求解除的约束必须拆开。

(5) 升降作业时，严禁操作人员停留在架体上，特殊情况确实需要上人的，必须采取有效安全防护措施，并由建筑安全监督机构审查后方可实施。

(6) 附着式升降脚手架属高处危险作业，在安装、升降、拆除时，应划定安全警戒范围，并设专人监督检查。

(7) 严格按设计规定控制各提升点的同步性，相邻提升点间的高差不得大于30mm，整体架最大升降差不得大于80mm。

(8) 升降过程中应实行统一指挥、规范指令。升、降指令只能由总指挥一人下达，但当有异常情况出现时，任何人均可立即发出停止指令。

(9) 采用环链葫芦作升降动力的，应严密监视其运行情况，及时发现、解决可能出现的翻链、绞链和其他影响正常运行的故障。

(10) 附着升降脚手架升降到位后，必须及时按使用状况要求进行附着固定。在没有完成架体固定工作前，施工人员不得擅自离岗或下班。未办交付使用手续的，不得投入使用。

附着升降脚手架在使用过程中严禁进行下列作业：

(1) 利用架体吊运物料；

(2) 在架体上拉结吊装缆绳（索）；

(3) 在架体上推车；

(4) 任意拆除结构件或松动联结件；

(5) 拆除或移动架体上的安全防护设施；

(6) 起吊物料碰撞或扯动架体；

(7) 利用架体支顶模板；

(8) 使用中的物料平台与架体仍联结在一起；

（9）其他影响架体安全的作业。

附着升降脚手架在使用过程中，应每月进行一次全面安全检查，不合格部位应立即改正。

当附着升降脚手架预计停用超过一个月时，停用前应采取加固措施。

当附着升降脚手架停用超过一个月或遇六级以上大风后复工时，必须按要求进行检查。

螺栓联结件、升降动力设备、防倾装置、防坠装置、电控设备等应至少每月维护保养一次。

遇五级（含五级）以上大风和大雨、大雪、浓雾和雷雨等恶劣天气时，禁止进行升降和拆卸作业，并应预先对架体采取加固措施。夜间禁止进行升降作业。

（五）附着升降脚手架的拆除

附着升降脚手架的拆卸工作必须按专项施工组织设计及安全操作规程的有关要求进行。拆除工程前应对施工人员进行安全技术交底。

将脚手架降至底面后，逐层拆除架体结构各杆配件和提升机构构件，并有可靠的防止人员与物料坠落的措施，严禁抛扔物料。拆除下来的构配件及设备应集中堆放，及时进行全面检修保养，然后入库保管。出现以下任何一种情况的，必须予以报废：

（1）焊接件严重变形且无法修复或严重锈蚀；

（2）导轨、附着支承结构件、水平梁架杆部件、竖向主框架等构件出现严重弯曲；

（3）螺纹联结件变形、磨损、锈蚀严重或螺栓损坏；

（4）弹簧件变形、失效；

（5）钢丝绳扭曲、打结、断股，磨损断丝严重达到报废规定；

（6）其他不符合设计要求的情况。

十二、其他脚手架

（一）桥式脚手架

桥式脚手架，简称桥架。在使用时只要加强立柱与建筑结构的支撑联结，桥式脚手架就可以用于14层以下的高层建筑的施工。在结构施工阶段，可利用桥式脚手架作为施工操作人员的交通通道和挂安全网的防护架。在装修施工阶段，桥式脚手架则可用于进行外墙的修补，各种缝隙的处理，安装落水管以及外墙装饰等作业。因此，桥式脚手架既适用于工业建筑施工，又适用于民用建筑施工。但近几年随着悬挑脚手架等非落地式脚手架技术的发展，桥式脚手架已经很少使用，并逐渐被淘汰。

1. 桥式脚手架的构造

桥式脚手架由桥架和支承架组合而成。

1）桥架：桥架又叫桁架式工作平台，是由两个单片桁架用水平横杆和剪刀撑（或小桁架）联结组装并在上面铺设脚手板而成。常用的桥式脚手架长度为3.5m、4.5m、6m，也有较长的8m和16m。其宽度1～1.4m，最宽可以大于2m，上面可以行走小推车，最窄的为0.6m，可以进行拼装使用。

2）支承架：支承架的构造形式较多。如按立柱的构造形式可分为三角形断面单立柱式、三角形断面双立柱式、矩形断面双立柱式等。支承架应根据建筑物的高度、使用要求和搭设的材料等因素来选定搭设方法。

2. 桥式脚手架的支承架种类

支承架按使用材料划分种类较多，如扣件式钢管井式支承架、木杆式支承架、梯式支承架、定型钢排架组成的井式支承架、单立杆支承架等。

3. 扣件式钢管井式支承架的搭设要点和要求

扣件式钢管井式支承架是用扣件和钢管搭设而成的方形井架，在两支承架中间搁置桥架。支承架之间的间距应视桥架的长度确定。

在桥式脚手架的转角、两端头处要求搭设双跨井架，中间可搭设单跨井架。

支承架（图 12-1）的平面尺寸为 1.6m×1.6m，横杆之间的步距为 1.2～1.4m。每隔 3 步架高设置两根连墙杆，与建筑物牢固拉结。

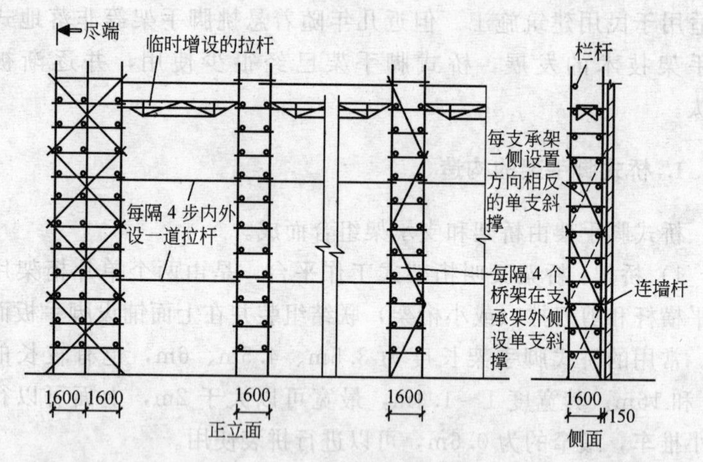

图 12-1　扣件式钢管井式支承架

每个支承架的两侧（垂直于墙面的方向）必须设置方向相反的横向斜撑；纵向每隔 4 个桥架在支承架的外侧设置单支斜撑。

在支承架之间每隔四步在内外各设一道水平拉杆，并在搁置桥架的横杆下边增设一道拉杆，随桥架的提升而向上拆移。

如果支承架与上料井架连接，支承架的立杆的纵向间距应与上料井架相同。

扣件式钢管井式支承架的用料规格要求、杆件的搭设和扣件的拧紧度要求与扣件式钢管脚手架相同。

4. 高层桥式脚手架的安装施工要点和要求

1）在安装前，应按施工方案要求和施工总平面图的规定，放线定出高层桥式脚手架与建筑物的间距以及桥架立柱的精确位置（允许偏差不大于10mm）。

2）桥架立柱必须安置在混凝土基础上，并要求地基平整夯实，要有通畅的排水设施。立柱安装基础的标高应一致，最大允许偏差不得大于20mm。

3）在安装立柱基础节时，应用经纬仪从两个侧立面校正立柱的垂直度，并随即用斜撑固定牢固。在组装完毕后，总的垂直度允许偏差不得大于立柱高的1/650。

4）可采用塔式起重机逐节安装立柱，也可用绞磨或卷扬机整体架设立柱。在架设前，必须对吊索具以及锚固部位逐项进行认真检查。在立柱就位后立即与建筑结构拉接牢固。角立柱偏心受压容易失稳，因此要立即固定好附墙装置和附加支撑。

5）桥架可在立柱间的空当处进行拼装。桥面应用25mm厚的木板铺满，脚手板支承龙骨应搁置在桥架节点上，并要固定牢固。

6）桥式脚手架的桥架平台与外墙面或阳台、挑檐之间四间隙必须小于150mm，以防人员坠落。

7）安全网与立杆之间要用钢管大横杆连成一体，并要固定牢，要求安全网要从桥面下兜包过来。

8）16m跨度的桥式脚手架，在正式使用前应按均布荷载进行30kN试压，跨中挠度不大于5cm，且节点不变形，不松动和焊缝不开裂为合格。检查合格后，方可使用。

9）升降桥架的吊挂点必须要有足够的高度，一般不得少于2～3步架高。

10）桥架在升降过程中，应保持一端高、一端低，并待低的一端搁置好后，再将高的一端放下，搁在立柱的相应水平腹杆上。

11）高层建筑采用双桥式脚手架施工时，可借助塔式起重机一次提升两个桥架。方法是将下桥架用两道 $\phi14$～$\phi16$mm 钢拉杆吊挂在上桥架上同时起吊，如图 12-2 所示。上桥架吊点的选择，应保证吊钩中心线与桥架中心线重合，要求起吊平稳、避免摆动。

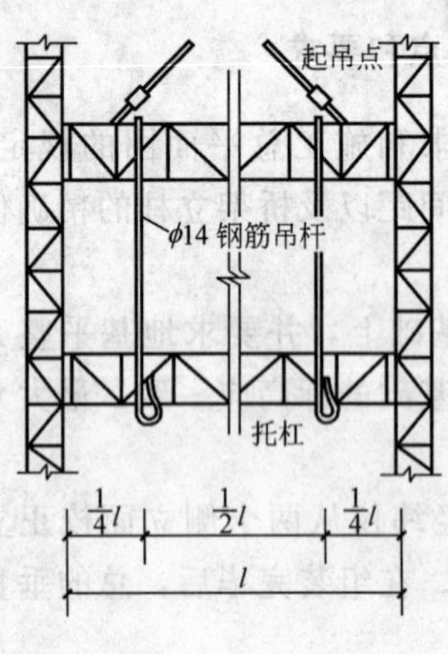

图 12-2　同时提升双桥架

12）在立杆和桥架都安装完毕后，应对全部螺栓连接逐个检查拧紧。经自检符合要求后，请有关技术负责人和专职安全员等进行全面检查验收，经检验合格后，方可交付使用。

（二）烟囱外脚手架

烟囱外脚手架一般用钢管搭设而成，适用于高度在 45m 以下，上口直径小于 2m 的中、小型砌筑烟囱。当烟囱直径超过 2m，高度超过 45m 时，一般采用井架提升平台施工。

1. 烟囱外脚手架的基本形式

烟囱呈圆锥形，高度较高，施工脚手架的形式应根据烟囱的体形、高度、搭设材料等确定。

（1）扣件式钢管烟囱脚手架

扣件式钢管烟囱外脚手架一般搭设成正方形或正六边形（图

12-3）。

（2）碗扣式钢管烟囱脚手架

碗扣式钢管烟囱脚手架一般搭设成正六边形或正八边形（图12-4）。

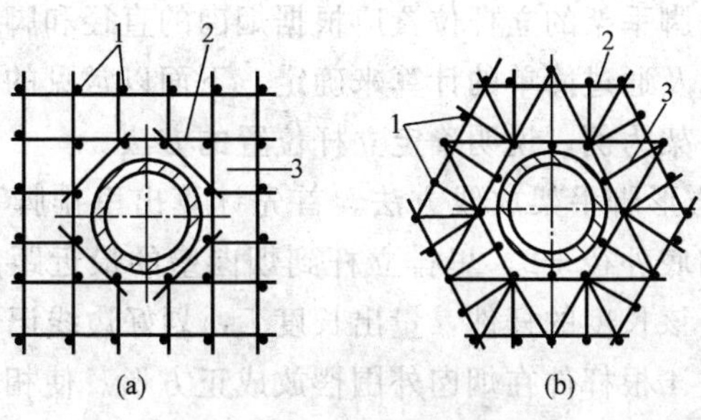

图 12-3 扣件式烟囱外脚手架

1—立杆；2—大横杆；3—小横杆

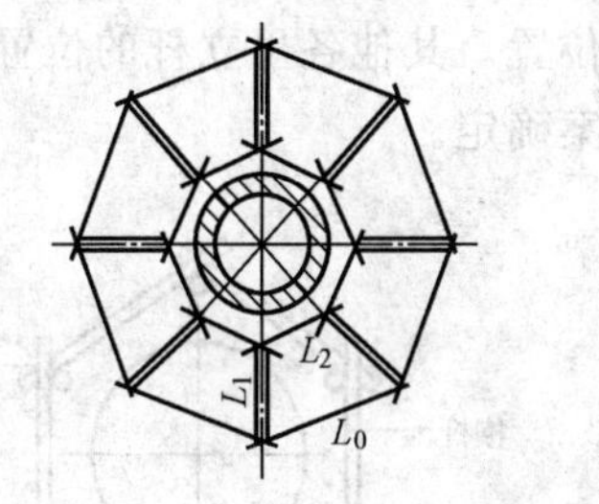

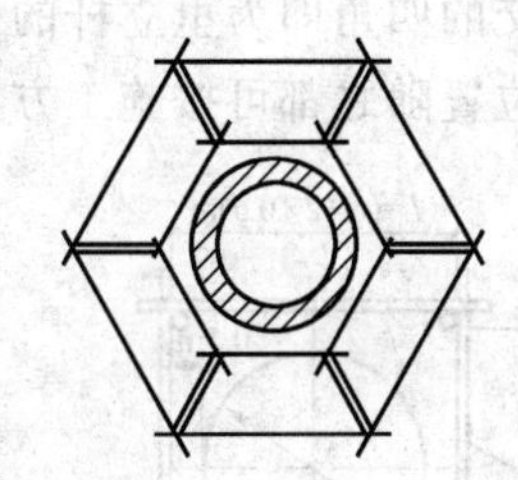

图 12-4 碗扣式烟囱脚手架

（3）门式钢管烟囱脚手架

门式钢管烟囱脚手架一般搭设成正八边形形式（图 12-5）。

2. 扣件式烟囱外脚手架搭设

（1）施工准备

1）根据本工程施工组织设计烟囱脚手架搭设施工方案的技术要求，该项目技术负责人要逐级向施工作业人员进行技术交底和安全技术交底。

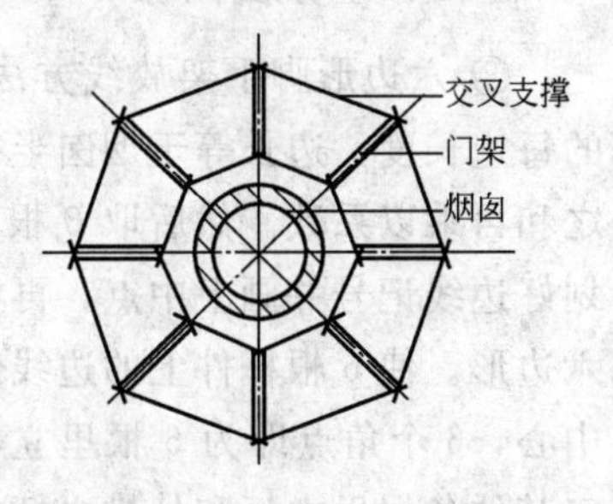

图 12-5 门式钢管烟囱脚手架

2）对脚手架材料进行检查和验收，不合格的构配件不准使用，合格的构配件按品种、规格、使用顺序的先后堆放整齐。

3）搭设现场应清理干净，夯实基土，场地排水畅通。

4）确定立杆位置。

烟囱外脚手架的立杆位置应根据烟囱的直径和脚手架搭设的平面形式以及通过简单的计算来确定。下面以常见的正方形和正六边形脚手架为例，说明确定立杆位置的方法。

① 正方形脚手架放线方法。首先计算出里排脚手架的每边长度：烟囱底外径＋2×里排立杆到烟囱壁的最近距离。然后挑选 4 根大于该长度的杆件，量出长度 L，划好边线记号并画上中点，再把这 4 根杆件在烟囱外围摆放成正方形。使相交杆件上所划边线成十字相交，并将 4 根杆的中点与烟囱中心线对齐，使杆件的交角成直角，对角线的两对角线长度相等（图 12-6）。杆件垂直相交的四角即为里立杆的位置。其他各里立杆的位置及外排立杆的位置随之都可按施工方案确定。

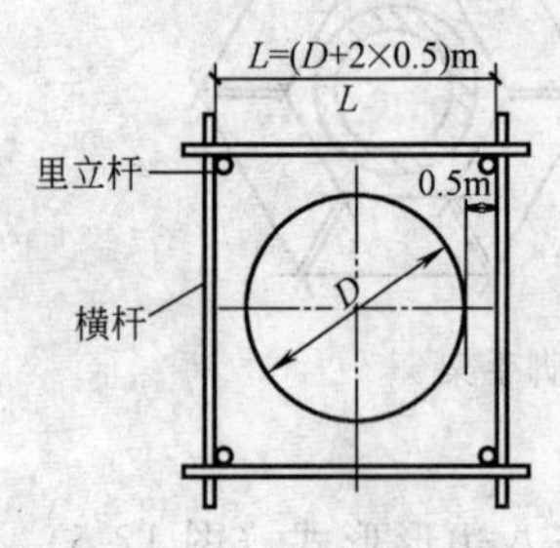

图 12-6　正方形脚手架

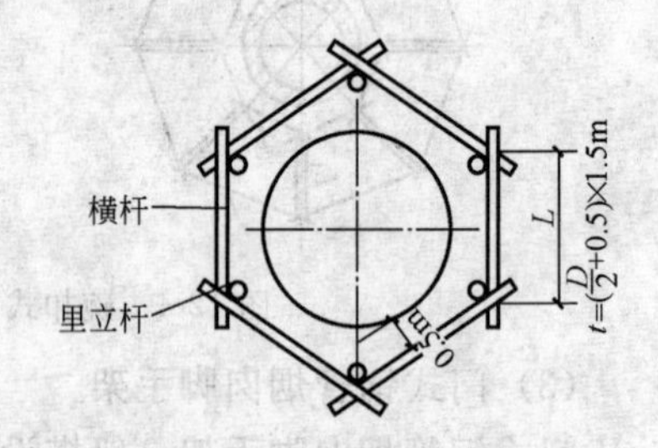

图 12-7　正六边形脚手架

② 六边形脚手架放线方法。首先计算出里排脚手架六边形的每边长度：边长等于烟囱半径加里排立杆到烟囱壁的最近距离之和再乘以系数。然后取 6 根大于该长度的杆件，量出长度 L，划好边线记号并画上中点，再将这 6 根杆件在烟囱外围摆放成正六边形。使 6 根杆件上的边线依次相交，中线都对准烟囱的十字中心，6 个角点即为 6 根里立杆的位置（图 12-7）。接着即可确定其他各根里立杆和外排立杆的位置。

（2）铺设垫板、安放底座、树立杆

按脚手架放线的立杆位置，铺设垫板和安放底座。垫板应铺平稳，不能悬空，底座位置必须准确。

竖立杆、搭第一步架子需6～8人配合，先竖各转角处的立杆，后竖中间各杆，同一排的立杆要对齐、对正。

里排立杆离烟囱外壁的最近距离为40～50cm，外排立杆距烟囱外壁的距离不大于2m，脚手架立杆纵向间距为1.5m。

相邻两立杆的接头不得在同一步架、同一跨间内，扣件式钢管立杆应采用对接。

（3）安放大横杆、小横杆

立杆竖立后应立即安装大横杆和小横杆。大横杆应设置在立杆内侧，其端头应伸出立杆10cm以上，以防滑脱，脚手架的步距为1.2m。

大横杆的接长宜用对接扣件，也可用搭接。搭接长度不小于1m，并用3个扣件。各接头应错开，相邻两接头的水平距离不小于50cm。

相邻横杆的接头不得在同一步架或同一跨间内。

小横杆与大横杆应扣接牢，操作层上小横杆的间距不大于1m。小横杆端头与烟囱壁的距离控制在10～15cm，不得顶住烟囱筒壁。

（4）绑扣剪刀撑、斜撑

脚手架每一外侧面应从底到顶设置剪刀撑，当脚手架每搭设7步架时，就应及时搭装剪刀撑、斜撑。剪刀撑的一根杆与立杆扣紧，另一根应与小横杆扣紧，这样可避免钢管扭弯。剪刀撑、斜撑一般采用搭接，搭接长度不小于50cm。斜撑两端的扣件离立杆节点的距离不宜大于20cm。

最下一道斜撑、剪刀撑要落地，与地面的夹角不大于60°。最下一对剪刀撑及斜撑与立杆的连接点离地面距离应不大于50cm。

（5）安缆风绳

15m 以内的烟囱脚手架应在各顶角处设一道缆风绳；

15～25m 的烟囱脚手架应在各顶角及中部各设置一道缆风绳；

25m 以上烟囱脚手架根据情况增置缆风绳。

缆风绳一律采用直径不小于 12.5mm 的钢丝绳，与地面的夹角为 45°～60°，必须单独牢固地拴在地锚上，严禁将缆风绳拴在树干上或电线杆上。若用花篮螺钉调节松紧度，应注意调节必须交错进行。

（6）设置栏杆安全网、脚手板

10 步以上的脚手架，操作层上应设两道护身栏杆和不小于 180mm 高的挡脚板。并在栏杆上挂设安全网。

每 10 步架要铺一层脚手板，要满铺、铺严、铺设平整。在烟囱高度超过 10m 时，脚手板下方需要加铺一层脚手板，并随每步架上升。

对扣件式钢管烟囱脚手架，必须控制好扣件的紧、松程度，扣件螺栓扭力矩以达到 4～5kN·m 为宜，最大不得超过 6.5 kN·m。

扣件螺栓拧得太紧或拧过头，脚手架承受荷载后，容易发生扣件崩裂或滑丝，发生安全事故。扣件螺栓拧得太松，脚手架承受荷载后，容易发生扣件滑落，发生安全事故。

（三）水塔外脚手架

1. 水塔外脚手架的基本形式

水塔的下部塔身为圆柱体，上部水箱凸出塔身，施工时一般搭设落地脚手架，其构造形式为平面，一般采用正方形、正六边形加上挑或正六边形放里立杆（图 12-8）。根据设计要求、施工要求、水塔的水箱直径大小及形状，可搭设成上挑式（图 12-9a）或直通式（图 12-9b）形式。

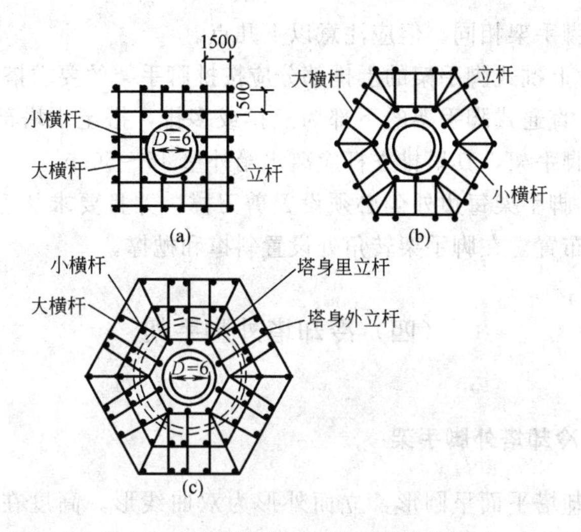

图 12-8　水塔外脚手架平面构造形式

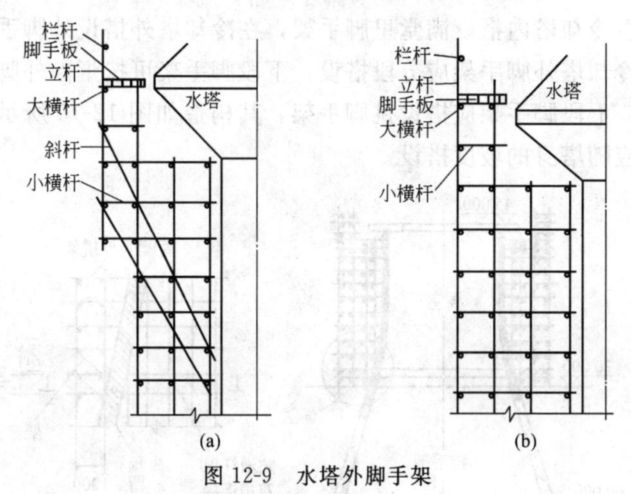

图 12-9　水塔外脚手架

一般情况下，正方形的水塔外脚手架的每边立杆为 6 根；正六边形水塔外脚手架的每边里排立杆为 3～4 根，外挑立杆 5～6 根。

2. 水塔外脚手架的搭设

水塔外脚手架搭设的施工准备、搭设顺序、搭设要求与搭设烟囱外脚手架相同。但应注意以下几点。

1）上挑式脚手架的上挑部分应按挑脚手架的要求搭设。

2）直通式脚手架的下部为三排或多排，搭至水塔部位时改为双排脚手架，其里排立杆应离水箱外壁 45～50cm。

3）脚手架每边外侧必须设置剪刀撑，并且要求从底部到顶部连续布置。在脚手架转角处设置斜撑和抛撑。

（四）冷却塔外脚手架

1. 冷却塔外脚手架

冷却塔平面呈圆形，立面外形为双曲线形。高度在 45m 以下的小型冷却塔，可以采用搭设脚手架的方法进行施工。施工时，在冷却塔内搭设满堂里脚手架，在冷却塔外搭设外脚手架。

冷却塔外脚手架应分段搭设：下段脚手架可按烟囱外脚手架搭设，上段脚手架应搭设挑脚手架，其构造如图 12-10 所示。其立杆应随塔身的坡度搭设。

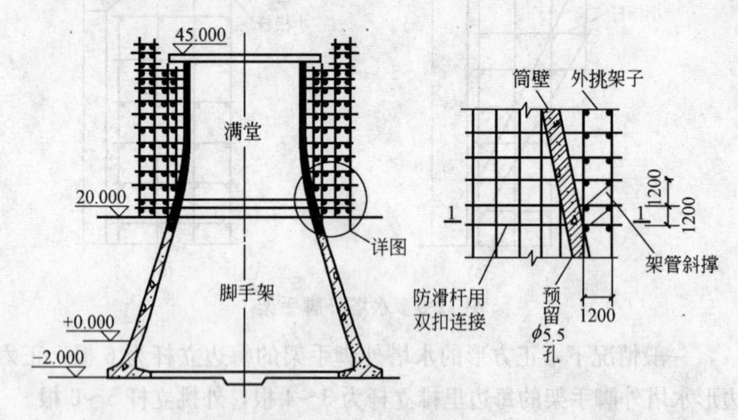

图 12-10 冷却塔上部外挑脚手架

为增加外脚手架的稳定性，在构造上采取两条措施：

1）内、外脚手架的拉结杆（相当于连墙杆）应按梅花形布置，其间距为6～8m。具体做法是在预定位置上预留ϕ55mm孔洞，穿入钢管并与里脚手架连接。

2）在脚手架作业层以上2m处，沿塔身的环向，每隔10m增设一根水平杆与内脚手架连接，并随着作业层一道上翻。

2. 冷却塔外脚手架搭设

冷却塔外脚手架的搭设与烟囱、水塔的外脚手架搭设相同。

（五）烟囱、水塔及冷却塔外脚手架的拆除

1. 拆除顺序

构筑物外脚手架的拆除顺序与搭设顺序相反，同其他脚手架的拆除一样，都应遵循先搭设的后拆除，后搭设的先拆除，自上而下的原则。

一般拆除顺序为：

拆除立挂安全网→拆除护身栏杆→拆挡脚板→拆脚手板→拆小横杆→拆除顶端缆风绳→拆除剪刀撑→拆除大横杆→拆除立杆→拆除斜撑和抛撑（压栏子）。

2. 脚手架拆除

拆除构筑物脚手架必须按上述顺序，由上而下一步一步地依次进行，严禁用拉倒或推倒的方法。

有几点注意事项如下所述。

1）在拆除工作进行之前，必须指定一名责任心强，技术水平较高的人员负责指挥拆除工作。

2）拆除下来的各类杆件和零件应分段往下顺放，严禁随意抛掷，以免伤人。

3）拆除缆风绳应由上而下拆到缆风绳处才能对称拆除，并且拆除前，必须先在适当位置作临时拉结或支撑，严禁随意

乱拆。

4）运至地面的各类杆件和零件，应按要求及时检查、整修和保养，并按品种、规格置于干燥通风处堆放，防止锈蚀。

5）脚手架拆除场地严禁非操作人员进入。

（六）卸 料 平 台

在多层和高层建筑施工中，经常需要搭设卸料平台，将无法用井架或电梯提运的大件材料、器具和设备用塔式起重机先吊运至卸料平台上后，再转运至使用地点。卸料平台按其悬挑方法有三种：悬挂式、斜撑式和脚手式，如图 12-11 所示。

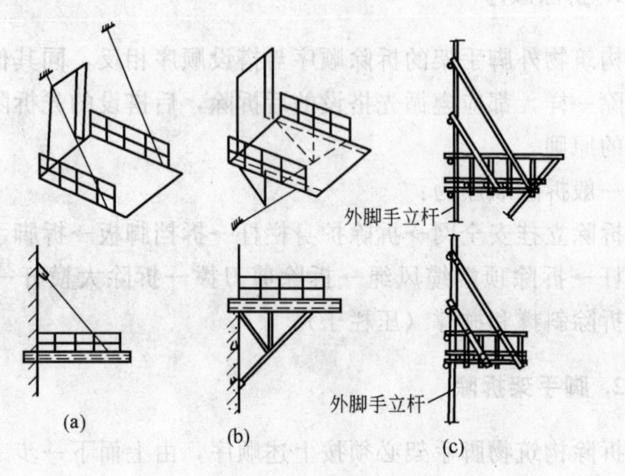

图 12-11　卸料平台

（a）悬挂式；（b）斜撑式；（c）脚手式

卸料平台的规格应根据施工中运输料具、设备等的需要来确定，一般卸料平台的宽度为 2～4m，悬挑长度为 3～6m。根据规范规定，由于卸料平台的悬挑长度和所受荷载都要比挑脚手架大得多，因此在搭设之前要先进行设计和验算，并要按设计要求进行加工和安装。

在搭设卸料平台时，有以下几点要求和注意事项。

1）卸料平台应设置在窗口部位，要求台面与楼板取平或搁置在楼板上。

2）要求上、下层的卸料平台在建筑物的垂直方向上必须错开布置，不得搭设在同一平面位置内，以免下面的卸料平台阻碍上一层卸料平台吊运材料。

3）要求在卸料平台的三面均应设置防护栏杆。当需要吊运长料时，可将外端部做成格栅门，运长料时可将其打开。

4）运料人员或指挥人员进入卸料平台时，必须要有可靠的安全措施，如必须挂牢安全带和戴好安全帽。

5）卸料平台搭设好后，必须经技术人员和专职安全员检查验收合格后，方可进行使用。

6）卸料平台在使用期间，必须加强管理，应指定专人负责检查。发现有安全隐患时，要立即停止使用，以防止发生重大安全事故。

十三、模板支撑架

模板支撑架是用于建筑物的现浇混凝土模板支撑的负荷架子，承受模板、钢筋、新浇捣的混凝土和施工作业时的人员、工具等的重量，其作用是保证模板面板的形状和位置不改变。

模板支撑架通常采用脚手架的杆（构）配件搭设，按脚手架结构计算。

（一）脚手架结构模板支撑架的类别和构造要求

1. 模板支撑架的类别

用脚手架材料可以搭设各类模板支撑架，包括梁模、板模、梁板模和箱基模等，并大量用于梁板模板的支架中。在板模和梁板模支架中，支撑高度＞4.0m 者，称为“高支撑架”，有早拆要求及其装置者，称为“早拆模板体系支撑架”。按其构造情况可作以下分类。

（1）按构造类型划分

1）支柱式支撑架（支柱承载的构架）；

2）片（排架）式支撑架（由一排有水平拉杆联结的支柱形成的构架）；

3）双排支撑架（两排立杆形成的支撑架）；

4）空间框架式支撑架（多排或满堂设置的空间构架）。

（2）按杆系结构体系划分

1）几何不可变杆系结构支撑架（杆件长细比符合桁架规定，竖平面斜杆设置不小于均占两个方向构架框格的 1/2 的构架）；

2）非几何不可变杆系结构支撑架（符合脚手架构架规定，但有竖平面斜杆设置的框格低于其总数 1/2 的构架）。

（3）按支柱类型划分

1）单立杆支撑架；

2）双立杆支撑架；

3）格构柱群支撑架（由格构柱群体形成的支撑架）；

4）混合支柱支撑架（混用单立杆、双立杆、格构柱的支撑架）。

（4）按水平构架情况划分

1）水平构造层不设或少量设置斜杆或剪刀撑的支撑架。

2）有一道或数道水平加强层设置的支撑架，又可分为：

① 板式水平加强层（每道仅为单层设置，斜杆设置≥1/3 水平框格）；

② 桁架式水平加强层（每道为双层，并有竖向斜杆设置）。

此外，单双排支撑架还有设附墙拉结（或斜撑）与不设之分，后者的支撑高度不宜大于 4m。支撑架所受荷载一般为竖向荷载，但箱基模板（墙板模板）支撑架则同时受竖向和水平荷载作用。

2. 模板支撑架的设置要求

支撑架的设置应满足可靠承受模板荷载，确保沉降、变形、位移均符合规定，绝对避免出现坍塌和垮架的要求，并应特别注意确保以下三点：

1）承力点应设在支柱或靠近支柱处，避免水平杆跨中受力；

2）充分考虑施工中可能出现的最大荷载作用，并确保其仍有 2 倍的安全系数；

3）支柱的基底绝对可靠，不得发生严重沉降变形。

（二）扣件式钢管支撑架

扣件式钢管支撑架采用扣件式钢管脚手架的杆、配件搭设。

1. 施工准备

1）扣件式钢管支撑架搭设的准备工作，如场地的清理平整等均与扣件式钢管脚手架搭设时相同。

2）立杆布置。扣件式钢管支撑架立杆的构造基本同扣件式钢管脚手架立杆的规定相同。立杆间距一般应通过计算确定。通常取1.2～1.5m，不得大于8m。对较复杂的工程，应根据建筑结构的主、次梁和板的布置，模板的配板设计、装拆方式，纵横楞的安排等情况，画出支撑架立杆的布置图。

2. 支撑架搭设

搭设方法基本同扣件式钢管外脚手架。板等满堂模板支架，在四周应设包角斜撑，四侧设剪刀撑，中间每隔四排立杆沿竖向设一道剪刀撑，所有斜撑和剪刀撑均须由底到顶连续设置。在垂直面设有斜撑和剪刀撑的部位，顶层、底层及每隔两步应在水平方向设水平剪刀撑。剪刀撑的构造同扣件式钢管外脚手架相同。

(1) 立杆的接长

扣件式支撑架的高度可根据建筑物的层高而定。立杆的接长可采用对接（图13-1）或搭接连接（图13-2）。

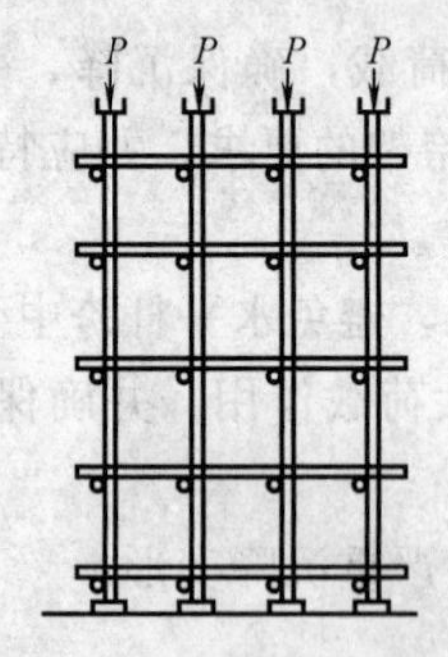

图13-1　立杆的对接连接

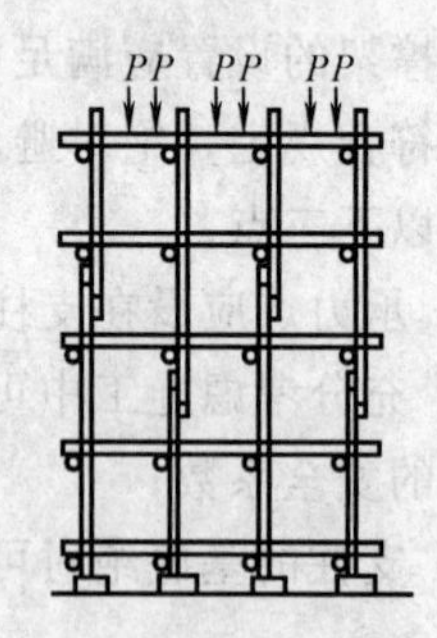

图13-2　立杆的搭接连接

支撑架立杆采用对接扣件连接时，在立杆的顶端安插一个顶托，被支撑的模板荷载通过顶托直接作用在立杆上。

搭接连接采用回转扣件（搭接长度不得小于 600mm）。模板上的荷载作用在支撑架顶层的横杆上，再通过扣件传到立杆。

支架立杆应竖直设置，2m 高度的垂直允许偏差为 15mm。设在支架立杆根部的可调底座，当其伸出长度超过 300mm 时，应采取可靠措施固定。

当梁模板支架立杆采用单根立杆时，立杆应设在梁模板中心线处，其偏心距不应大于 25mm。

（2）水平拉结杆设置

为加强扣件式钢管支撑架的整体稳定性，在支撑架立杆之间纵、横两个方向必须设置扫地杆和水平拉结杆。各水平拉结杆的间距（步高）一般不大于 1.6m。

如图 13-3 所示为一扣件式满堂支撑架水平拉结杆布置的实例。

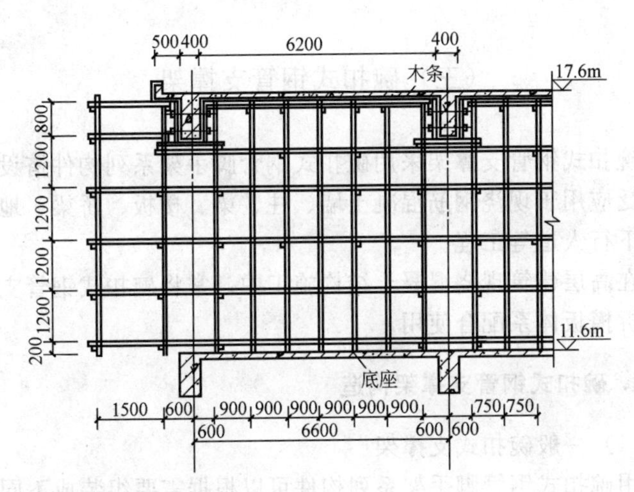

图 13-3 扣件式满堂支撑架水平拉结杆布置的实例

（3）斜杆设置

为保证支撑架的整体稳定性，在设置纵、横向水平拉结杆同时，还必须设置斜杆，具体搭设时可采用刚性斜撑或柔性斜撑。

刚性斜撑以钢管为斜撑，用扣件将它们与支撑架中的立杆和水平杆连接。

柔性斜撑采用钢筋、铅丝、铁链等材料，必须交叉布置，并且每根拉杆中均要设置花篮螺钉（图 13-4）以保证拉杆不松弛。

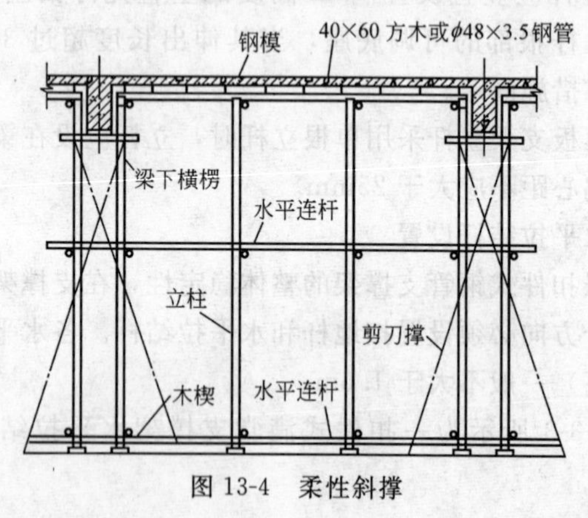

图 13-4　柔性斜撑

（三）碗扣式钢管支撑架

碗扣式钢管支撑架采用碗扣式钢管脚手架系列构件搭设。目前广泛应用于现浇钢筋混凝土墙、柱、梁、楼板、桥梁、地道桥和地下行人道等工程。

在高层建筑现浇混凝土结构施工中，常将碗扣式钢管支撑架与早拆模板体系配合使用。

1. 碗扣式钢管支撑架构造

（1）一般碗扣式支撑架

用碗扣式钢管脚手架系列构件可以根据需要组装成不同组架密度、不同组架高度的支撑架，其一般组架结构如图 13-5 所示。由立杆垫座（或立杆可调座）、立杆、顶杆、可调托撑以及横杆和斜杆（或斜撑、剪刀撑）等组成。使用不同长度的横杆可组成不同立杆间距的支撑架，基本尺寸见表 13-1，支撑架中框架单元的框高应根据荷载等因素进行选择。当所需要的立杆间距与标准横杆长度（或现有横杆长度）不符时，可采用两组或多组组架交叉叠合布置，横杆错层连接（图 13-6）。

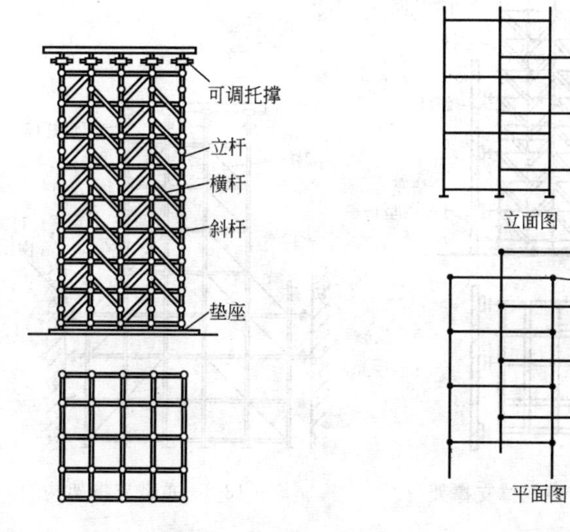

图 13-5　碗扣式支撑架　　　　图 13-6　支撑架交叉布置

碗扣式钢管支撑架框架单元基本尺寸表　　　　表 13-1

类　型	A 型	B 型	C 型	D 型	E 型
基本尺寸 框长(m)× 框宽(m)×框高(m)	1.8× 1.8×1.8	1.2× 1.2×1.8	1.2× 1.2×1.2	0.9× 0.9×1.2	0.9× 0.9×0.6

（2）带横托撑（或可调横托撑）支撑架

如图 13-7 所示，可调横托座既可作为墙体的侧向模板支撑，又可作为支撑架的横（侧）向限位支撑。

（3）底部扩大支撑架

对于楼板等荷载较小，但支撑面积较大的模板支架，一般不必把所有立杆连成整体，可分成几个独立支架，只要高宽（以窄边计）比小于 3∶1 即可，但至少应有两跨连成一整体。对一些重载支撑架或支撑高度较高（大于 10m）的支撑架，则需把所有立杆连成一整体，并根据具体情况适当加设斜撑、横托撑或扩大

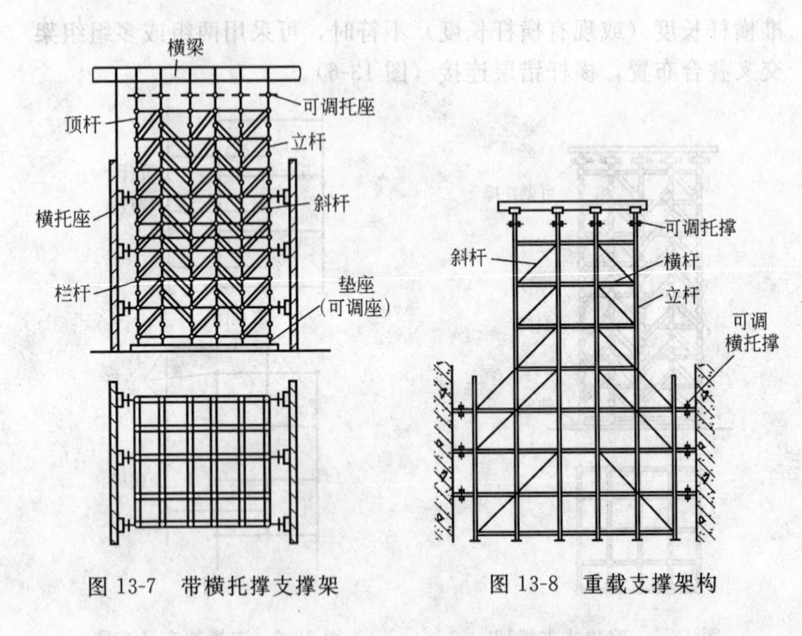

图 13-7　带横托撑支撑架　　　　图 13-8　重载支撑架构

底部架（图 13-8），用斜杆将上部支撑架的荷载部分传递到扩大部分的立杆上。

（4）高架支撑架

碗扣支撑架由于杆件轴心受力、杆件和节点间距定型、整架稳定性好和承载力大，而特别适合于构造超高、超重的梁板模板支撑架，用于高大厅堂（如电视台的演播大厅、宾馆门厅、教学楼大厅、影剧院等）、结构转换层和道桥工程施工中。

当支撑架高宽（按窄边计）比超过 5 时，应采取高架支撑

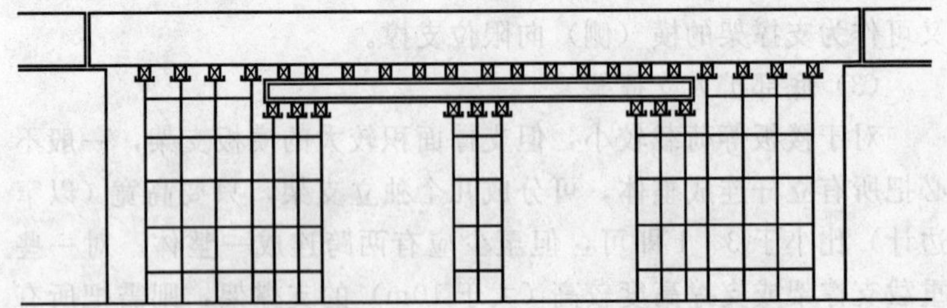

图 13-9　不中断交通的桥梁支撑架

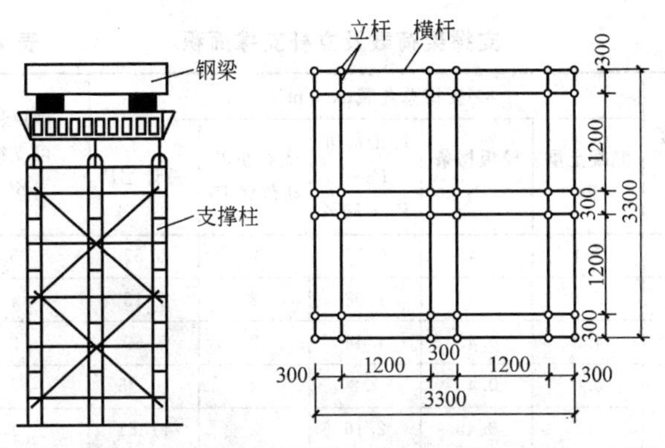

图 13-10　栓焊钢梁支撑墩

架，否则须按规定设置缆风绳紧固。如桥梁施工期间要求不中断交通时，可视需要留出车辆通道（图 13-9），对通道两侧荷载显著增大的支架部分则采用密排（杆距 0.6～0.9m）设置，亦可用格构式支柱组成支墩（图 13-10）或支撑架。

（5）支撑柱支撑架

当施工荷载较重时，应采用如图 13-11 所示碗扣式钢管支撑柱组成的支撑架。

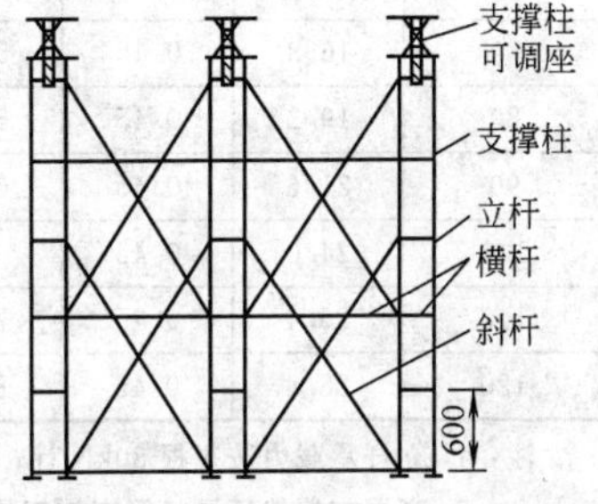

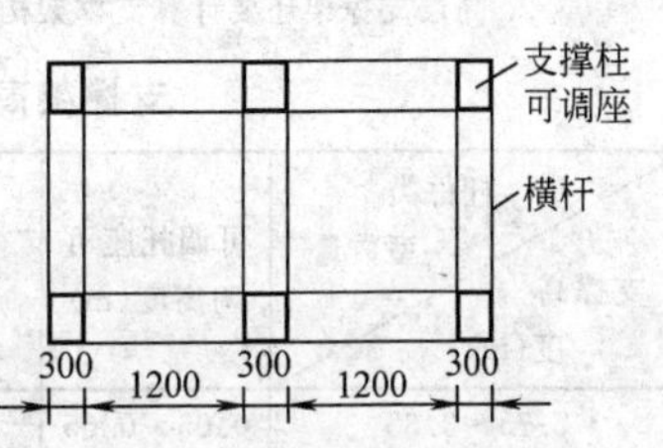

图 13-11　支撑柱支撑架构造

2. 碗扣式钢管支撑架搭设

（1）施工准备

1）根据施工要求，选定支撑架的形式及尺寸，画出组装图。支撑架在各种荷载作用下，每根立杆可支撑的面积见表 13-2。

2）按支撑架高度选配立杆、顶杆、可调底座和可调托座，列出材料明细表。使用 0.6m 可调托座调节时，立杆底座、立杆、顶杆和可调托座等杆配件的组合搭配见表 13-3。

支撑架荷载及立杆支撑面积　　表 13-2

混凝土厚度（cm）	支撑总荷载（kN/m²）					每根立杆可支撑面积 S(m²)
	混凝土重 P_1	模板楞条 P_2	冲击荷重 $P_3=P_1\times30\%$	人行机具动荷载 P_4	总计 $\sum P$	
10	2.4	0.45	0.72	2	5.57	5.39
15	3.6	0.45	1.08	2	7.13	4.21
20	4.8	0.45	1.44	2	8.69	3.45
25	6.0	0.45	1.8	2	10.25	2.93
30	7.2	0.45	2.16	2	11.81	2.54
40	9.6	0.45	2.88	2	14.93	2.01
50	12.0	0.45	3.60	2	18.05	1.66
60	14.4	0.45	4.32	2	21.17	1.42
70	16.8	0.45	5.04	2	24.29	1.24
80	19.2	0.45	5.76	2	27.41	1.09
90	21.6	0.45	6.48	2	30.53	0.98
100	24.0	0.45	7.2	2	33.65	0.89
110	26.4	0.45	7.92	2	36.77	0.82
120	28.8	0.45	8.64	2	39.89	0.75

注：1. 立杆承载力按每根 30kN 计，混凝土容重按 24kN/m³ 计；

2. 高层支撑架还要计算支撑架构件自重，并加到总荷载中去。

支撑架高度与构件组合　　表 13-3

支撑高度(m) \ 杆件类型数量	可调托座可调高度(m)	立杆数量		顶杆数量	
		LG-300 (3m)	LG-180 (1.8m)	DG-150 (1.5m)	DG-90 (0.9m)
2.75～3.35	0.05～0.65	0	1	0	1
3.35～3.95	0.05～0.65	0	1	1	0
3.95～4.55	0.05～0.65	1	0	0	1
4.55～5.15	0.05～0.65	1	0	1	0
5.15～5.75	0.05～0.65	0	2	1	0
5.75～6.35	0.05～0.65	1	1	0	1
6.35～6.95	0.05～0.65	1	1	1	0
6.95～7.55	0.05～0.65	2	0	0	1

续表

杆件类型数量 / 支撑高度(m)	可调托座可调高度(m)	立杆数量		顶杆数量	
		LG-300 (3m)	LG-180 (1.8m)	DG-150 (1.5m)	DG-90 (0.9m)
7.55～8.15	0.05～0.65	2	0	1	0
8.15～8.75	0.05～0.65	1	2	1	0
8.75～9.35	0.05～0.65	2	1	0	1
9.35～9.95	0.05～0.65	2	1	1	0
9.95～10.55	0.05～0.65	3	0	0	1
10.55～11.15	0.05～0.65	3	0	1	0
11.15～11.75	0.05～0.65	2	2	1	0
11.75～12.35	0.05～0.65	3	1	0	1
12.35～12.95	0.05～0.65	3	1	1	0
12.95～13.55	0.05～0.65	4	0	0	1
13.55～14.15	0.05～0.65	4	0	1	0
14.15～14.75	0.05～0.65	3	2	1	0
14.75～15.35	0.05～0.65	4	1	0	1
15.35～15.95	0.05～0.65	4	1	1	0
15.95～16.55	0.05～0.65	5	0	0	1
16.55～17.15	0.05～0.65	5	0	1	0
17.15～17.75	0.05～0.65	4	2	1	0
17.75～18.35	0.05～0.65	5	1	0	1

3）支撑架地基处理要求以及放线定位、底座安放的方法均与碗扣式钢管脚手架搭设的要求及方法相同。除架立在混凝土等坚硬基础上的支撑架底座可用立杆垫座外，其余均应设置立杆可调底座。在搭设与使用过程中，应随时注意基础沉降；对悬空的立杆，必须调整底座，使各杆件受力均匀。

（2）支撑架搭设

1）树立杆。立杆安装同脚手架。第一步立杆的长度应一致，使支撑架的各立杆接头在同一水平面上，顶杆仅在顶端使用，以便能插入底座。

2）安放横杆和斜杆。横杆、斜杆安装同脚手架。在支撑架四周外侧设置斜杆（图 13-1）。斜杆可在框架单元的对角节点布置，也可以错节设置。

3）安装横托撑。横托撑可用作侧向支撑，设置在横杆层，并两侧对称设置。如图 13-12 所示，横托撑一端由碗扣接头同横杆、支座架连接，另一端插上可调托座，安装支撑横梁。

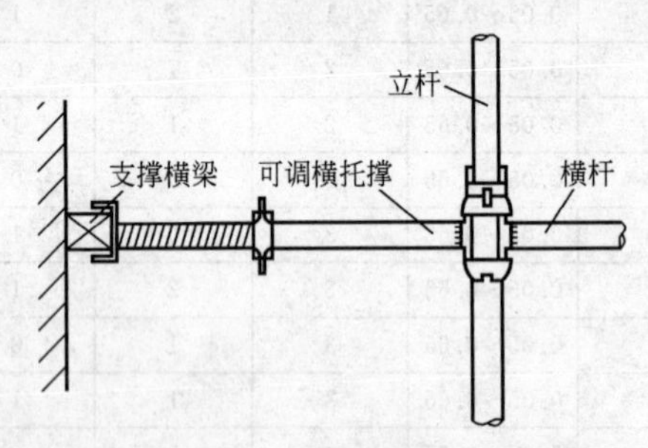

图 13-12 横托撑设置构造

4）支撑柱搭设。支撑柱由立杆、顶杆和 0.30m 横杆组成（横杆步距 0.6m），其底部设支座，顶部设可调座（图 13-13），支柱长度可根据施工要求确定。

支撑柱下端装普通垫座或可调垫座，上墙装入支座柱可调座（图 13-13b），斜支撑柱下端可采用支撑柱转角座，其可调角度为±10°（图 13-13a），应用地锚将其固定牢固。

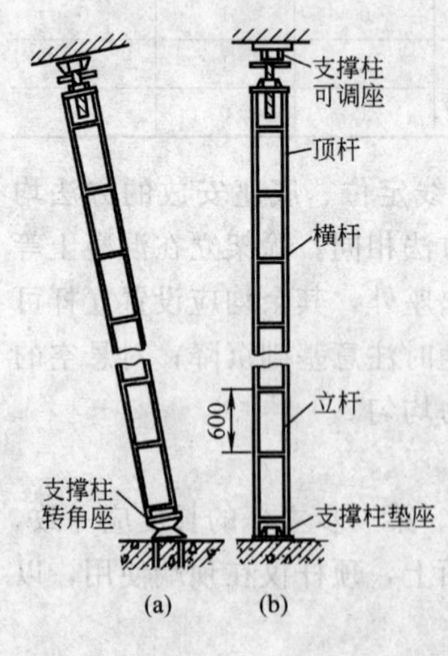

图 13-13 支撑柱构造

支撑柱的允许荷载随高度的加大而降低：$H \leqslant 5$m 时为 140kN；5m$< H \leqslant 10$m 时为 120kN；10m$< H \leqslant 15$m 时为 100kN。当支撑柱间用横杆连成整体时，其承载能力将会有所提高。支撑柱也可以预先拼装，现场可整体吊装以提高搭设速度。

（3）检查验收

支撑架搭设到 3～5 层时，应检查每个立杆（柱）底座下是否浮动或松动，否则应旋紧可调底座或用薄铁片填实。

（四）门式钢管支撑架

1. 构配件

门式钢管支撑架除可采用门式钢管脚手架的门架、交叉支撑等配件搭设外，也可采用专门适用搭设支撑架的 CZM 门架等专用配件。

(1) CZM 门架

CZM 是一种适用于搭设模板支撑架的门架，构造如图 13-14 所示。其特点是横梁刚度大，稳定性好，能承受较大的荷载，而且横梁上任意位置均可作为荷载支承点。门架基本高度有三种：1.2m、1.4m 和 1.8m；宽度为 1.2m。其中 1.2m 高门架没有立杆加强杆。

(2) 调节架

调节架高度有 0.9m、0.6m 两种，宽度为 1.2m，用来与门架搭配，以配装不同高度的支撑架。

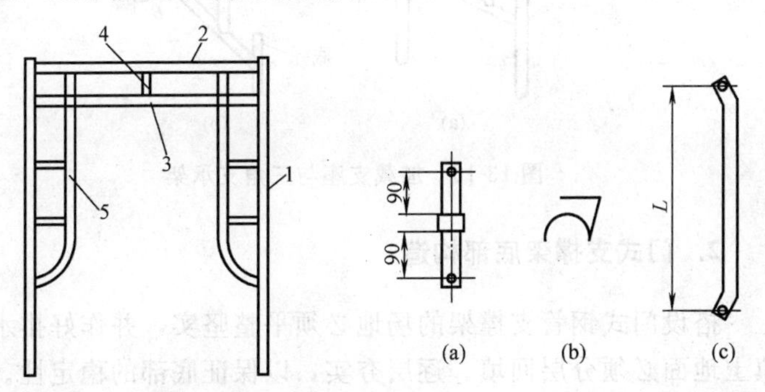

图 13-14 CZM 门架构造

1—门架立杆；2—上横杆；3—下横杆；4—腹杆；5—立杆加强杆

图 13-15 连接配件

（3）连接棒、销钉、锁臂

上、下门架及其与调节架的竖向连接，采用连接棒（图 13-15），连接棒两端均钻有孔洞，插入上、下两门架的立杆内，并在外侧安装锁臂（图 13-15c），再用自锁销钉（图 13-15b）穿过锁臂、立杆和连接棒的销孔，将上下立杆直接连接起来。

（4）加载支座、三角支承架

当托梁的间距不是门架的宽度时，荷载作用点的间距大于或小于 1.2m 时，可用加载支座或三角支承架来进行调整，可以调整的间距范围为 0.5～0.8m。

1）加载支座。加载支座构造如图 13-16（a）所示，使用时用扣件将底杆与门架的上横杆扣牢，小立杆的顶端加托座即可使用。

2）三角支承架。三角支承架构造如图 13-16（b）所示，宽度有 150mm、300mm、400mm 等几种，使用时将插件插入门架立杆顶端，并用扣件将底杆与立杆扣牢，然后在小立杆顶端设置顶托即可使用。

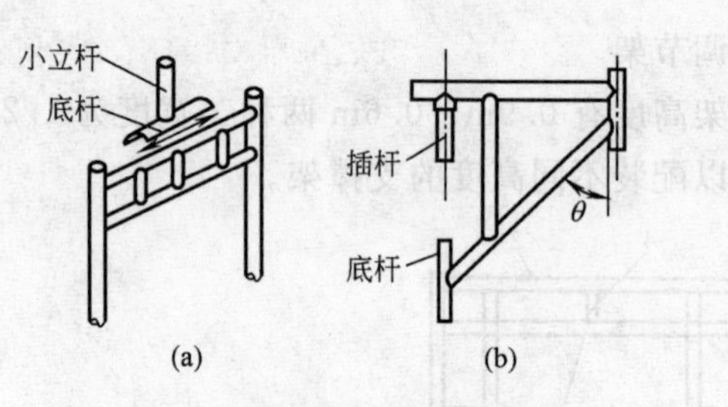

图 13-16 加载支座与三角支承架

2. 门式支撑架底部构造

搭设门式钢管支撑架的场地必须平整坚实，并作好排水，回填土地面必须分层回填、逐层夯实，以保证底部的稳定性。通常底座下要衬垫木方，以防下沉，在门架立柱的纵横向必须设置扫地杆（图 13-17）。当模板支撑架设在钢筋混凝土楼板挑台等结构上部时应对该结构强度进行验算。

3. 门式钢管支撑架组架形式

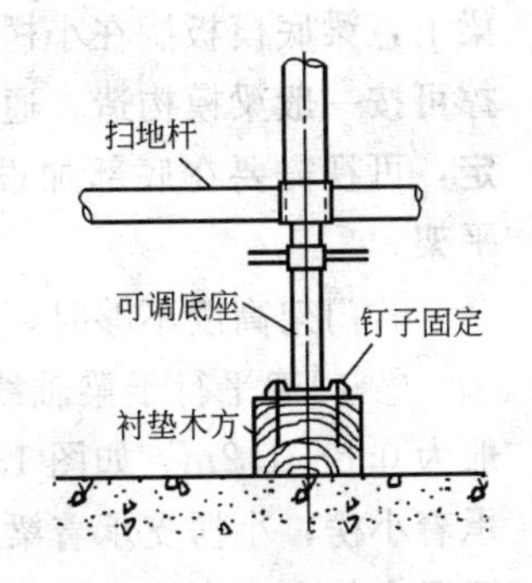

图 13-17 门式钢管支撑架底部构造

用门架构造模板支撑架时，根据楼（屋）盖的形式、施工要求和荷载情况等确定其构架形式。按其用途大致有以下几种：

(1) 肋形楼（屋）盖模板支撑架

整体现浇混凝土肋形楼（屋）盖结构，门式支撑架的门架可采用平行于梁轴线或垂直于梁轴线两种布置方式。

1）梁底模板支撑架。梁底模板支撑架的门架间距根据荷载的大小确定，同时也应考虑交叉拉杆的长短，一般常用的间距有1.2m、1.5m、1.8m。

① 门架垂直于梁轴线的标准构架布置。如图 13-18 所示，门架间距 1.8m，门架立杆上的顶托支撑着托梁，小楞搁置在托

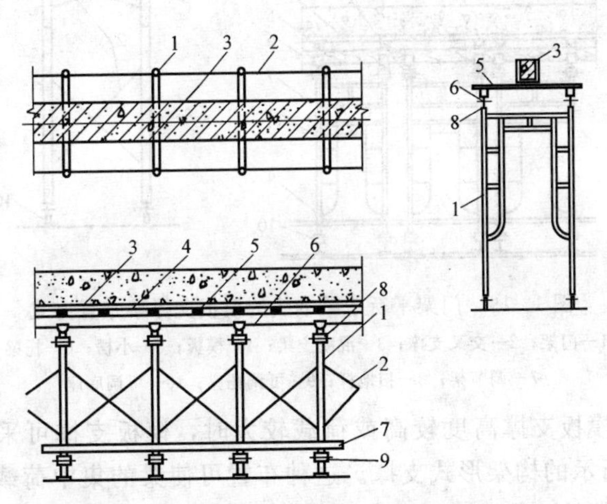

图 13-18 门架垂直于梁轴线的模板支撑架布置方式

1—门架；2—交叉支撑；3—混凝土梁；4—模板；5—小楞；6—托梁；7—扫地杆；8—可调托座；9—可调底座

梁上，梁底模板搁在小楞上。门架两侧面设置交叉支撑，侧模支撑可按一般梁模构造，通过斜撑杆传给支撑架，为确保支撑架稳定，可视需要在底部加设扫地杆、封口杆和在门架上部装上水平架。

若门架高度不够时，可加调节架加高支撑架的高度。

② 门架平行于梁轴线的构架布置。排距根据需要确定，一般为 0.8～1.2m。如图 13-19 所示，门架立杆托着托梁，托梁支承着小楞，小楞支承着梁底模板。梁两侧的每对门架通过横向设置适合的交叉支撑或梁底模小楞连接固定。纵向相邻两组门架之间的距离应考虑荷载因素经计算确定，但一般不超过门架宽度，用大横杆连接固定。

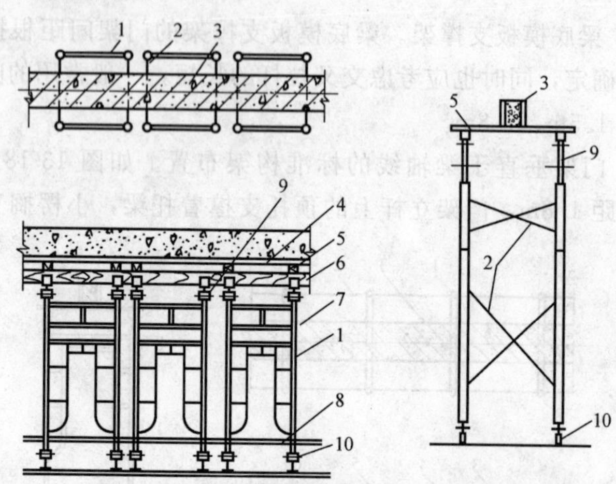

图 13-19　门架平行于梁轴线的模板支撑架布置方式

1—门架；2—交叉支撑；3—混凝土梁；4—模板；5—小楞；6—托梁；7—调节架；8—扫地杆；9—可调托座；10—可调底座

当模板支撑高度较高或荷载较大时，模板支撑可采用如图 13-20 所示的构架形式支撑。这种布置可使梁的集中荷载作用点避开门架的跨中，以适应大型梁的支撑要求。布置形式可以采用叠合或错开，即用 2 对（架距 0.9m）或 3 对（架距 0.6m）门架按标准构架尺寸交错布置并全部装设交叉支撑，并视需要在纵向

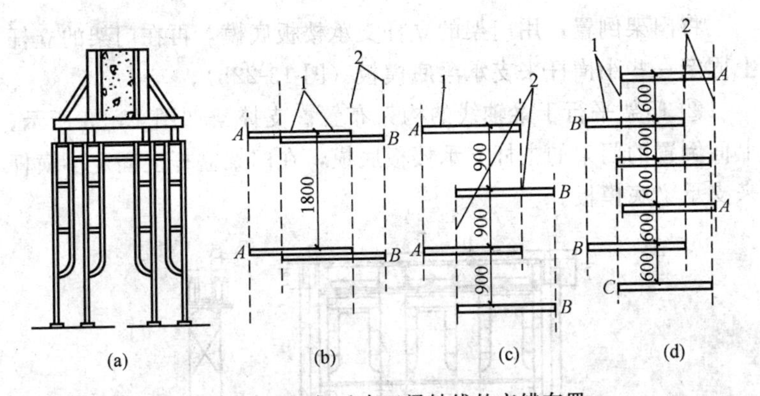

图 13-20 门架垂直于梁轴线的交错布置

(a) 立面图；(b) 两对门架重叠布置；(c) 两对门架交错布置；(d) 三对门架交错布置

1—门架；2—交叉支撑

和横向设拉杆连接固定和加强。

2）梁、板模板支撑架。楼板的支撑按满堂脚手架构造，梁的支撑按上述1）部分构造。

① 门架垂直于梁轴线的标准构架布置。当梁高≤350mm（可调顶托的最大高度）时，在门架立杆顶端设置可调顶托来支承楼板底模，而梁底模可直接搁在门架的横梁上（图 13-21）。

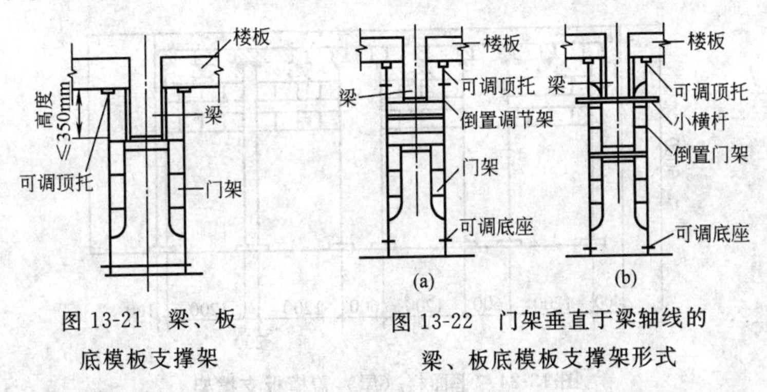

图 13-21 梁、板底模板支撑架

图 13-22 门架垂直于梁轴线的梁、板底模板支撑架形式

当梁高＞350mm 时，可将调节架倒置，将梁底模板支承在调节架的横杆上，而立杆上端放上可调顶托来支承楼板模板（图 13-22a）。

将门架倒置，用门架的立杆支承楼板底模，再在门架的立杆上固定一些小横杆来支承梁底模板（图 13-22b）。

② 门架平行于梁轴线的构架布置。支撑架如图 13-23 所示，上面倒置的门架的主杆支承楼板底模，在门架立杆上固定小横杆来支承梁底模板。

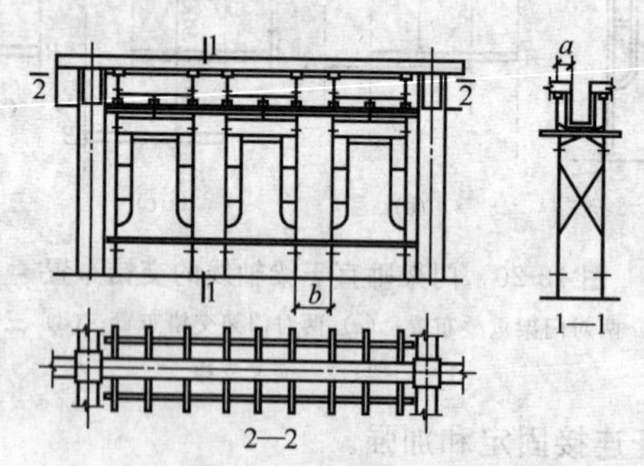

图 13-23 门架平行于梁轴线的梁、板底模板支撑架形式

(2) 平面楼（屋）盖模板支撑架

平面楼屋盖的模板支撑架，一般采用满堂支撑架形式，范例如图 13-24 所示。

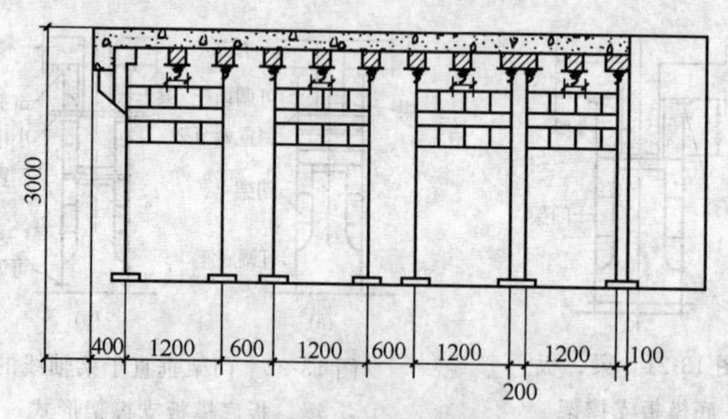

图 13-24 平面楼（屋）盖模板支撑架

门架的跨距和间距应根据实际荷载经设计确定，间距不宜大于 1.2m。

为使满堂支撑架形成一个稳定的整体，避免发生摇晃，应在满堂支撑架的周边顶层、底层及中间每 5 列 5 排通长连续设置水平加固杆，并应采用扣件与门架立杆扣牢。

剪刀撑应在满堂脚手架外侧周边和内部每隔 15m 间距设置，剪刀撑宽度不应大于 4 个跨距或间距，斜杆与地面倾角宜为 45°～60°。

根据不同的布置形式，在垂直门架平面的方向上，两门架之间设置交叉支撑或者每列门架两侧设置交叉支撑，并应采用锁销与门架立杆锁牢，施工期间不得随意拆除。

满堂支撑架中间设置通道时，通道处底层门架可不设纵（横）方向水平加固杆，但通道上部应每步设置水平加固杆，通道两侧门架应设置斜撑杆。

满堂支撑架高度超过 10m 时，上下层门架间应设置锁臂，外侧应设置抛撑或缆风绳与地面拉结牢固。

（3）密肋楼（屋）盖模板支撑架

在密肋楼（屋）盖中，梁的布置间距多样，由于门式钢管支撑架的荷载支撑点设置比较方便，其优势就更为显著。如图 13-25 所示是几种不同间距荷载支撑点的门式支撑架布置形式。

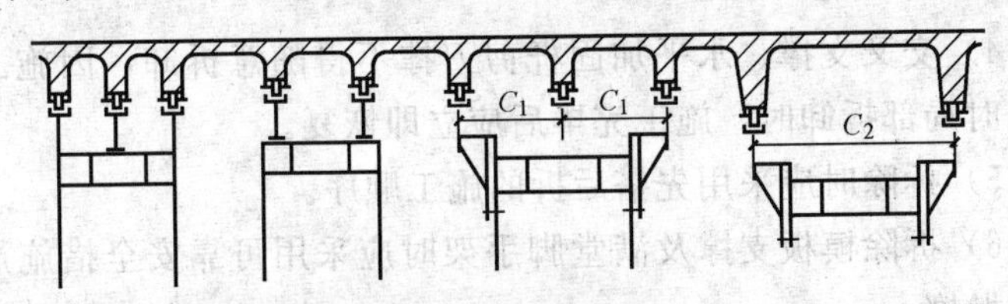

图 13-25　不同间距荷载支撑点门式支撑架

（五）模板支撑架的检查、验收和安全使用管理

1. 使用前的检查验收

模板支撑及满堂脚手架组装完毕后应对下列各项内容进行检查验收：

1）门架设置情况；

2）交叉支撑、水平架及水平加固杆、剪刀撑及脚手板配置情况；

3）门架横杆荷载状况；

4）底座、顶托螺旋杆伸出长度；

5）扣件紧固扭力矩；

6）垫木情况；

7）安全网设置情况。

2. 安全使用注意事项

1）可调底座顶托应采取防止砂浆、水泥浆等污物填塞螺纹的措施。

2）不得采用使门架产生偏心荷载的混凝土浇筑顺序，采用泵送混凝土时应随浇随捣随平整，混凝土不得堆积在泵送管路出口处。

3）应避免装卸物料对模板支撑和脚手架产生偏心振动和冲击。

4）交叉支撑、水平加固杆剪刀撑不得随意拆卸，因施工需要临时局部拆卸时，施工完毕后应立即恢复。

5）拆除时应采用先搭后拆的施工顺序。

6）拆除模板支撑及满堂脚手架时应采用可靠安全措施严禁高空抛掷。

（六）模板支撑架的拆除

模板支撑架必须在混凝土结构达到规定的强度后才能拆除。表 13-4 是各类现浇构件拆模时必须达到的强度要求。

支撑架的拆除要求与相应脚手架拆除的要求相同。

支撑架的拆除，除应遵守相应脚手架拆除的有关规定外，根据支撑架的特点，还应注意：

现浇结构拆模时所需混凝土强度　　　表 13-4

项次	结构类型	结构跨度(m)	按达到设计混凝土强度标准值的百分率计(%)
1	板	≤2 >2,≤8 >8	50% 75% 100%
2	梁、拱、壳	≤8 >8	75% 100%
3	悬臂构件	—	100%

1）支撑架拆除前，应由单位工程负责人对支撑架作全面检查，确定可拆除时，方可拆除。

2）拆除支撑架前应先松动可调螺栓，拆下模板并运出后，才可拆除支撑架。

3）支撑架拆除应从顶层开始逐层往下拆，先拆可调托撑、斜杆、横杆，后拆立杆。

4）拆下的构配件应分类捆绑、吊放到地面，严禁从高空抛掷到地面。

5）拆下的构配件应及时检查、维修、保养。

6）变形的应调整，油漆剥落的要除锈后重刷漆；对底座、调节杆、螺栓螺纹、螺孔等应清理污泥后涂黄油防锈。

7）门架宜倒立或平放。平放时应相互对齐，剪刀撑、水平撑、栏杆等应绑扎成捆堆放。其他小配件应装入木箱内保管。

构配件应储存在干燥通风的库房内。如露天堆放，场地必须选择地面平坦、排水良好，堆放时下面要铺地板，堆垛上要加盖防雨布。

十四、脚手架工程的施工管理

脚手架工程是整个施工生产中的一个重要组成部分，各种脚手架在施工前要编制单独的施工方案，方案要经技术和安全部门等审批后方可实施。脚手架搭设完毕后要经验收合格后方可使用。

（一）脚手架施工方案编制的内容

1. 工程概况

包括建筑物层数、总高度以及结构形式，并注明非标层和标准层的层高，拟搭设脚手架的类型、总高度，如“沿建筑物周边搭设双排扣件式钢管脚手架，局部搭设挑架和外挂架”等，并说明该脚手架是用于结构施工还是装修施工。

2. 施工条件

说明脚手架搭设位置的地基情况，是搭在回填土上还是搭在混凝土上（如车库顶板、裙房顶板等）。说明材料来源，是自有还是外租，便于查询生产厂家的资质情况。标准件的堆放场地是在施工现场还是其他场地，周围要设围护设施并由专人管理，以便于施工调度。

3. 施工准备

施工单位必须是具有相应资质（包括安全生产许可证）的法人单位，所有架子工必须具备《特种作业操作证》，并接受进场三级安全教育，并签发考核合格证。架子工的数量要和工程相匹配，根据工程施工的进度提供脚手架搭设的具体进度计划，并提出杆、配件、安全网等进场计划表，供物资部门参考。

4. 组织机构

成立脚手架搭放管理小组，包括施工负责人、技术负责人、安全总监、搭设班组负责人等，小组成员既要分工明确，又做到统一协调。施工班组架子工的数量要提出要求并登记造册。

5. 主要施工方法

明确地基的处理方法，如采用回填土要取样进行承载力试验。

脚手架的选型包括：双排或者单排，周圈封闭式还是开口式。局部位置处理，脚手架连墙件拉接点如需留下预埋件或在墙上预留孔洞，需在方案中说明并标出相应位置。

因施工条件限制，需同时搭设几种架子时，如外墙采用挂架，阳台部位采用的是挑架等，要提前安排好进度、工艺等工作。材料配件的垂直运输方式，是采用塔吊还是其他设备。

6. 脚手架构造

说明脚手架高度、长度、立杆步距、立杆纵距、立杆横距、剪刀撑设置位置及角度。

连墙件要根据规范要求进行布设，若因建筑结构原因不能按规范尺寸拉接时，要采取相应措施并进行计算，以确保架体稳定安全。

7. 脚手架施工工艺

1）根据建筑施工场地的具体情况和脚手架参数制定工艺流程，如基础做法、立杆底部处理等，并制定架子搭设的顺序；

2）脚手架使用的注意事项；

3）脚手架的安全防护；

4）脚手架的拆除顺序。

8. 脚手架的计算

1）荷载计算；

2）立杆稳定计算；

3）横向水平杆挠度计算；

4）纵向水平杆抗弯强度计算；

5）扣件抗滑承载力验算；

6）地基承载力验算；

7）穿墙螺栓受力验算（外挂架）。

9. 技术质量合格证措施

10. 安全措施

（二）脚手架现场安全管理的基本知识

1）脚手架搭设人员必须是考核合格的专业架子工，搭设时必须戴安全帽、安全带、穿防滑鞋。

2）脚手架的杆配件必须进行检验，合格后方准使用。

3）脚手架的搭设应按下列阶段进行质量检查，发现问题应及时校正。

① 基础完工后及脚手架搭设前；

② 操作层上施加荷载前；

③ 每搭设完 10m 高度后；

④ 达到设计高度后。

4）操作层上的施工荷载应符合设计要求，不得超载，不得将模板支撑、缆风绳、泵送混凝土及砂浆输送管等固定在脚手架上，严禁任意悬挂起重设备。

5）六级和六级以上大风和雾、雨、雪天应停止脚手架作业，雨、雪天上架操作应有防滑措施，应扫除积雪。

6）在下列情况下，必须对脚手架进行检查：

① 在六级大风和大雪后；

② 寒冷地区开冻后；

③ 停用超过一个月，复工前。

7）检查保修的项目：

① 各主节点处诸杆的安装，连墙件、支撑、门洞等的构造是否符合施工组织设计要求；

② 地基是否积水，底座是否松动、立柱是否悬空；

③ 扣件螺栓是否松动；

④ 脚手架立杆垂直度，水平杆偏差是否符合规范要求；

⑤ 安全防护措施是否符合要求。

8）在脚手架使用期间，严禁任意拆除下列杆件：

① 主节点处的纵、横向水平杆，纵横向扫地杆；

② 连墙件；

③ 支撑；

④ 栏杆，挡脚板。

要拆除上述任一杆件均应采取安全措施，并报主管部门批准。

9）严禁任意在脚手架基础及其邻近处进行挖掘作业，否则应采取安全措施，报主管部门批准。

10）临街搭设的脚手架外侧应有防护措施，以防坠物伤人。

11）在脚手架上进行电气焊作业时，必须有防火措施和专人看守。

12）脚手架与架空，或路的距离及脚手架防雷接地要符合国家标准规范要求。

十五、质量管理知识

质量管理是企业管理的重要内容之一，也是企业经济效益和社会效益的基础。

质量管理的对象是某一具体的事物。任何事物都是质和量的辩证统一。质量反映事物的本质、特性，是前提；数量则是反映事物存在和发展的规模、速度、程度、水平等的标志。不存在没有质量的数量，也不存在没有数量的质量。没有质量，就没有数量、品种、效益，就没有工期、成本、信誉。

工程项目的质量是业主多方面、多层次的要求，是工程建设的核心，是决定工程建设成败的关键，是工程项目实现三大控制目标（质量、投资、进度）的重点。工程项目是建筑施工企业经济的源头，只有保证了工程质量，才能使企业立于不败之地，对企业获得良好的经济效益、社会效益和环境效益均具有重大意义。

（一）质量管理的发展

随着科学技术的发展和市场竞争的需要，质量管理工作已经越来越为人们所重视，并逐渐发展成为一门新兴的学科。最早提出质量管理的国家是美国。日本在第二次世界大战后引进美国的一整套质量管理技术和方法，结合本国实际，又将其向前推进，使质量管理走上了科学的道路，取得了世界瞩目的成绩。在不同时期和不同社会状况下，质量管理也呈现不同的特点。质量管理作为企业管理的有机组成部分，它的发展也是随着企业管理的发展而发展的，其产生、形成、发展和日益完善的过程大体经历了以下几个阶段。

1. 质量检验（QI）阶段（20世纪20～40年代）

19世纪末，由于生产制造业局限于若干名工人负责加工制造整个产品，因此工人有可能对其工作质量进行自行控制以保证质量。操作者自我控制的质量管理称为“操作者质量管理”。进入20世纪，随着资本主义生产力的发展，爆发了工业革命。美国的泰勒研究了从工业革命以来的大工业生产的管理实践，创立了“科学管理”的新理论。他提出了计划与执行、检验与生产的职能需要分开的主张，即企业中设置专职的质量检验部门和人员，从事质量检验。这使产品质量有了基本保证，对提高产品质量，防止不合格产品出厂或流入下一道工序有积极的意义。这种制度把过去的“操作者质量管理”变成了“检验员的质量管理”，标志着进入了质量检验阶段。由于这个阶段的特点是质量管理单纯依靠事后检查、剔除废品。因此，它的管理效能有限。按现在的观点来看，它只是质量管理中的一个必不可少的环节。

2. 统计质量管理（SQC）阶段（20世纪40～50年代）

第二次世界大战期间，美国由于有大量军工用品生产的要求，采用了休哈特的“预防缺陷”理论，采用统计质量控制图，在保证产品质量方面取得了较好的效果。这种用数理统计方法控制生产过程影响质量的因素，把单纯的质量检验变成了过程管理。使质量管理从“事后”转到了“事中”，较单纯的质量检验前进了一大步。同时也使质量管理进入统计质量管理阶段。战后，西方许多工业发达国家生产企业纷纷采用和仿效这种质量工作模式。但因为过分强调对数理统计知识的掌握，给人以统计质量管理是少数数理统计人员责任的错觉，而忽略了广大生产与管理人员的作用，结果既没有充分发挥数理统计方法的作用，又影响了管理功能的发展，把数理统计在质量管理中的应用推向了极端。到了20世纪50年代人们认识到统计质量管理方法并不能全面保证产品质量，进而导致了“全面质量管理”新阶段的出现。

3. 全面质量管理（TQC）阶段（20世纪60年代以后）

20世纪60年代以后，随着社会生产力的发展和科学技术的进步，经济上的竞争也日趋激烈。人们对控制质量的认识有了深化，意识到单纯靠统计检验手段已不能满足市场和高新技术发展的需要了。20世纪60年代，美国的菲根堡姆首先提出了较系统的“全面质量管理”概念。其中心意思是，数理统计方法是重要的，但不能单纯依靠它，只有将它和企业管理结合起来，才能保证产品质量。这一理论很快应用于不同行业生产企业（包括服务行业和其他行业）的质量工作。此后，这一概念通过不断完善，便形成了今天的“全面质量管理”。

在全面质量管理发展的基础上，国际标准化组织（ISO）颁布了ISO 9000系列质量标准和ISO 14000系列环境标准，从而使全面质量管理又发展到一个新的全面质量标准化阶段，即以全面质量体系模式为基础，形成以质量为核心的全面质量一体化管理。使全面质量管理开始从原来只是单一的质量体系向以质量为核心、以质量体系模式为基础的多种体系一体化发展，逐渐形成包括质量体系、环境体系和职业安全健康管理体系等其他体系综合性的全面质量一体化管理模式。

这样，质量管理实际上已发展到全面质量一体化管理阶段。其特点是全面质量管理不再是单一管理模式，而是把其他管理体系也融于质量体系之中，形成多种体系一体化管理模式。尽管如此，一体化管理并没有本质的变化，只是使企业采用质量体系的成功模式，把其他管理有机地结合起来，使企业经营管理更加科学化、规范化和标准化，提高企业的管理水平，得到企业经济效益的最大化。因此，这一阶段仍属于全面质量管理范畴。

（二）全面质量管理阶段的管理特点

全面质量管理针对不同企业的生产条件、工作环境及工作状态等多方面因素的变化，把组织管理、数理统计方法以及现代科学技术、社会心理学、行为科学等综合运用于质量管理，建立适用和完善的质量工作体系，对每一个生产环节加以管理，做到全面运行和控制。

全面质量管理通过改善和提高工作质量来保证产品质量；通过对产品的形成和使用全过程管理，全面保证产品质量；通过形成生产（服务）企业全员、全企业、全过程的质量工作系统，建立质量体系以保证产品质量始终满足用户需要，使企业用最少的投入获取最佳的效益。

全面质量管理是把后检验转变为先把关，把分散管理转变为系统全面的管理和综合治理，抓住主要矛盾，作经常全面的分析，以实行预防为主的生产全过程的质量控制体系。

全面质量管理的核心是“三全”管理，即主要是指全过程、全员、全企业的质量管理。

全面质量管理的基本观点是全面质量的观点、为用户服务的观点、预防为主的观点、用数据说话的观点。

全面质量管理的基本工作方法是PDCA循环法。美国质量管理专家戴明博士把全面质量管理活动的全过程划分为计划（Plan）、实施（Do）、检查（Check）、处理（Action）四个阶段。即按计划→实施→检查→处理四个阶段周而复始地进行质量管理，这四个阶段不断循环下去，故称PDCA循环。它是提高产品质量的一种科学管理工作方法。在日本称为“戴明环”。PDCA循环，事实上就是认识→实践→再认识→再实践的过程。做任何工作总有一个设想、计划或初步打算；然后根据计划去实施；在实施过程中或进行到其一阶段，要把实施结果与原来的设想、计划进行对比，检查计划执行的情况，最后根据检查的结果来改进工作，总结经验教训，或者修改原来的设想、制订新的工作计划。这样，通过一次次的循环。便能把质量管理活动推向一个新的高度，使产品的质量不断地得到改进和提高。

（三）ISO 9000 标准简介

我国已经加入 WTO，建筑企业参与国际市场竞争的机会大大增加。世界著名的管理专家桑德霍姆教授说："质量是打开世界市场的金钥匙"。谁赢得了质量，谁就赢得了同场竞技的主动权。可以说，在没有硝烟的经济大战中，致胜的武器就是质量。因此，从发展战略的高度来认识质量问题，质量已关系到国家的命运、民族的未来，质量管理的水平已关系到行业的兴衰、企业的命运。因此需要我们了解 ISO 9000 质量管理体系的基础知识。

1. ISO 9000 标准演变

质量管理发展到全面质量管理阶段，世界各发达国家和企业纷纷制定出新的国家标准和企业标准，以适应全面质量管理的需要。这些作法虽然促进了质量管理水平的提高，但是不同标准之间存在很大差异。显然不利于国际间经济交往与合作的进一步发展。为了解决国际间质量争端，减少和消除技术壁垒，有效地开展国际贸易，加强国际间技术合作，统一国际质量工作语言，制订共同遵守的国际规范，各国政府、企业和消费者都需要一套通用的、具有灵活性的国际质量保证模式。在总结发达国家质量工作经验基础上，国际标准化组织于 1986 年发布了 ISO 8402《质量——术语》，1987 年 3 月又制订和发布了 ISO 9000《质量管理和质量保证标准——选择和使用指南》、ISO 9001《质量体系——设计、开发、生产、安装和服务的质量保证模式》、ISO 9002《质量体系——生产和安装的质量保证模式》、ISO 9003《质量体系——最终检验和试验的质量保证模式》、ISO 9004《质量管理和质量体系要素——指南》等六项国际标准，即"ISO 9000 系列标准"，也称 1987 版 ISO 9000 系列国际标准。

但是，1987 版标准在贯彻实施过程中，各国普遍反映标准系列整体水平不高，过于简单。偏重于供方向需方提供质量保证，而对质量管理要求不严。传统的质量管理思想和方法比较多，现代的质量管理技术应用不够，而且缺乏对人的积极性和创造性的运用，例如只强调纠正措施，而没有运用预防措施。标准中对能够发生变异或变差的统计技术应用不够，对产品质量和服务质量的特性的统计要求也很少。标准偏重于质量体系认证注册的需要。在一定程度上忽视了顾客对质量体系的要求。

为此，国际标准化组织，特别是负责制定 ISO 9000 系列标准的质量管理和质量保证技术委员会（ISO/TC 176）针对上述问题，决定对 1987 年版的 ISO 9000 系列标准进行修订，并于 1994 年发布了 ISO 8402、ISO 9000-1、ISO 9001、ISO 9002、ISO 9003 和 ISO 9004-1 等 6 项国际标准，通称为 1994 版 ISO 9000 系列标准，这些标准分别取代了 1987 版的 6 项标准。与此同时，并陆续制定和发布了 10 项指南性的国际标准，形成了相互配套的系列。这样，1994 年版 ISO 9000 族国际标准共有以下 16 项：

1）ISO 8402：1994《质量管理和质量保证——术语》；

2）ISO 9000-1：1994《质量管理和质量保证标准——第 1 部分：选择和使用指南》；

3）ISO 9000-2：1993《质量管理和质量保证标准——第 2 部分：ISO 9001～9003 的实施通用指南》；

4）ISO 9000-3：1991《质量管理和质量保证标准——第 3 部分：ISO 9001 在软件开发、供应和维护中的使用指南》；

5）ISO 9000-4：1993《质量管理和质量保证标准——第 4 部分：可信性大纲管理指南》；

6）ISO 9001：1994《质量体系——设计、开发、生产、安装和服务的质量保证模式》；

7）ISO 9002：1994《质量体系——生产、安装和服务的质量保证模式》；

8）ISO 9003：1994《质量体系——最终检验和试验的质量保证模式》；

9）ISO 9004-1：1994《质量管理和质量体系要素——第 1 部分：指南》；

10）ISO 9004-2：1991《质量管理和质量体系要素——第 2 部分：服务指南》；

11）ISO 9004-3：1993《质量管理和质量体系要素——第 3 部分：流程性材料指南》；

12）ISO 9004-4：1994《质量管理和质量体系要素——第 4 部分：质量改进指南》；

13）ISO 10011-1：1990《质量体系审核指南——第 1 部分：审核》；

14）ISO 10011-2：1991《质量体系审核指南——第 2 部分：质量体系审核的评定准则》；

15）ISO 10011-3：1991《质量体系审核指南——第 3 部分：审核工作管理》；

16）ISO 10012-1：1992《测量设备的质量保证要求——第 1 部分：测量设备的计量确认体系》。

1994 年版在实施过程中，很多国家反映在实际应用中具有一定局限性，标准的质量要素间的相关性也不好；强调了符合性，而忽视了企业整体业绩的提高，也缺乏对顾客满意或不满意的监控；由于标准的通用性差，特制定了许多指南来弥补，使 1994 版 ISO 9000 族发展到 22 项标准和 2 项技术报告，而实际上只有少数标准得到应用。

为此，国际标准化组织为了满足用户适用市场竞争的需要，促进企业持续改进，提高整体业绩；使标准通俗易懂，易于理解和使用，能适用于各种类型和规模的企业，为提高企业的运行能力提供有效的方法，又进一步对 1994 版标准作了修订，于 2000 年底正式发布，称 2000 版 ISO 9000 标准。

2000 版 ISO 9000 标准只有 4 个核心标准。即

ISO 9000：2000《质量管理体系——基础和术语》；

ISO 9001：2000《质量管理体系——要求》；

ISO 9004：2000《质量管理体系——业绩改进指南》；

ISO 90011《质量和环境管理体系——审核》。

从 ISO 9000 标准形成和发展的过程，可以看到 ISO 9000 标准一经发布，就得到了国际社会和国际组织的认可，等同或等效采用该标准，指导企业开展质量工作。经过不断的进行补充、完善。该系列标准已成为世界各国共同遵守的工作规范。

2. 我国的 GB/T 19000 族标准

随着 ISO 9000 的发布和修订，我国及时、等同地发布和修订了 GB/T 19000 族国家标准。2000 版 ISO 9000 标准发布后，我国又等同地转换为 GB/T 19000—2000（Idt ISO 9000：2000）族国家标准，这些标准包括：

1）GB/T 19000—2000 表述质量管理体系基础知识，并规定质量管理体系术语。

2）GB/T 19001—2000 规定质量管理体系要求，用于组织证实其具有提供满足顾客要求和适用的法规要求的产品的能力，目的在于增进顾客满意。

3）GB/T 19004—2000 提供考虑质量管理体系的有效性和效率两方面的指南。其目的是组织业绩改进和使顾客及其他相关方满意。

4）GB/T 190110—2000 提供审核质量和环境体系指南。

（四）班组的质量管理

加强工程质量管理是市场竞争的需要，保证工程质量的管理则必须从班组开始，工序开始，因此班组在提高工程质量的工作中负有重要的责任。抓好班组质量管理建设，使人人提高质量意识，是保证工程质量，降低消耗，保证工程进度和提高企业效益的最佳途径。

施工班组质量管理的主要内容有：

1）树立“质量第一”和“谁施工谁负责工程质量”的观念，认真执行质量管理制度。

2）严格按图、按施工验收规范和质量检验评定标准施工，确保工程质量符合设计要求。

3）坚持“三检”制：自检、互检、交接检。

4）坚持“四不”放过。即质量事故原因没查清不放过；无防范措施或未落实不放过；事故负责人和群众没有受到教育不放过；责任人未受到处罚不放过。

5）坚持“五不”施工。即质量标准不明确不施工；工艺方法不符合标准不施工；机具不完好不施工；原材料不合格不施工；上道工序不合格不施工。

6）在班组质量管理中贯彻 ISO 9000 系列质量管理标准，推行 TQC（即全面质量管理）活动，开展班组自检和上下工序互检工作，做到本工序不合格不交下道工序施工，则是消除隐患，减少事故，提高操作责任心，提高各工序、班组施工质量的主要方法。

十六、安全管理知识

安全管理，是指管理者对安全生产工作进行的立法（法律、条例、规程）和建章立制，策划、组织、指挥、协调、控制和改进的一系列活动。目的是保证在生产经营活动中的人身安全、财产安全，促进生产的发展，保持社会的稳定。

施工项目安全管理，就是施工项目在施工过程中，组织安全生产的全部管理活动。通过对生产要素过程控制，使生产要素的不安全行为和状态减少或消除，达到减少一般事故，杜绝伤亡事故，从而保证安全管理目标的实现。

安全生产长期以来一直是我国的基本国策，是保护劳动者安全健康和发展生产力的重要工作，必须贯彻执行。同时也是维护社会安定团结，促进国民经济稳定、持续、健康发展的基本条件，是社会文明程度的重要标志。

为了加强安全生产监督管理，防止和减少生产安全事故，保障人民生命财产安全，促进经济发展，2002 年第九届全国人大常委会第 28 次会议通过了《中华人民共和国安全生产法》。

（一）安全生产方针、政策、法规标准

1. 我国现行的安全生产方针

加强安全生产管理，必须要坚持“安全第一，预防为主”的安全生产方针。“安全第一”是安全生产方针的基础；“预防为主”是安全生产方针的核心和具体体现，是实施安全生产的根本途径；生产必须安全，安全促进生产。

2. 我国当前的安全生产管理体制

1993年，国务院在《关于加强安全生产工作的通知》中提出实行“企业负责、行业管理、国家监察、群众监督、劳动者遵章守纪”的安全生产管理体制。

党和国家历来非常重视安全生产管理工作，中央领导同志对安全生产工作曾经做过一系列指示，可归纳为“十大理念”，即树立“安全第一”、“预防为主”、“安全责任”、“安全管理”、“安全重点”、“安全质量”、“安全检查”、“安全政治”、“安全人本”、“安全法制”的观念。

3. 我国现行主要的安全生产法律、法规、标准

1)《中华人民共和国建筑法》(自1998年3月1日起施行)；

2)《中华人民共和国安全生产法》(自2002年11月1日起施行)；

3)《建设工程安全生产管理条例》(自2004年2月1日起施行)；

4)《安全生产许可证条例》(自2004年1月13日起施行)；

5)《中华人民共和国消防法》(自1998年9月1日起施行)；

6)《中华人民共和国劳动法》(自1995年5月1日起施行)；

7) 国务院《建筑安装工程安全技术规程》[国议周字(56)第40号]；

8) 国务院第75号令《企业职工伤亡事故报告和处理规定》(自1991年5月1日起施行)；

9) 国务院《关于特大安全事故行政责任追究的规定》(自2001年4月28日起施行)。

4. 我国安全技术主要的国家标准

1)《塔式起重机安全规程》(GB 5144—1994)；

2)《机械设备防护罩安全要求》(GB 8196—1987)；

3）《施工升降机安全规则》（GB 10055—1996）；

4）《建筑卷扬机安全规程》（GB 13329—1991）；

5）《柴油打桩机安全操作规程》（GB 13749—1992）；

6）《振动沉拔桩机安全操作规程》（GB 13750—1992）；

7）《起重机械安全规程》（GB/T 6067—1985）；

8）《起重机吊运指挥信号》（GB 5082—1985）；

9）《起重用钢丝绳检验和报废实用规范》（GB 5972—1986）；

10）《安全帽》（GB 2811—1989）；

11）《安全帽及试验方法》（GB 2811～2812—1989）；

12）《安全带》（GB 6095～6096—1985）；

13）《安全网》（GB 5725—1997）；

14）《密目式安全立网》（GB 16909—1997）；

15）《钢管脚手架扣件》（GB 15831—1995）；

16）《手持式电动工具的管理、使用、检查和维修安全技术规程》（GB 3787—1983）；

17）《安全电压》（GB 3805—1984）；

18）《剩余电流动作保护装置安装和运行》（GB 13955—2005）；

19）《安全标志》（GB 2894—1996）；

20）《安全标志使用导则》（GB 16719—1996）；

21）《高处作业分级》（GB 3608—1983）；

22）《工厂企业厂内运输安全规程》（GB 4387—1984）；

23）《特种作业人员安全技术考核管理规则》（GB 5306—1985）；

24）《企业职工伤亡事故分类标准》（GB 6441—1986）；

25）《企业职工伤亡事故调查分析规则》（GB 6442—1986）。

5. 我国建筑业安全技术主要的标准和规章

1）建设部《建筑施工安全检查标准》（JGJ 59—1999）；

2）建设部《施工现场临时用电安全技术规范》（JGJ 46—1988）；

3）建设部《建筑施工高处作业安全技术规范》（JGJ 80—1991）；

4）建设部《龙门架及井架物料提升机安全技术规范》（JGJ 88—1992）；

5）建设部《建筑机械使用安全技术规程》（JGJ 33—2001）；

6）建设部《塔式起重机操作使用规程》（ZBJ 80012—1989）；

7）建设部《建筑施工门式钢管脚手架安全技术规范》（JGJ 128—2000）；

8）建设部《建筑施工扣件式钢管脚手架安全技术规范》（JGJ 130—2001）；

9）建设部《建筑基坑支护技术规程》（JGJ 120—1999）；

10）建设部《建筑施工附着升降脚手架管理暂行规定》；

11）建设部第3号令《工程建设重大事故报告和调查程序规定》；

12）建设部第13号令《建筑安全监督管理规定》；

13）建设部第15号令《建筑工程施工现场管理规定》。

6. 建筑施工安全常见强制性标准条文

2000年4月20日，建设部以建标［2000］85号发布的《工程建设标准强制性条文》（房屋建筑部分），列入了《施工现场临时用电安全技术规范》（JGJ 46—1988）、《建筑施工高处作业安全技术规范》（JGJ 80—1991）、《建筑机械使用安全技术规程》（JGJ 33—1986）三个标准中的强制性条文。另外《建筑施工安全检查标准》（JGJ 59—1999）全文以及《建筑施工扣件式钢管脚手架安全技术规范》（JGJ 130—2001）和《建筑施工门式钢管脚手架安全技术规范》（JGJ 128—2000）所注明的条文为强制性条文。强制性条文必须严格执行。

（二）安全生产管理的原则

1. 坚持“管生产必须管安全”的原则

“管生产必须管安全”原则是指企业各级领导和全体员工在生产过程中必须坚持在抓生产的同时抓好安全工作。

“管生产必须管安全”原则是任何企业必须坚持的基本原则。国家和企业就是要保护劳动者的安全与健康，保证国家财产和人民生命财产的安全，尽一切努力在生产和其他活动中避免一切可以避免的事故；其次，企业的最优化目标是高产、低耗、优质、安全。忽视安全，片面追求产量、产值，是无法达到最优化目标的。伤亡事故的发生，不仅会给企业，还可能给环境、社会，乃至在国际上造成恶劣影响，造成无法弥补的损失。

“管生产必须管安全”的原则体现了安全和生产的统一，生产和安全是一个有机的整体，两者不能分割，更不能对立起来，应将安全寓于生产之中，生产组织者在生产技术实施过程中，应当承担安全生产的责任。把“管生产必须管安全”的原则落实到每个员工的岗位责任制上去，从组织上、制度上固定下来，以保证这一原则的实施。

2. 坚持“三同时”原则

“三同时”，指凡是我国境内新建、改建、扩建的基本建设工程项目、技术改造项目和引进的建设项目，其劳动安全卫生设施必须符合国家规定的标准，必须与主体工程同时设计、同时施工、同时投入生产和使用。

3. 坚持“四不放过”原则

“四不放过”是指在调查处理事故时，必须坚持事故原因分析不清楚不放过，员工及事故责任人受不到教育不放过，事故隐患不整改不放过，事故责任人不处理不放过。

4. 坚持“五同时”原则

“五同时”是指企业的领导和主管部门在策划、布置、检查、总结、评价生产经营的时候，应同时策划、布置、检查、总结、评价安全工作。把安全工作落实到每一个生产组织管理环节中去，促使企业在生产工作中把对生产的管理与对安全的管理结合起来，并坚持“管生产必须管安全”的原则。使得企业在管理生产的同时必须贯彻执行我国的安全生产方针及法律法规，建立健全企业的各种安全生产规章制度，包括根据企业自身特点和工作需要设置安全管理专门机构，配备专职人员。

（三）施工项目的安全管理

1. 安全生产责任制

建立和健全以安全生产责任制为中心的各项安全管理制度，是保障施工项目安全生产的重要组织手段。没有规章制度，就没有准绳，无章可循就容易出问题。安全生产是关系到施工企业全员、全方位、全过程的一件大事，因此，必须制定具有制约性的安全生产责任制。

安全生产责任制是企业岗位责任制的一个重要组成部分，是企业安全管理中最基本的一项制度，是根据“管生产必须管安全”、“安全生产，人人有责”的原则，对各级领导、各职能部门和各类人员在管理和生产活动中应负的安全责任作出明确规定。

施工项目安全管理制度包括建立安全管理体系，制定施工安全管理责任制，掌握施工安全技术措施，做好施工安全技术措施交底，加强安全生产定期检查、安全教育与培训工作以及掌握伤亡事故的调查与处理程序等各方面。

2. 建立安全管理体系的目标

（1）使员工面临的风险减少到最低限度。
（2）直接或间接获得经济效益。
（3）实现以人为本的安全管理。
（4）提升企业的品牌和形象。
（5）促进项目管理现代化。
（6）增强对国家经济发展的能力。

3. 施工项目安全管理的目标

（1）项目经理为施工项目安全生产第一责任人，对安全生产应负全面的领导责任，实现重大伤亡事故为零的目标；
（2）有适合于工程项目规模、特点的应用安全技术；
（3）应符合国家安全生产法律、行政法规和建筑行业安全规章、规程及对业主和社会要求的承诺；
（4）形成为全体员工所理解的文件，并保持实施。

4. 安全生产管理机构

每一个建筑施工企业，都应当建立健全以企业法人为第一责任人的安全生产保证系统，都必须建立完善的安全生产管理机构。

（1）公司一级安全生产管理机构

公司应设立以法人为第一责任者分工负责的安全管理机构，根据本单位的施工规模及职工人数设置专职安全生产管理部门并配备专职安全员。根据规定特一级企业安全员配备不应少于 25 人，一级企业不应少于 15 人，二级企业不应少于 10 人，三级企业不应少于 5 人。建立安全生产领导小组，实行领导小组成员轮流进行安全生产值班制度。随时解决和处理生产中的安全问题。

（2）工程项目部安全生产管理机构

工程项目部是施工第一线的管理机构，必须依据工程特点，建立以项目经理为首的安全生产领导小组，小组成员由项目经理、项目技术负责人、专职安全员、施工员及各工种班组的领班组成。工程项目部应根据工程规模的大小，配备专职安全员。建立安全生产领导小组成员轮流安全生产值日制度，解决和处理施工生产中的安全问题并进行巡回安全生产监督检查。并建立每周一次的安全生产例会制度和每日班前安全讲话制度，项目经理应亲自主持定期的安全生产例会，协调安全与生产之间的矛盾，督促检查班前安全讲话活动的活动记录。

项目施工现场必须建立安全生产值班制度。24h 分班作业时，每班部必须要有领导值班和安全管理人员在现场。做到只要有人作业，就有领导值班。值班领导应认真做好安全生产值班记录。

(3) 生产班组安全生产管理

加强班组安全建设是安全生产管理的基础。每个生产班组都要设置不脱产的兼职安全员，协助班组长搞好班组的安全生产管理。班组要坚持班前班后岗位安全检查、安全值日和安全日活动制度，同时要做好班组的安全记录。

5. 安全生产管理基本要求

(1) 取得《安全生产许可证》后方可施工。

(2) 必须建立健全安全管理保障制度。

(3) 各类人员必须具备相应的安全生产资格方可上岗。

(4) 所有外包施工人员必须经过三级安全教育。

(5) 特种作业人员，必须持有特种作业操作证。

(6) 对查出的安全隐患要做到“五定”，即定整改责任人、定整改措施、定整改完成时间、定整改完成人、定整改验收人。

(7) 必须把好安全生产教育关、措施关、交底关、防护关，文明关、验收关、检查关。

（8）必须建立安全生产值班制度、必须有领导带班。

6. 建筑施工“五大伤害”

建筑施工属事故多发行业。建筑施工的特点：是生产周期长，工人流动性大，露天高处作业多，手工操作多，劳动繁重，产品变化大，规则性差，施工机械品种繁多等，且是动态变化，具有一定的危险性。而建筑施工的不安全隐患也大多存在于高处作业、交叉作业、垂直运输以及使用各种电气设备工具上，综合分析伤亡事故主要发生在高处坠落、施工坍塌、物体打击、机具伤害和触电等五个方面。

建设部发布的《全国建筑施工安全生产形势分析报告（2004年度）》显示，施工事故类型仍以“五大伤害”为主，占事故总数的90%以上。

高处坠落、施工坍塌、物体打击、机具伤害和触电等事故，死亡人数分别占全部事故死亡人数的53.10%、14.43%、10.57%、6.72%和7.18%，共占全部事故死亡人数的92.0%。从事故发生的部位看，在临边洞口处作业发生的伤亡事故死亡人数占总数的20.39%；在各类脚手架上作业的占总数的13.14%；安装、拆除龙门架（井字架）物料提升机的事故占总数的9.67%；安装、拆除塔吊的事故占总数的8.08%。

如能采取措施消除这“五大伤害”，建筑施工伤亡事故将大幅度下降。所以，这“五大伤害”也就是建筑施工安全技术要解决的主要问题。

7. 安全生产六大纪律

（1）进入现场必须戴好安全帽，系好帽带；并正确使用个人劳动防护用品。

（2）2m以上的高处、悬空作业，无安全设施的，必须系好安全带、扣好保险钩。

（3）高处作业时，不准往下或向上乱抛材料和工具等物件。

(4) 各种电动机械设备应有可靠有效的安全接地和防雷装置，才能启动使用。

(5) 不懂电气和机械的人员，严禁使用和摆弄机电设备。

(6) 吊装区域非操作人员严禁入内，吊装机械性能应完好，把杆垂直下方不准站人。

(四) 安全检查、验收与文明施工

安全检查是指对施工项目贯彻安全生产法律法规的情况、安全生产状况、劳动条件、事故隐患等所进行的检查。

近几年，与脚手架有关的伤亡事故时有发生，事故类型遍及“五大伤害”，其中绝大多数为高处坠落事故。因此架子工作业，尤其要注意安全防护。文明施工不仅是保证职工身心健康的措施，而且是达到安全施工的一项保证条件，“三宝”、“四口”、临边的使用管理更是保障安全施工的重要措施之一。为了加强自我保护意识和防护能力，必须了解机械和设施的安全要求标准知识，掌握脚手架的安全技术规范，努力做到“三不伤害”，即不伤害自己，不伤害他人，不被他人伤害。

1. 安全检查的内容

安全检查的内容主要是查思想、查制度、查机械设备、查安全设施、查安全教育培训、查操作行为、查劳保用品使用、查伤亡事故的处理等。

2. 安全检查的方法

安全检查的方法主要有“看”：主要查看管理记录、持证上岗、现场标识、交接验收资料、“三宝”使用情况、“洞口”、“临边”防护情况、设备防护装置等。“量”：主要是用尺实测实量。“测”：用仪器、仪表实地进行测量。“现场操作”：由司机对各种限位装置进行实际动作，检验其灵敏程度。

3. 安全检查的主要方式

检查方式有公司组织的定期安全检查，各级管理人员的日常巡回检查，专业安全检查，季节性节假日安全检查，班组的自我检查、交接检查。

（1）定期安全生产检查

企业必须建立定期分级安全生产检查制度。每季度组织一次全面的安全生产检查；分公司、工程处、工区、施工队每月组织一次安全生产检查；项目经理部每周或每旬组织一次安全生产检查。对施工规模较大的工地可以每月组织一次安全生产检查。每次安全生产检查应由单位主管生产的领导或技术负责人带队，有相关的安全、劳资、保卫等部门联合组织检查。

（2）经常性安全生产检查

包括公司组织的、项目经理部组织的安全生产检查，项目安全员和安全值日人员对工地进行巡回安全生产检查及班组进行班前、班后安全检查等。

（3）专业性安全生产检查

专业安全生产检查内容包括对电气、机械设备、脚手架、登高设施等专项设施设备、高处作业、用电安全、消防保卫等的安全生产问题和普遍性安全问题进行专项安全检查。这类检查专业性强，也可以结合单项评比进行，专业安全生产检查组由安全管理小组、职能部门人员、技术负责人、专职安全员、专业技术人员和专项作业负责人组成。

（4）季节性安全生产检查

季节更换前，由安全生产管理人员和安全专职人员、安全值日人员等组织的针对施工所在地气候的特点，可能给施工带来危害而进行的安全生产检查。

（5）节假日前后安全生产检查

是针对节假日前后职工思想松懈而进行的安全生产检查。

（6）自检、互检和交接检查

1）自检：班组作业前、后对自身处所的环境和工作程序要进行安全生产检查，可随时消除不安全隐患。

2）互检：班组之间开展的安全生产检查，可以做到互相监督、共同遵章守纪。

3）交接检查：上道工序完毕，交给下道工序使用或操作前，应由工地负责人组织施工员、安全员、班组长及其他有关人员参加，进行安全生产检查和验收，确认无安全隐患，达到合格要求后，方能交给下道工序使用或操作。

（7）安装搭设完成后的安全检查、验收

对塔式起重机等起重设备、井架、龙门架、脚手架、电气设备、吊篮、现浇混凝土模板及支撑等设施、设备在安装搭设完成后进行安全验收、检查。

4. 安全生产检查标准

建设部于 1999 年 4 月颁发了《建筑施工安全检查标准》(JGJ 59—1999)（以下简称“标准”）并自 1999 年 5 月 1 日起实施。《标准》共分 3 章 27 条，其中 1 个检查评分汇总表，13 个分项检查评分表。13 个分项检查评分表检查内容共有 168 个项目 535 条。

对建筑施工中易发生伤亡事故的主要环节、部位和工艺等的完成情况做安全检查评价时，应采用检查评分表的形式，分为安全管理、文明工地、脚手架、基坑支护与模板工程、“三宝”、“四口”防护、施工用电、物料提升机与外用电梯、塔吊、起重吊装和施工机具共十项分项检查评分表和一张检查评分汇总表。

在安全管理、文明施工、脚手架、基坑支护与模板工程、施工用电、物料提升机与外用电梯、塔吊和起重吊装八项检查评分表，设立了保证项目和一般项目，保证项目应是安全检查的重点和关键。

“三宝”指安全帽、安全带、安全网等防护用品的正确使用；“四口”指楼梯口、电梯井口、预留洞口、通道口等各种洞口。

临边通常指尚未安装栏杆或拦板的阳台周边、无外脚手架防护的楼面与屋面周边、分层施工的楼梯与楼梯段边、井架、施工电梯或外脚手架等通向建筑物的通道的两侧边、框架结构建筑的楼层周边、斜道两侧边、卸料平台外侧边、雨篷与挑檐边、水箱与水塔周边等处。这几部分内容放在一张检查表内，不设保证项目。

《标准》规定了安全管理方面的检查内容及评分标准。

(1) 安全生产责任制

公司、项目、班组应当建立安全生产责任制，施工现场主要检查：项目负责人、工长（施工员）、班组长等生产指挥系统及生产、技术、机械、材料、后勤等有关部门的职责分工和安全责任及其文字说明。

项目部对各级各部门安全生产责任制应定期考核，其考核结果及兑现情况应有记录，检查组对现场的实地检查作为评定责任制落实情况的依据。

项目独立承包的工程，在签订的承包合同中必须有安全生产的具体指标和要求。总、分包单位在签订分包合同前，要检查分包单位的营业执照、企业资质证、安全资格证等，如果齐全才能签订分包合同和安全生产合同（协议）。分包单位的资质应与工程要求相符。在安全合同中应明确各自的安全职责，原则上实行总承包的由总承包单位负责，分包单位要向总承包单位负责，服从总承包单位对施工现场的安全管理。分包单位在其分包范围内建立施工现场的安全生产管理制度并组织实施。

项目的主要工种要有相应的安全操作规程，一般包括：砌筑、拌灰、混凝土、木工、钢筋、机械、电气焊、起重司索、信号指挥、塔司、架子、水暖、油漆等，特种作业应另作补充。安全技术操作应列为日常安全活动和安全教育、班前讲话的主要内容。安全操作规程应悬挂在操作岗位前，安全活动、安全教育班前讲话应有记录。

施工现场应配备专职（兼职）安全员，一般工地至少应有一名，中型工地应设 2～3 名，大型工地应设专业安全管理组进行安全监督检查。

对工地管理人员的责任制考核，可由检查组随机考查，进行口试或简单笔试。

(2) 目标管理

施工现场对安全工作应制定工作目标，安全管理目标包括：杜绝死亡、避免重伤和一般事故的伤亡事故控制目标；根据工程特点，按部位制定安全达标的具体目标；根据作业条件的要求，制定文明施工的具体方案和实现文明工地的目标。

对制定的安全管理目标要根据责任目标的要求分解落实到人。承担责任目标的责任人的执行情况要与经济挂钩，每月应有执行情况的考核记录和兑现记录。

(3) 施工组织设计

所有施工项目在编制施工组织设计时应当根据工程特点制定相应的安全技术措施。安全技术措施要针对工程特点、施工工艺、作业条件、队伍素质等制定，还要按施工部位列出施工的危险点，对照各危险点的具体情况制定出具体的安全防护措施和作业注意事项。安全措施用料要纳入施工组织设计。安全技术措施必须经上级主管部门审批并经专业部门会签。

对专业性强、危险性大的工程项目，如脚手架、基坑支护、起重吊装等应当编制专项安全施工组织设计，并采取相应的安全技术措施，保证施工安全。

安全技术措施必须结合工程特点和现场实际情况，不能与工程实际脱节。当施工方案发生变化时，安全技术措施也应重新修订并报批。

(4) 分部（分项）工程安全技术交底

安全技术交底应在正式开始作业前进行，不但要口头讲解，更应有书面文字材料。交底后应履行签字手续，施工负责人、生产班组、现场安全员三方各保存一份。

安全技术交底工作是施工负责人向施工作业人员进行职责落实的法律要求，要严肃认真地执行。

交底内容不能过于简单，要将施工方案的要求，针对全部分项工程作业条件的变化作细化的交待，要将操作者应注意的安全注意事项讲明，保证操作人员的人身安全。

（5）安全检查

施工现场应建立定期安全检查制度，施工生产指挥人员在指挥生产时，随时检查和纠正解决安全问题，但这种做法并不能替代正式的安全检查。

由施工负责人组织有关人员和部门负责人，按照有关规范标准，对照安全技术措施提出的具体要求，进行定期检查，并对检查出的问题进行登记，对解决存在问题的人、时间、措施、落实情况进行登记记录。

对上级检查中下达的重大隐患整改通知书要非常重视，并对其中所列整改项目应如期整改，并且逐一记录。

（6）安全教育

对安全教育工作应建立定期的安全教育制度并认真执行，由专人负责。

新人入厂必须经公司、项目、班组三级安全教育，公司要进行国家和地方有关安全生产的方针、政策、法规、标准、规范、规程和企业的安全规章制度等方面的安全教育；项目安全教育应包括：工地安全制度、施工现场环境、工程施工特点及可能存在的不安全因素等内容；班组安全教育应包括本工种安全操作规程、事故范例解析、劳动纪律和班前岗位讲评等。

工人变换工种，应先进行操作技能及安全操作知识的培训，考核合格后方可上岗操作。进行培训应有记录资料。

对安全教育制度中规定的定期教育执行情况应进行定期检查，考核结果要有记录，还要抽查岗位操作规程的掌握情况。

企业安全管理人员、施工管理人员应按建设部的规定每年进行安全培训，考核合格后持证上岗。

（7）班前安全活动

班前安全活动（班前讲话）是针对本工种、班组专业特点和作业条件进行的行之有效的安全活动，应形成制度，按规定坚持执行并对每次活动的内容有重点地做简单记录。

班前安全活动应有人负责抽查、指导、管理。不能以布置生产工作来代替安全活动内容。

(8) 特种作业持证上岗

按照规定属于特殊作业的工种，应按照规定参加有关部门组织的培训，经考核合格后持证上岗。当有效期满时应进行复试换证或签证，否则便视为无证上岗。

公司应有专人对特种作业人员进行登记造册管理，记录合格证号码、年限，以便到期组织复试。

(9) 工伤事故处理

施工现场凡发生事故无论是轻伤、重伤、死亡或多人险肇事故均应如实进行登记，并按国家有关规定逐级上报。

发生的各类事故均应组织有关部门和人员进行调查并填写调查情况、处理结果的记录。重伤以上事故应按上级有关调查处理规定程序进行登记。无论何种事故发生均应配合上级调查组进行工作。

按规定建立符合要求的工伤事故档案，没有发生伤亡事故时，也应如实填写上级规定的月报表，按月向上级主管部门上报。

(10) 安全标志

施工现场应针对作业条件悬挂符合《安全标志》(GB 2894—1996) 的安全色标，并应绘制现场安全标志布置图。多层建筑标志不一致时可列表或绘制分层布置图。安全标志布置图应有绘制人签名并由项目经理审批。

安全标志应有专人管理，作业条件变化或损坏时，应及时更换。应针对作业危险部位悬挂，不可并排悬挂、流于形式。

上述各项在《标准》中均有各自的分数规定，检查不合格时按不合格项次进行扣分。详见表 16-1。

安全管理检查评分表 表 16-1

序号	检查项目		扣 分 标 准	应得分数	扣减分数	实得分数
1	保证项目	安全生产责任制	未建立安全责任制的扣10分 各级各部门未执行责任制的扣4～6分 经济承包中无安全生产指标的扣10分 未制定各工种安全技术操作规程的扣10分 未按规定配备专(兼)职安全员的扣10分 管理人员责任制考核不合格的扣5分	10		
2		目标管理	未制定安全管理目标(伤亡控制指标和安全达标、文明施工目标)的扣10分 未进行安全责任目标分解的扣10分 无责任目标考核规定的扣8分 考核办法未落实或落实不好的扣5分	10		
3		施工组织设计	施工组织设计中无安全措施,扣10分 施工组织设计未经审批,扣10分 专业性较强的项目,未单独编制专项安全施工组织设计,扣8分 安全措施不全面,扣2～4分 安全措施无针对性,扣6～8分 安全措施未落实,扣8分	10		
4		分部(分项)工程安全技术交底	无书面安全技术交底扣10分 交底针对性不强扣4～6分 交底不全面扣4分 交底未履行签字手续扣2～4分	10		
5		安全检查	无定期安全检查制度扣5分 安全检查无记录扣5分 检查出事故隐患整改做不到定人、定时间、定措施扣2～6分 对重大事故隐患整改通知书所列项目未如期完成扣5分	10		
6		安全教育	无安全教育制度扣10分 新入厂工人未进行三级安全教育扣10分 无具体安全教育内容扣6～8分 变换工种时未进行安全教育扣10分 每有一人不懂本工种安全技术操作规程扣2分 施工管理人员未按规定进行年度培训的扣5分 专职安全员未按规定进行年度培训考核或考核不合格的扣5分	10		
		小计		60		

续表

序号	检查项目		扣分标准	应得分数	扣减分数	实得分数
7	一般项目	班前安全活动	未建立班前安全活动制度，扣10分 班前安全活动无记录，扣2分	10		
8		特种作业持证上岗	一人未经培训从事特种作业，扣4分 一人未持操作证上岗，扣2分	10		
9		工伤事故处理	工伤事故未按规定报告，扣3～5分 工伤事故未按事故调查分析规定处理，扣10分 未建立工伤事故档案，扣4分	10		
10		安全标志	无现场安全标志布置总平面图，扣5分 现场未按安全标志总平面图设置安全标志的，扣5分	10		
		小计		40		
检查项目合计				100		

5. 安全生产验收制度

必须坚持“验收合格才能使用”的原则。

(1) 验收的范围

1) 各类脚手架、井字架、龙门架、堆料架；

2) 临时设施及沟槽支撑与支护；

3) 支搭好的水平安全网和立网；

4) 临时电气工程设施；

5) 各种起重机械、路基轨道、施工电梯及其他中小型机械设备；

6) 安全帽、安全带和护目镜、防护面罩、绝缘手套、绝缘鞋等个人防护用品。

(2) 验收程序

1) 脚手架杆件、扣件、安全网、安全帽、安全带以及其他个人防护用品，必须有出厂证明或验收合格的单据，由项目经理、工长、技术人员共同审验；

2) 各类脚手架、堆料架、井字架、龙门架和支搭的安全网、立网由项目经理或技术负责人申报支搭方案并牵头，会同工程部和安全主管进行检查验收；

3）临时电气工程设施，由安全主管牵头，会同电气工程师、项目经理、方案制定人、工长进行检查验收；

4）起重机械、施工电梯由安装单位和使用工地的负责人牵头，会同有关部门检查验收；

5）路基轨道由工地申报铺设方案，工程部和安全主管共同验收；

6）工地使用的中小型机械设备，由工地技术负责人或工长牵头，会同工程部检查验收；

7）所有验收，必须办理书面验收手续，否则无效。

6. 文明施工措施

《标准》中规定了文明施工检查项目共11项，是对我们建设文明工地和文明班组的要求。

（1）现场围挡

围挡高度按施工当地行政区域进行划分，市区主干道路段施工时，设置的围挡高度不低于2.5m，一般路段施工时围挡高度不应低于1.8m。

围挡应采用坚固、平稳、整洁、美观的砌体或金属板材等硬质材料制作。禁止使用竹笆、彩条布、安全网等易损易变形的材料。

围挡的设置必须沿工地周围连续设置，不得有缺口或局部不牢固的问题。

（2）封闭管理

施工工地应有固定的出入口。出入口应设置大门，便于管理。出入口处应设专职门卫人员，并有门卫管理制度，门卫人员应切实起到门卫作用。为加强对出入人员的管理，规定出入施工现场人员都要佩戴胸卡以示证明，胸卡应佩戴整齐。

工地大门应有本企业的标志，如何设计标志可按本地区、本单位的特点进行。

（3）施工现场

工地的路面应作硬化处理并应有干燥通畅的循环干道，不得在干道上堆放物料。

施工场地应有良好的排水设施，且应保持畅通。

施工现场的管道不得有跑、冒、滴、漏或大面积积水现象存在。

工程施工中应做集水池，统一沉淀处理施工所产生的废水、泥浆等。不得随意排放到下水道或污染施工区域以外排水河道及路面。

工地应根据现场情况设置远离危险区的吸烟室或吸烟处，并配备必要的灭火器材。禁止在施工现场吸烟以防止发生危险。

工地要尽量做到绿化，特别是在市区主要路段施工的更应做到。

（4）材料堆放

施工现场的料具及构件必须堆放在施工平面图规定的位置，按品种、规格堆放并设置明显的标牌。

各种物料应堆放整齐，便于进料和取料。达到砖成丁，砂石成方，钢筋、木料、钢模板垫高堆齐，大型工具一端对齐。

作业区及建筑楼层内应做到工完场清。除了现浇混凝土作业层，凡拆下不用的模板等应及时清理运走，不能立即运走的要码放整齐。施工现场不同的垃圾应分类堆放，不得长期堆放，应及时运走处理。

易燃、易爆物品不能混放，除现场设有集中存放处外，班组使用的零散的各种易燃、易爆物品，必须按有关规定存放。

（5）现场住宿

施工现场的施工作业区与办公区及生活区应有明确的划分，有隔离和安全防护措施。在建工程不得作为宿舍，避免落物伤人及洞口和临边防护不严带来危险以及噪声影响休息等。

寒冷地区应有保暖及防煤气措施，防止煤气中毒。炉火应统一设置，有专人管理并设立岗位责任。夏季应有防暑和防蚊措施，保证工人有充足的睡眠。

宿舍内床铺及生活用品应放置整齐，限定人数，有安全通道，门向外开。被褥叠放整齐、干净，室内无异味，室内照明高度低于2.4m时，应采用不大于36V的安全电压照明，且不准在电线上晾衣服。

宿舍周围环境卫生要保持良好，应设污物桶、污水池。周围道路平整，排水通畅。

(6) 现场防火

施工现场应根据施工作业条件订立消防制度或消防措施，并记录落实效果。

按照不同作业条件和性质及有关消防规定，按位置和数量设置合理而有效的灭火器材。对需定期更换的设备和药品要定期更换，对需注意防晒的要有防晒措施。

当建筑物较高时，除应配置合理的消防器材外，尚需配备足够的消防水源和自救用水量，有足够扬程的高压水泵保证水压，层间均需设消防水源接口，管径应符合消防水带的要求。

对于禁止明火作业的区域应建立明火审批制度，凡需明火作业的，必须经主管部门审批。作业时，应按规定设监护人员；作业后必须确认无火源危险时方可离开现场。

(7) 治安综合治理

施工现场生活区内应当设置工人业余学习和娱乐场所，以丰富职工的业余生活，达到文化式的休息。

治安保卫是直接关系到施工现场安全与否的重要工作，也是社会安定所必需。因此施工现场应建立治安保卫制度和责任分工，并由专人负责检查落实。对出现的问题应有记录，重大问题应上报。

(8) 施工现场标牌

标牌是施工现场的重要标志。施工现场进口处要有整齐明显，符合本地区、本企业、本工程特点的，有针对性内容的“五牌一图”，即工程概况牌、管理人员名单及监督电话牌、消防保卫牌、安全生产牌、文明施工牌、施工现场总平面图。

为了随时提醒和宣传安全工作，施工现场的明显处应设置必要的安全标语。

施工现场应设置读报栏、黑板报等宣传园地，丰富学习内容，表扬好人好事等。

(9) 生活设施

施工现场应设置符合卫生要求的厕所，建筑物内和施工现场内不准随地大小便。高层建筑施工时，隔几层应设置移动式简易厕所且应设专人负责。

施工现场职工食堂应符合有关的卫生要求。炊事员必须有防疫部门颁发的体检合格证，生熟食物分存，卫生要长期保持，定期检查并应有明确的卫生责任制和责任人。

施工现场作业人员应能喝到符合卫生要求的白开水，有固定的盛水容器，并设专人管理。

施工现场应按作业人员数量设置足够的淋浴设施，冬季应有暖气、热水，且应有管理制度和专人管理。

生活垃圾应及时清理、集中运送入容器，不得与施工垃圾混放，并设专人管理。

(10) 保健急救

较大工地应设医务室有专职医生值班。一般工地应有保健药箱及一般常用药品，并有医生巡回医疗。

为紧急应对因意外造成的伤害等，施工现场应有经培训合格的急救人员及急救器材，以便及时处理和抢救。为保障作业人员的健康，应在流行病爆发季节及平时定期开展卫生防病的宣传教育。

(11) 社区服务

施工现场应经常与社区联系，建立不扰民措施，针对施工工艺设置防尘、防噪声设施，做到噪声不超标（施工现场噪声规定不超过 85dB）。并应有责任人管理和检查，工作应有记录。

按当地规定在允许施工时间施工。如果必须连续施工时，应有主管部门批准手续，并作好周围群众的工作。

文明施工检查的评分标准见表 16-2。

文明施工检查评分表 表 16-2

序号	检查项目		扣 分 标 准	应得分数	扣减分数	实得分数
1	保证项目	现场围挡	在市区主要路段的工地周围未设置高于2.5m的围挡，扣10分 一般路段的工地周围未设置高于1.8m的围挡，扣10分 围挡材料不坚固、不稳定、不整洁、不美观，扣5～7分 围挡没有沿工地四周连续设置的扣3～5分	10		
2		封闭管理	施工现场进出口无大门的扣3分 无门卫和无门卫制度的扣3分 进入施工现场不佩戴工作卡的扣3分 门头未设置企业标志的扣3分	10		
3		施工场地	工地地面未做硬化处理的扣5分 道路不畅通的扣5分 无排水设施、排水不通畅的扣4分 无防止泥浆、污水、废水外流或堵塞下水道和排水河道措施的扣3分 工地有积水的扣2分 工地未设置吸烟处、随意吸烟的扣2分 温暖季节无绿化布置的扣4分	10		
4		材料堆放	建筑材料、构件、料具不按总平面布局堆放的扣4分 料堆未挂名称、品种、规格等标牌的扣2分 堆放不整齐，扣3分 未做到工完场地清的扣3分 建筑垃圾堆放不整齐，未标出名称、品种的扣3分 易燃、易爆物品未分类存放的扣4分	10		
5		现场住宿	在建工程兼作住宿的扣8分 施工作业区与办公、生活区不明显划分的扣6分 宿舍无保暖和防煤气中毒措施的扣5分 宿舍无消暑和防蚊虫叮咬措施的扣3分 无床铺、生活用品放置不整齐的扣2分 宿舍周围环境不卫生、不安全的扣3分	10		
6		现场防火	无消防措施、制度或无灭火器材的扣10分 灭火器材配置不合理的扣5分 无消防水源(高层建筑)或不能满足消防要求，扣8分 无动火审批手续和动火监护的扣5分	10		
		小计		60		

续表

序号	检查项目		扣分标准	应得分数	扣减分数	实得分数
7	一般项目	治安综合治理	生活区未给工人设置学习和娱乐场所的扣4分 未建立治安保卫制度的、责任未分解到人的扣3～5分 治安防范措施不力，常发生失盗事件的扣3～5分	8		
8		施工现场标牌	大门口处挂的五牌一图，内容不全、缺一项，扣2分 标牌不规范、不整齐的扣3分 无安全标语，扣5分 无宣传栏、读报栏、黑板报等的扣5分	8		
9		生活设施	厕所不符合卫生要求的扣4分 无厕所，随地大小便的扣8分 食堂不符合卫生要求的扣8分 无卫生责任制，扣5分 不能保证供应卫生饮水的扣8分 无淋浴室或淋浴室不符合要求，扣5分 生活垃圾未及时清理，未装容器，无专人管理的扣3～5分	8		
10		保健急救	无保健医药箱的扣5分 无急救措施和急救器材的扣8分 无经培训的急救人员，扣4分 未开展卫生防病宣传教育的扣4分	8		
11		社区服务	无防粉尘、防噪声措施，扣5分 夜间未经许可施工的扣8分 现场焚烧有毒、有害物质的扣5分 未建立施工不扰民措施的扣5分	8		
		小计		40		
检查项目合计				100		

参考文献

1 《房屋建筑制图统一标准》(GB/T 50001—2001)

2 《建筑结构规范》(GB 50009—2001)

3 《建筑施工扣件式钢管脚手架安全技术规范》(JGJ 130—2001). 北京: 中国建筑工业出版社, 2003

4 中华人民共和国行业标准《建筑施工门式钢管脚手架安全技术规范》(JGJ 128—2000)

5 建设部《建筑施工附着升降脚手架管理暂行规定》(建建 [2000] 230 号)

6 梁玉成主编.《建筑识图》. 第三版. 北京: 中国环境科学出版社, 2002

7 孙蓬鸥编.《房屋构造》. 北京: 中国环境科学出版社, 2003

8 李前程, 安学敏主编.《建筑力学》. 北京: 中国建筑工业出版社, 1998

9 罗向荣编.《建筑结构》. 第三版. 北京: 中国环境科学出版社, 2003

10 建设部人事教育司组织编写.《架子工》. 北京: 中国建筑工业出版社, 2002

11 建设部建筑管理司组织编写.《建筑施工安全检查标准 (JGJ 59—99) 实施指南》. 北京: 中国建筑工业出版社, 2001

12 毛鹤琴, 罗大林主编.《施工项目质量与安全管理》. 北京: 中国建筑工业出版社, 2002

13 《建筑施工手册》. 第四版. 北京: 中国建筑工业出版社, 2003

14 秦春芳主编.《建筑施工安全技术手册》. 北京: 中国建筑工业出版社, 1991

15 杜荣军主编.《建筑施工脚手架实用手册》. 北京: 中国建筑工业出版社, 1994